国家出版基金项目
NATIONAL PUBLICATION FOUNDATION

"十二五""十三五"国家重点图书出版规划项目

风力发电工程技术丛书

基于柔性直流输电的风电系统功率变换与控制

黄守道 荣飞 著

U0280946

中国水利水电出版社
www.waterpub.com.cn
·北京·

内 容 提 要

本书主要介绍基于风电机组串联、并联、混联的风电系统接入技术及其控制策略，基于柔性直流输电的风电系统两电平并网控制策略，受端换流阀故障控制策略，基于柔性直流输电的风电系统多电平拓扑结构设计及并网控制策略，柔性直流输电风电系统参数设计等。阐述基于MMC换流阀的建模方法，基于MMC换流阀的变流控制技术和电容电压平衡控制技术，基于MMC换流阀的开关频率和损耗分析。同时，进一步分析柔性直流输电风电系统故障穿越技术，包括基于MMC的柔性直流输电系统低电压穿越控制策略，基于MMC的受端换流阀在不对称电网故障下的运行与控制方法，完善了基于柔性直流输电的风电系统的理论基础、结构设计和控制方法。

本书可供从事风电系统研发、生产制造和运行管理的研究人员及工程技术人员阅读，也可作为风电技术及柔性直流输电专业的研究生教材。

图书在版编目（ＣＩＰ）数据

基于柔性直流输电的风电系统功率变换与控制 / 黄守道，荣飞著. -- 北京 ： 中国水利水电出版社，2017.1
（风力发电工程技术丛书）
ISBN 978-7-5170-4966-1

Ⅰ．①基… Ⅱ．①黄… ②荣… Ⅲ．①直流输电－风力发电系统－功率－变换②直流输电－风力发电系统－功率－控制 Ⅳ．①TM614

中国版本图书馆CIP数据核字(2017)第006996号

书　　名	风力发电工程技术丛书 **基于柔性直流输电的风电系统功率变换与控制** JIYU ROUXING ZHILIU SHUDIAN DE FENGDIAN XITONG GONGLÜ BIANHUAN YU KONGZHI
作　　者	黄守道　荣飞　著
出版发行	中国水利水电出版社 （北京市海淀区玉渊潭南路1号D座　100038） 网址：www.waterpub.com.cn E-mail：sales@waterpub.com.cn 电话：(010) 68367658（营销中心）
经　　售	北京科水图书销售中心（零售） 电话：(010) 88383994、63202643、68545874 全国各地新华书店和相关出版物销售网点
排　　版	北京万水电子信息有限公司
印　　刷	北京瑞斯通印务发展有限公司
规　　格	184mm×260mm　16开本　12.25印张　290千字
版　　次	2017年1月第1版　2017年1月第1次印刷
定　　价	**68.00**元

凡购买我社图书，如有缺页、倒页、脱页的，本社营销中心负责调换

主要参编单位 （排名不分先后）

河海大学

中国长江三峡集团公司

中国水利水电出版社

水资源高效利用与工程安全国家工程研究中心

水电水利规划设计总院

水利部水利水电规划设计总院

中国能源建设集团有限公司

上海勘测设计研究院有限公司

中国电建集团华东勘测设计研究院有限公司

中国电建集团西北勘测设计研究院有限公司

中国电建集团中南勘测设计研究院有限公司

中国电建集团北京勘测设计研究院有限公司

中国电建集团昆明勘测设计研究院有限公司

中国电建集团成都勘测设计研究院有限公司

长江勘测规划设计研究院

中水珠江规划勘测设计有限公司

内蒙古电力勘测设计院

新疆金风科技股份有限公司

华锐风电科技股份有限公司

中国水利水电第七工程局有限公司

中国能源建设集团广东省电力设计研究院有限公司

中国能源建设集团安徽省电力设计院有限公司

华北电力大学

同济大学

华南理工大学

中国三峡新能源有限公司

华东海上风电省级高新技术企业研究开发中心

浙江运达风电股份有限公司

前　言

随着技术的进步，海上风力发电正朝着大容量、高电压的方向发展。传统的海上风电场通过高压交流（High Voltage Alternating Current，HVAC）输电技术将交流风电传输到陆地电网，具有海底交流电缆对地电容大、工频升压站体积大、海上平台建设成本高等弊端。因此，采用基于柔性直流输电的风电场变流与控制技术成为目前海上风电向陆地输电发展的主流方向。基于柔性直流输电的风电场将原有交流风电机组通过增加 PWM 整流器获得直流输出，形成直流风电机组（DC Wind Turbine，DCWT），然后采用直流风电机组串联的方式提高风电场直流电压等级，再由 HVDC 线路传送到陆地电网。

为促进基于柔性直流输电的风电系统变流与控制技术的发展，湖南大学风力发电研究团队将近 10 年从事柔性直流输电的风电系统变流与控制的科研成果进行了整理和总结，并撰写了本书，期望本书的出版能对我国基于柔性直流输电的风电系统的进一步发展做出贡献。

本书共 7 章，主要对绪论、柔性直流输电风电系统多端接入技术、基于柔性直流输电的风电系统并网技术、基于 MMC 的换流阀变流控制技术、受端换流阀的开关频率和损耗分析、柔性直流输电风电系统故障穿越技术，以及基于柔性直流输电的直流串联直驱永磁风电场新型拓扑结构及控制等内容进行研究和探讨。本书既可作为从事风力发电变流系统、MMC 变流器，特别是基于柔性直流输电的风电系统研发、生产制造和运行管理的研究人员及工程技术人员的参考用书，也可作为高等院校相关专业的教材。

本书由湖南大学风力发电研究团队黄守道教授、荣飞博士共同撰写。王辉教授、罗德荣副教授、黄科元博士、廖武博士、黄晟博士、肖磊博士、邓秋玲博士和彭也伦博士等对本书的研究成果做出了重要贡献。

本书相关的基础研究工作获得了国际科技合作专项、国家自然科学基金、国家科技支撑计划和湖南省科技重大专项等项目的支持，本书的撰写还得到了湘电集团有限公司的大力支持，在此一并表示感谢。

由于时间和水平有限，本书难免存在疏误和不妥之处，恳请广大读者不吝指正。

作者

2016 年 10 月

目　录

第1章 绪 论

风能是空气流动所产生的动能，它是太阳能的一种转化形式。风能是目前发展最快的绿色可再生能源之一。据世界气象组织估计，全球风能总量约为 $2.74\times10^9\text{MW}$，其中可利用的风能为 $2\times10^7\text{MW}$，比地球上可开发利用的水能总量还要大 10 倍。风电系统是将风能转换为电能的系统，目前风力发电机组的单机容量已覆盖几十瓦到数兆瓦。例如，在内陆，风电机组的主流机型额定功率为 1.5MW；在海上，风电机组的平均单机容量为 3MW，最大已达 6MW。虽然与火电和水电的上百兆瓦发电机组相比，风电机组的单机容量仍较小，但是它们可在风场中排成阵列，形成风力发电机群，进行大规模风力发电，发出的电力经过电力线路送至用户。据全球风能理事会统计，2015 年全球风电装机容量一举超过核电容量，成为火电和水电外的第三大电力来源。

1.1 风电的发展历程

自 19 世纪末人们成功研制出风力发电机组并建成世界上第一座风力发电站后，一个多世纪以来，世界上许多国家纷纷研制了各种类型的风力发电设备，风力发电的重要性受到国际社会的普遍关注与高度重视。由于社会发展的需要，人们对能源的需求也越来越大，全世界都在寻求更加高能效、低能耗的新型能源，因此风力发电的研究开发，其设备的生产制造、使用推广等工作取得了很大的进展。

1.1.1 国外风电的发展历程

风电起源于丹麦。早在 1890 年，丹麦政府就制定了一项风电计划，经过 10 多年的努力，制造出首批单机功率为 5～25kW 的风力发电机。时至今日，丹麦已成为世界上生产风力发电设备的大国。

20 世纪 80 年代以来，工业发达国家对风电机组的研制取得了巨大的进展。1987 年，美国研制出单机容量为 3.2MW 的水平轴风电机组，安装在夏威夷群岛；加拿大研制出单机容量为 4MW 的垂直轴达里厄风电机组，安装在魁北克省；这期间单机容量在 100kW 以上的水平轴风电机组的研究开发及生产在欧洲取得快速发展。到 20 世纪 90 年代，单机容量为 200～600kW 的机组已在中型和大型风电场中成为主导机型。进入 21 世纪以来，单机容量在兆瓦级以上的风电机组已逐渐成为主力机组，大量在风电场中运行。

德国是目前世界上风电发展最快的国家，既是风电市场大国，又是风电装备制造大国。德国西门子（Siemens）公司的海上风电具有独特优势，领跑全球海上风电市场。德国政府在能源领域的目标是到 2030 年实现可再生能源发电量占总发电量的 45%，而在风电领域的目标则是到 2020 年实现风电装机容量 6500MW，实现能源转型。

美国从 20 世纪 70 年代石油危机始，于 1978 年通过《公共事业管理法》对发展风电给予优惠，促进了风电的大发展，到 1994 年就达到 1630MW，占当年世界风电总容量的 53%，使美国在 1997 年前一直成为雄居世界第一的风电大国。但之后因石油降价及联邦政府一些法规期满失效，支持出现断层，风电价格下跌，风电发展停顿，而德国后来居上。近年来，美国又开始重视风电，对风电发展加大支持力度，旧机更新换代，制定雄心勃勃的技术研究发展计划，最终目标要将风电电价降到 2.5 美分/(kW•h)。

西班牙的风电发展也非常迅速，国家根据"节约与有效利用能源规划"对可再生能源进行补贴，丹麦维斯塔斯（Vestas）公司曾在西班牙一次就获得了 1400MW 的风电机组订单，成为世界上最大的一笔风电机组合同，可见西班牙风电发展势头的迅猛。2016 年，西班牙歌美飒（Gamesa）公司与德国西门子公司合并风电业务，一举超越丹麦维斯塔斯公司和美国通用电气公司，成为全球最大的风电整机制造商。

丹麦是世界上最大的风力发电机生产国和科研强国，产量占世界以上 60% 以上，在其出口产业中位居第二。丹麦政府计划到 2030 年风电装机容量达 5500MW，发电量占全国近 50%，其中海上风电场装机容量将达 4000MW。政府计划未来新能源（主要是风电和生物质能）将提供 75% 以上的能源供应，而让燃煤发电逐渐淘汰。

印度作为全球经济发展最快的发展中国家之一，长期以来都面临着严重的电力短缺。一直以来，印度政府都希望通过发展包括风电在内的可再生能源来应对这一问题，同时减少对化石燃料的依赖。印度通过实行一年快速折旧、前 5 年免所得税、低利率贷款等政策，成为风电发展最快的国家之一。

上述德国、美国、西班牙、丹麦和印度等 5 国的风电装机容量占世界风电总装机容量的 80% 以上。其他国家和地区，如中南美等地，发展非常缓慢，主要靠国际援助项目。亚洲和太平洋地区有较快的发展，主要是中国等。中东和非洲发展非常慢，主要也是靠国际援助。

据全球风能协会统计，2015 年全球风电新增装机容量达到创纪录的 6300 万 kW，相当于约 60 座核电站发电量，比 2014 年提高 25% 以上。随着技术的更新，发电成本降低、风电信赖度上升，风电的发展在 2015 年一举超越了核电，成为火电和水电外的第三大电力来源。截至 2015 年年底，风力发电能力排在全球首位的是中国（14510 万 kW），紧随其后依次是美国（7447 万 kW）、德国（4495 万 kW）、印度（2590 万 kW）、西班牙（2303 万 kW）。

风电作为能源领域增长最快的行业，共为全球提供了近 20 万个就业机会。国际能源署颁布的《2050 年能源技术情景》判断，2010—2050 年，全球风电平均每年增加 7000 万 kW，风电已成为一个庞大的新兴电力市场。

风电机组单机容量持续增大，单机容量在兆瓦以上的风力发电机组已成为主力机组，大量在风电场中运行；变桨距功率调节方式由于载荷控制平稳、安全和高效等优点得到迅猛发展，在大型风电机组上得到广泛采用；风能的大规模开发今后将更多依赖于规模化、系列化和标准化，以降低成本、提高效益；随着关键技术和装备的逐渐成熟，海上风电开发将是未来发展的一个重要方向，兆瓦级海上风电机组的商业化已经成为世界风能利用的新趋势。与此同时，各种新技术和新装备的应用、标准与规范的完善、产品质量的提升和风电市场的规范，也为风电产业长远持续发展奠定了坚实的基础。

1.1.2 国内风电的发展历程

我国是世界上风力资源占有率最高的国家，也是世界上最早利用风能的国家之一。据资料统计，我国 10m 高度层风能资源总量为 3226GW，其中陆上可开采风能总量为 253GW，加上海上风力资源，我国可利用风力资源近 1000GW。如果风力资源开发率达到 60%，仅风能发电一项就可支撑我国目前的全部电力需求。

我国风力发电起步较晚，但进展较快。风电机组的研制重点分两方面：一是 1kW 以下独立运行的小型风电机组，二是 100kW 以上并网运行的大型风电机组。

从 20 世纪 70 年代开始，在农村、牧区、海岛等地对电能的迫切需求的推动下，一些地区和部门对小型风力发电机的研究、试点和推广应用给予了重视与支持，发展迅速。进入 90 年代后期得到了快速的发展。经过科技攻关、研制开发、示范试验、商品生产和推广使用等阶段，目前小型风电机组的研制已实现全部国产化。小型风电机组的推广应用取得了明显的社会效益，在世界上有一定的影响，除了满足国内需要，还出口国外。

从 20 世纪 80 年代开始，"八五"期间，当时的国家科学技术委员会和国家计划委员会分别将大型风电机组列入科技攻关项目，组织科研单位对其关键技术进行联合攻关，在此基础上自行研制，同时组织相关单位引进国外大型风电机组，进行消化吸收，掌握大型风电机组制造技术，在此基础上进行组装或合作生产。经过多年的努力，我国大型风电机组的研制有了很大的进步，组装和合作生产的大型风电机组的主要部件和配套设备实现了国产化。

我国风电场的规划始于 20 世纪 80 年代中期。1983 年，山东荣成引进 3 台丹麦 55kW 风电机组，开始并网型风电技术的试验和示范。1986 年，新疆达坂城安装了 1 台丹麦 100kW 风电机组，1989 年又安装了 13 台丹麦 150kW 风电机组，同年在内蒙古也安装了 5 台美国 100kW 风电机组，开始了我国风电场运行实验和示范。近年来，在风电场示范应用中也取得了较好的经济效益，风电场建设取得了巨大的进展。

总结起来，我国风电行业发展经历了 6 个阶段：①1949—1959 年，老式风车应用阶段；②1960—1977 年，现代风力机械起步阶段；③1978—1983 年，科研攻关和示范应用阶段；④1984—1990 年，技术成熟和实用推广阶段；⑤1990—1997 年，调整、巩固阶段；⑥1998 年以后，走向稳定发展阶段。

能源和环境危机与国民经济可持续发展之间的矛盾促进了我国风电产业的迅猛发展，风电在我国能源结构中的地位日益受到重视。2005 年 2 月《中华人民共和国可再生能源法》颁布之后，当年风电新增装机容量超过 60%，总装机容量达到了 126 万 kW；2006 年风电新增装机容量超过 100%，总装机容量超过 260 万 kW；2007 年风电又新增装机容量 330 万 kW，总装机容量达到 604 万 kW，我国一跃成为世界上最主要的风电市场之一。我国提出的 2010 年完成风电装机容量 500 万 kW 的目标已提前 3 年于 2007 年实现。截至 2015 年年底，我国风电总装机容量达到 14510 万 kW，根据相关部门预测，如果保障得力，到 2020 年，风电总装机容量有望实现 1.2 亿～1.5 亿 kW。

在国家政策的扶持和市场的拉动下，一大批有实力的企业纷纷涉足风电产业，国外跨国公司也积极在我国组建生产企业，风电产业整体上呈现出百花齐放、百舸争流的繁荣景象。目前我国已有 30 多家风电整机制造企业，包括兆瓦级机组在内的国产风电装备陆续下线并投入运行，国产风电装备的技术水平和质量都有了很大的提高，产能迅速提升。新疆金风科技股份有限公司目前是全球最大的直驱永磁风电机组研制企业，已形成涵盖 1.5MW、2MW、2.5MW、3MW 四大平台的整机产品系列，目前正研制 6MW 风电机组。2015 年，金风科技凭借 7.8GW 的全球新增装机容量，一跃成为当年全球最大风电整机制造商；国电联合动力技术有限公司则是我国双馈型风电机组制造的领军企业；远景能源是 2014 年我国最大的海上风电机组供应商；湘电风能有限公司拥有国际领先的直驱型风机设计制造技术，是我国大型风电装备制造业的龙头企业，目前已成功投运 5MW 直驱风电机组；中国东方电气集团有限公司拥有双馈型和直驱型两种技术流派，是我国拥有风电技术流派最全的供应商。其他颇具实力的企业还有中国明阳风电集团有限公司、上海电气集团有限公司、中船重工（重庆）海装风电设备有限公司等。

1.2 风力发电基本原理

风力发电的基本原理是利用风力机将风能转换为机械能，发电机再将机械能转换成电能，变流器则将发电机发出的电能进行变换，变换之后给用电设备供电或并入电网。风电系统主要包括风力机、发电机、变流器和控制系统等部分。风力机属于旋转机械，其作用是将风的动能转换为机械能，主要包括风轮（叶片、轮毂）、桨距调节机构和齿轮箱等。发电机属于机电能量转换装置，其作用是将机械能转换为电能，原则上各种发电机都可以用于风力发电，如直流发电机、交流发电机等，其中交流发电机主要有异步发电机、同步发电机。变流器属于电能变换装置，其作用是改变电流或电压的幅值、频率、相位或其他电气特性，变流器的范畴包括交直（AC/DC）变换、直直（DC/DC）变换、交交（AC/AC）变换、直交（DC/AC）变换。风力机、发电机、变流器这三大部件都离不开控制系统，控制系统的作用是对风电机组的运行状态进行控制，即控制风电机组从一种运行状态到另一种运行状态的过渡过程和稳态过程。

1.2.1 风力机

风力机的类型有水平轴风力机和垂直轴风力机、定桨距风力机和变桨距风力机等。按传动方式又分为齿轮传动式风力机和直驱式风力机。

水平轴风力机的风轮轴基本上为水平状态，或者说基本上平行于风向，工作时风轮基本上与风向垂直，它又有上风向风力机和下风向风力机之分。上风向风力机的风轮在塔架前面迎风旋转，如图 1-1（a）所示；下风向水平轴风力机的风轮则在塔架后面，风先经过塔架再到风力机，由于塔架干扰了一部分气流，影响风力机的效率，使性能有所下降。上风向水平轴风力机需要由转向机构保持风轮与风向垂直，以发挥风力机的最大效率，下风向风力机不需要转向机构。水平轴风力机目前最为常见，适用功率从几十瓦到数兆瓦。

垂直轴风力机的风轮轴与大地垂直，如图 1-1（b）所示，其特点是可以从任意方向获取风能，不需要随风向调整风轮方向，其噪声小、机舱位置低、结构简单，已成为中小型风电系统的首选，适用功率从几十瓦到几十千瓦。由于垂直轴风力机的背风叶片消耗了一部分风能，目前在大功率场合应用还较少。

（a）水平轴风力机

（b）垂直轴风力机

图 1-1　风力机

定桨距风力机的叶片与轮毂之间为刚性连接，叶片固定在轮毂上，叶片角度（也称为桨叶角度、桨距角）不能调节，其迎风面固定，因此它的输出功率由风力和叶片自身的气动特性决定，功率随风速变化较大。

变桨距风力机的桨距角可以调整，风小时减小桨距角使叶片迎风面积增大，风大时增大桨距角使叶片迎风面积减小，捕获的风能减小；强风时使桨距角最大，可加深叶片的失速效应，避免叶片损坏。改变桨距角可调整叶片的受力和转动速度，在风速变化时使风力机输出功率较好地保持稳定。

风力机的动力传动方式主要有齿轮传动式和直驱式两种。当风轮的转速较低，达不到发电机的转速要求时，一般采用齿轮传动式风力机，风轮经过齿轮箱增速后再带动发电机。直驱式风力机没有齿轮箱，由风轮直接带动发电机，由于没有齿轮箱，风力机的体积重量和噪声减小，但是因为风轮转速较低，一般要使用多极低速发电机，而多极低速发电机的直径和重量较普通 2 极和 4 极发电机大，这会抵消一部分省略齿轮箱的效果。此外，还有一种半直驱式风力机，它有齿轮箱但传动比较小，与直驱式风力机相比可以使用极对数较少的发电机，使发电机的体积小一些，是齿轮传动式风力机和直驱式风力机的折中型式。

1.2.2　风电系统

1.2.2.1　按风力发电机的转速是否恒定分类

根据风力发电机的转速是否恒定，可将风电系统分为定速风电系统和变速风电系统。按风力机是采用定桨距风力机还是变桨距风力机，定速风电系统又有定桨定速系统、变桨定速系统之分；变速风电系统又有定桨变速系统、变桨变速系统之分。定桨定速系统曾是20 世纪 80—90 年代的主流风电系统，而变桨变速系统则是当前的主流风电系统。风电系统的类型如图 1-2 所示。

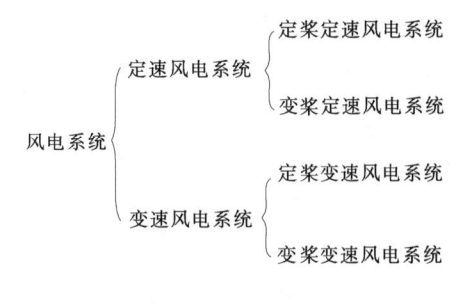

图 1-2 风电系统的类型

1. 定速风电系统

定速风电系统的发电机转速要求恒定，输出频率也恒定。但实际上发电机的转速随风速总有波动，因此定速风电系统的发电机一般采用笼型异步发电机，以保证发电机的转子转速波动时，定子输出频率能够恒定。这种系统的风力机通常采用定桨距风力机，称作定桨定速风电系统，它曾是 20 世纪 80—90 年代的主流风电系统。定桨距风力机的叶片经过特殊设计，具有失速特性。当风速达到临界值时，叶片的升力系数减小，阻力系数增加，造成叶片失速，即风速在临界值以下时风轮转速随风速增加而增加，当风速超过临界值后风轮转速将不随风速增加而上升，反而略有下降。失速特性可以使风速达到临界值后，风力机的输出功率仍保持在额定功率附近。此外，还可以通过变桨距、偏航（调节风轮与风向的夹角）等手段来控制风力机输出功率的相对稳定。

由于定速风电系统是依靠定桨距叶片的失速特性、变桨距调节或偏航控制，由风力机保持笼型异步发电机的转速，使发电机能够在允许的转差范围内发电运行，因此对风速的适应范围小，风能的利用率不高。为了扩大风能的利用范围，定速风电系统常用两台不同极数的异步发电机，一般是 4/6 极电机，在风速较低时用 6 极的异步发电机发电，在风速较高时用 4 极的异步发电机发电，以扩大对风速的利用范围，但是这样增加了机舱的体积和重量。目前兆瓦级以上的大型风电系统已淘汰定速风电系统。

如果让发电机通过 AC/DC/AC 变流器连接电网，由变流器保证发电机的输出频率与电网一致，则发电机的转速就可以不受电网频率的限制，发电机的转速可以根据风力机在不同风速下的最佳输出功率来进行调节，从而达到对风能的最大利用，这就是变速风力发电的优点。因此变速风电系统的发电机转速可以变化，发电机经变流器输出频率恒定的交流电，对风能的利用率高，适用于各种交流发电机。同时，变速风电系统在控制方式上也很灵活，可以较好地调节系统的有功功率、无功功率，但控制系统较为复杂。

2. 变速风电系统

变速风电系统的风力机若采用定桨距风力机，则称作定桨变速风电系统；若采用变桨距风力机，则称作变桨变速风电系统。变桨变速系统是当前的主流风电系统，发电机多采用绕线转子异步发电机、永磁同步发电机，可以和电网平稳连接，并进行无功补偿。至于定桨变速风电系统，在小型离网运行（不并网）的场合用得较多，多采用永磁同步发电机，多数情况下将发出的电整流后给蓄电池充电，或逆变成稳定的交流电供电器使用。

1.2.2.2 按风力发电机类型分类

应用于风电系统的风力发电机主要有三类，其分类如图 1-3 所示。由于风速不稳定，风力发电机一般不直接接入电网，而是通过变流器或者软启动器的方式与电网相连。

1. 基于异步发电机的风电系统

基于异步发电机的风电系统如图 1-4 所示。异步发电机通过软启动器与交流电网相连，软启动器用来抑制系统启动过程中的冲击电流和转矩波动。这种系统曾是 20 世纪

80—90 年代的主流风电系统，被称为"丹麦型"风电系统。

风力机可以采用定桨距风力机，也可以采用变桨距风力机。由于发电机通过软启动器与电网直接相连，因此发电机的旋转磁场转速（即同步转速）由电网频率和定子绕组极数决定。在不同风速下，转子转速会有波动，发电运行时要求波动范围小于额定转速的 1%。风力机转速典型值为 10r/min，而发电机转速典型值为 1000r/min，相差两个数量等级，因此风力机与发电机之间需要连接增速齿轮箱。该系统启动时，需要

图 1-3　风力发电机的类型

软启动器来限制浪涌电流，启动之后，软启动器由一个旁路开关进行旁路。此外，通常用一组三相电容器来补偿异步发电机所吸收的无功功率。

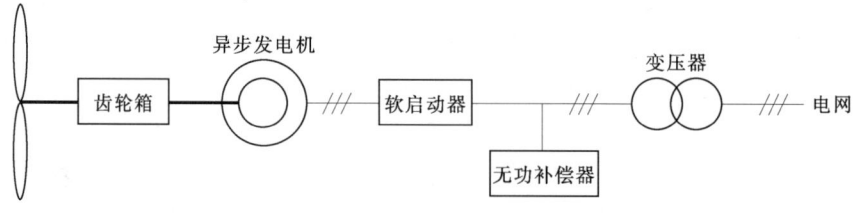

图 1-4　基于异步发电机的风电系统

2. 基于双馈发电机的风电系统

基于双馈发电机的风电系统如图 1-5 所示。发电机的转子绕组连接了一个四象限 AC/DC/AC 变流器，可以控制转子电流的双向流动，转子变流器的额定功率仅为发电机额定功率的 30% 左右。因此"双馈"的含义是指定子绕组可以与电网相互馈送能量，转子绕组也可以与电网相互馈送能量。一般情况下，机侧变流器控制发电机的转速、转矩、有功功率、无功功率，网侧变流器控制直流环节电压稳定和网侧无功，因为该系统具有控制无功功率的能力，所以不需要额外的无功补偿器。双馈发电机可以在同步转速的 30% 上下范围内发电运行，对风速变化的适应能力更强，双馈风电系统是当前的主流风电系统之一。

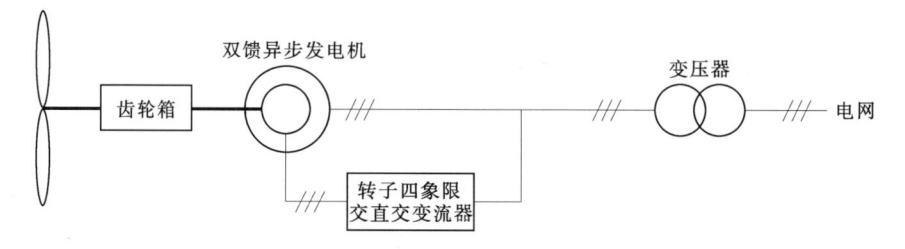

图 1-5　基于双馈发电机的风电系统

3. 基于同步发电机的风电系统

基于同步发电机的风电系统如图 1-6 所示。风力机可以采用定桨距风力机，也可以采用变桨距风力机。发电机的定子通过 AC/DC/AC 变流器连接电网，该变流器将定子全部输出功率传输到电网，故称为全功率变流器。一般情况下，变流器的额定功率要达到发电机额定功率的 120% 以上。由于使用了 AC/DC/AC 变流器，因此发电机与电网完全解

耦，理论上发电机可以在全部转速范围内工作。机侧变流器控制发电机的转速、转矩、有功功率、无功功率，网侧变流器控制直流环节电压稳定和网侧无功。因为该系统具有控制无功功率的能力，所以不需要额外的无功补偿器。

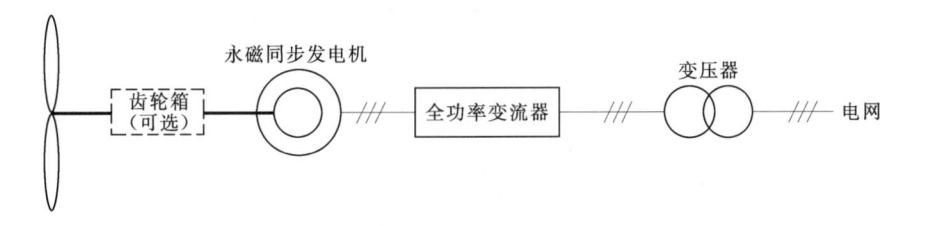

图 1-6 基于同步发电机的风电系统

基于同步发电机的风电系统采用的全功率变流器是一种 AC/DC/AC 变换器，其拓扑结构方案很多，是当前的一个研究热点。AC/DC 变换环节的方案有不控整流、晶闸管整流、PWM 整流、多重化整流、多电平整流等，DC/DC 变换环节的方案有直流升压、直流降压等，DC/AC 变换环节的方案有晶闸管逆变、脉宽调制（Pulse Width Modulation，PWM）逆变、多重化逆变、多电平逆变等。目前主要采用的全功率变流器结构如图 1-7所示，机侧和网侧都采用 PWM 整流器。同二极管不控整流相比，机侧变流器采用 PWM整流可以大大减少发电机定子电流谐波含量，从而降低发电机的铜耗和铁耗，并且 PWM整流器可提供几乎为正弦的电流，因而减少了机侧的谐波电流。

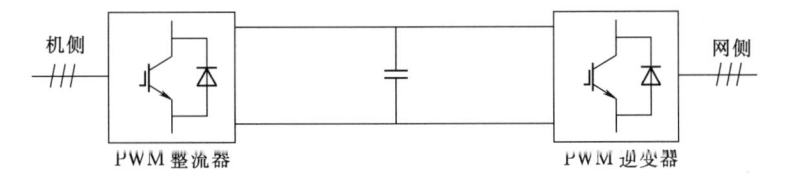

图 1-7 全功率变流器结构示意图

1.2.3 风电机组控制技术

风电机组的运行状态一般有待机状态、启动状态、发电运行状态、暂停状态、停机状态、故障紧急停机状态等六种，为了便于控制还可以设置其他运行状态，或将六种运行状态进一步细分。风电机组控制系统的一般组成如图 1-8 所示。

1.2.3.1 风电机组的最大功率跟踪控制技术

对于变速风电系统，若运行在额定风速以下，则控制的主要目标是在不同的风速下实现风力机捕获功率的最大化，称作最大功率跟踪（Maximum Power Point Tracking，MPPT）控制；若运行在额定风速以上，则控制的主要目标是在不同的风速下实现风力机捕获功率的稳定化，称作最大功率稳定控制。

为了实现最大功率跟踪，人们开发了多种有效的控制方案，然而到目前为止，还没有实验证明某个方案能一直捕获最大风能，这说明风电系统本身具有一种不确定性，因此最大功率跟踪控制一直是风电领域的一个研究热点。风电机组的最大功率跟踪控制技术主要有三种典型方案，即基于风力机功率曲线的最大功率跟踪控制、基于最佳叶尖速比的最大功率跟踪控制和基于最优转矩的最大功率跟踪控制。

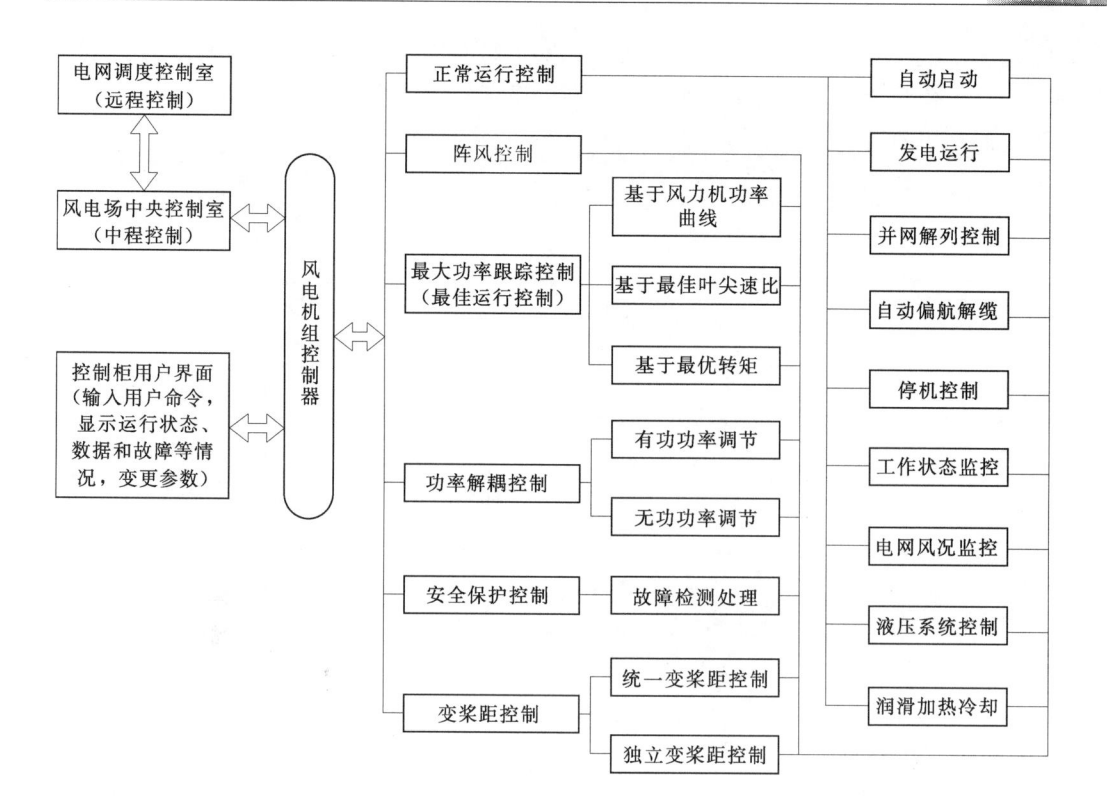

图 1-8 风电机组控制系统的一般组成

1. 基于风力机功率曲线的最大功率跟踪控制

根据空气动力学可知，风力机的输入功率为

$$P_{in} = \frac{1}{2}\rho A v^3 = \frac{1}{2}\rho\pi R^2 v^3 \tag{1-1}$$

式中 ρ——空气密度；

A——叶片扫掠面积；

R——叶片长度；

v——风速。

风力机的输出功率为

$$P_{out} = \frac{1}{2}\rho A v^3 C_p \tag{1-2}$$

式中 C_p——风能利用系数，是风力机将风能转换为机械能的效率，它与叶片长度 R、叶片转速 ω、风速 v、桨距角 β 四个因素有关。

由式（1-2）可知，风力机输出功率与五个因素有关：空气密度 ρ、叶片长度 R、叶片转速 ω、风速 v、桨距角 β。对于一台制造安装好的风电机组，空气密度、叶片长度可视为固定值，若桨距角固定不变，则风力机输出功率与风速、叶片转速两个因素有关。

以风速为参变量，叶片转速为自变量，风力机的输出功率为因变量，可得到一簇曲线，如图 1-9 所示，称为风力机功率-转速曲线。由图 1-9 可知，对于某个风速，不同的叶片转速对应不同的风力机输出功率，其中有一个最大功率值，最大功率值所对应的叶片转速即为最佳转速。因此,对于某个风速、某个桨距角,必然存在一个最大风力机输出功率、一个最佳叶片转速。若桨距角改变,则可得到另一簇曲线。每台风力机在出厂时都附有相应的功率曲线。

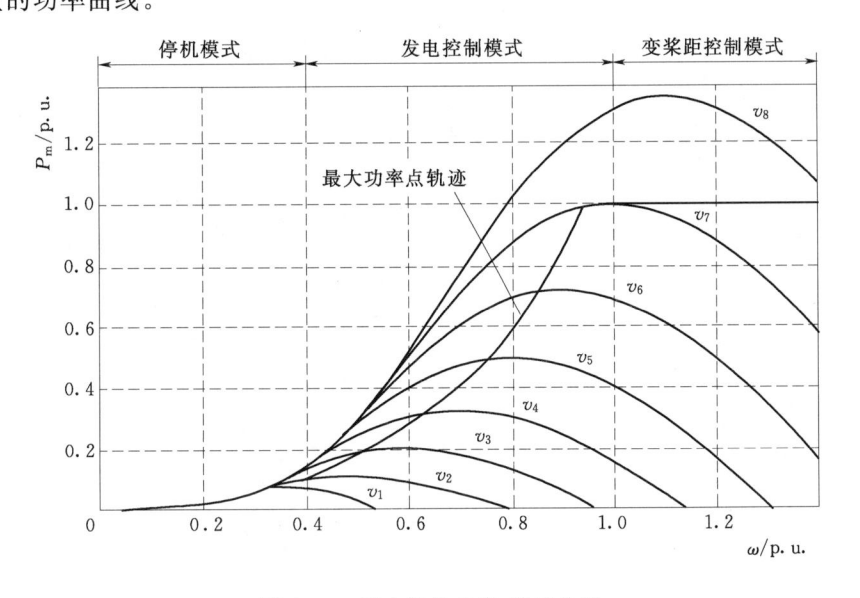

图 1-9　风力机的功率-转速曲线

$v_1 \sim v_8$—不同风速

图 1-10 给出了基于风力机功率曲线的最大功率跟踪控制的简化框图。风速由风速传感器实时采集获得,已知某个风速,根据厂商提供的风力机功率曲线或用户自行计算,可得到一个对应的最大风力机输出功率值。该值作为闭环系统的功率期望值 P_{m}^*,与发电机的机械功率实际值 P_{m} 进行比较,进而产生用于功率变流器的控制信号。通过功率变流器和发电机的控制,系统进入稳态后,发电机的机械功率实际值 P_{m} 将与期望值相等,系统进入最大功率运行状态。

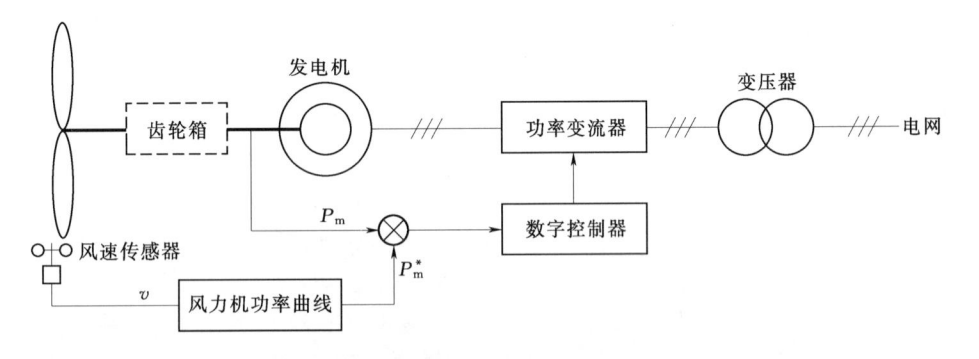

图 1-10　基于风力机功率曲线的最大功率跟踪控制

2. 基于最佳叶尖速比的最大功率跟踪控制

叶尖速比 λ 是风电机组的一个重要特性参数,定义为叶尖线速度与风速之比。而叶尖线速度是叶片长度与叶片转速的乘积,因此叶尖速比为

$$\lambda = \frac{R\omega}{v} \qquad\qquad (1-3)$$

式中　　R——叶片长度；

　　　　ω——叶片转速；

　　　　v——风速。

引入叶尖速比 λ 后，风能利用系数 C_p 就与叶尖速比 λ、桨距角 β 两个因素有关。以桨距角为参变量，叶尖速比为自变量，风能利用系数为因变量，可得到一簇曲线，如图 1-11所示，称为风力机的风能利用系数-叶尖速比曲线。由图 1-11 可知，对于某个桨距角，不同的叶尖速比对应不同的风能利用系数，其中有一个最大风能利用系数，而此时的叶尖速比称为最佳叶尖速比。

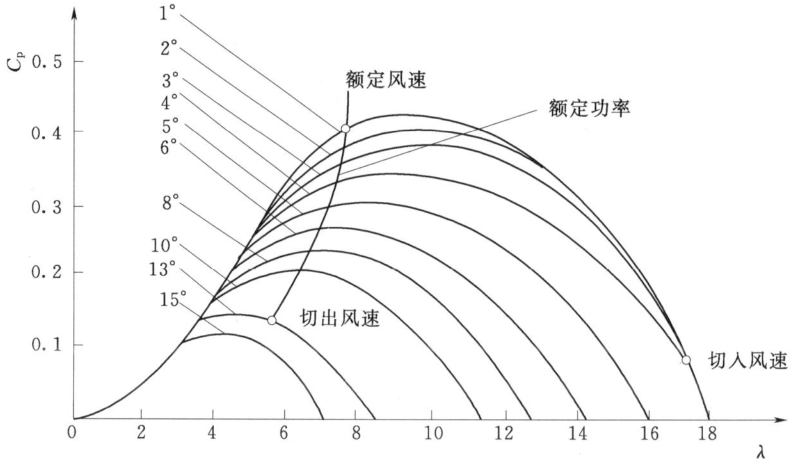

图 1-11　风力机的风能利用系数-叶尖速比曲线

对于一台制造安装好的风电机组，叶片长度 R 可视为固定值，由式（1-3）可知，对于某个风速 v，有许多叶尖速比值，其中最佳叶尖速比值所对应的风能利用系数 C_p 最大，由式（1-2）可知，此时风力机输出功率也最大。因此，对于某个风速、某个桨距角，必然存在一个最佳叶尖速比、一个最佳叶片转速、一个最大风力机输出功率。

图 1-12 给出了基于最佳叶尖速比的最大功率跟踪控制的简化框图。风速由风速传感器实时采集获得，已知某个风速，根据厂商提供的叶尖速比曲线或用户自行计算，可得到一个对应的最佳叶尖速比值。该值作为闭环系统的叶尖速比期望值 λ_m^*，与风电机组的叶尖速比实际值 λ_m 进行比较，进而产生用于功率变流器的控制信号。通过功率变流器和发电机的控制，系统进入稳态后，风电机组的叶尖速比实际值 λ_m 将与期望值相等，系统进入最大功率运行状态。

3. 基于最优转矩的最大功率跟踪控制

上述两种方案都需要实时测量风速，而风电场中风速的准确测量较为困难，实际应用中存在很多技术问题，基于最优转矩的最大功率跟踪控制方案则避开了风速测量，这是该方案的优点。

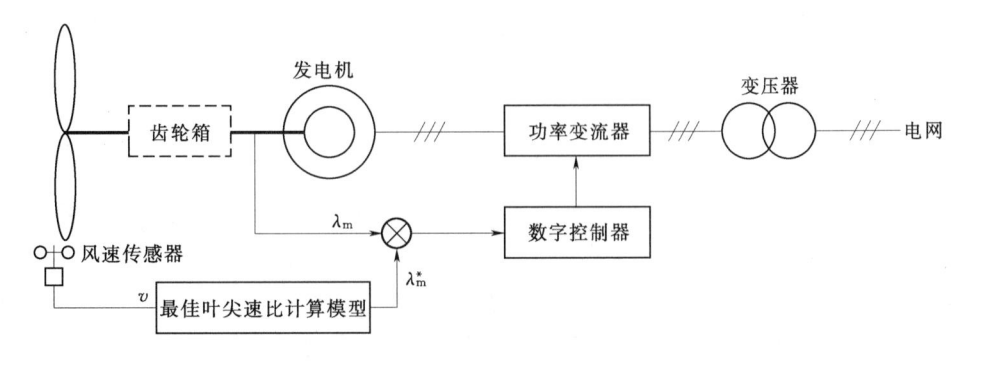

图 1-12　基于最佳叶尖速比的最大功率跟踪控制

由前述两种方案可知，对于某个风速、某个桨距角，必然存在一个最佳叶尖速比、最佳叶片转速、最大风力机输出功率，那么也必然存在一个对应的最优风力机输出转矩。这个最优转矩与最佳叶片转速的二次方成正比，可以通过实际叶片转速和风电机组相关模型计算得出，从而避开了风速测量。

由叶尖速比的定义式（1-3）可得

$$v = \frac{R\omega}{\lambda} \tag{1-4}$$

将式（1-4）代入风力机输出功率计算式（1-2）得

$$P_{\text{out}} = \frac{1}{2}\rho A \left(\frac{R\omega}{\lambda}\right)^3 C_{\text{p}} = K_1 \omega^3 \tag{1-5}$$

式中　K_1——系数。

由式（1-5）可知，风力机输出功率与叶片转速的三次方成正比。

风力机输出功率也等于输出转矩与叶片转速乘积，即

$$P_{\text{out}} = K_2 T_{\text{out}} \omega \tag{1-6}$$

式中　K_2——系数。

综合式（1-5）和式（1-6）得

$$T_{\text{out}} = K_1 K_2 \omega^2 = K_3 \omega^2 \tag{1-7}$$

式中　K_3——系数。

由式（1-7）可知，风力机输出转矩与叶片转速的二次方成正比。

图 1-13 给出了基于最优转矩的最大功率跟踪控制方案，实时测得发电机转速 ω_{m}，根据式（1-7）计算得到转矩期望值 T_{m}^*，系数 K_3 的最优值则由风电机组的相关模型计算得出，是该方案的关键技术。将期望值 T_{m}^* 与发电机的转矩实际值 T_{m} 进行比较，进而产生用于功率变流器的控制信号。通过功率变流器和发电机的控制，系统进入稳态后，发电机的转矩实际值 T_{m} 与期望值相等，系统进入最大功率运行状态。

1.2.3.2　风电系统的并网控制技术

风电机组并网的基本要求是风电机组输出电压的幅值、频率、相位与电网一致。并网时首先要检查风电机组输出电压的三相相序与电网相序是否一致，其次检查输出电压的幅值、频率与电网是否一致，相差越小，造成的电流冲击越小。

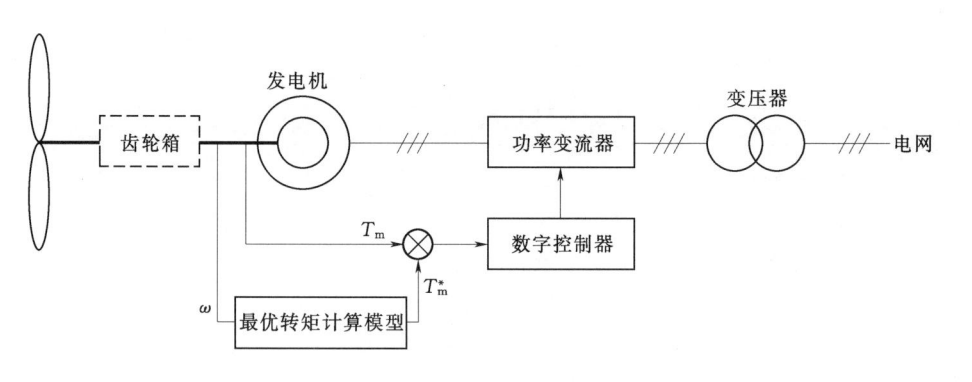

图 1-13　基于最优转矩的最大功率跟踪控制

1. 基于异步发电机的风力发电系统并网控制

基于异步发电机的风电系统拓扑如图 1-14 所示，它可以对风速的高频分量和低频分量分开控制：风速的低频分量产生的机械能变化，由风力机的桨距来调节；风速的高频分量产生的机械能波动，则通过转子电流控制器（RCC）来平滑。当风速较高时，RCC 使发电机的转速升高，将瞬变的风能转化为动能储存起来；待风速降低时，再将动能释放出来，使输出功率曲线更加平稳。

带有 RCC 的异步发电机的系统控制由两部分组成，即速度控制和功率控制。速度控制系统如图 1-15 所示，它通过桨距伺服系统调节风力机的桨距，使发电机转速跟随给定值，它受发电机转速和风速

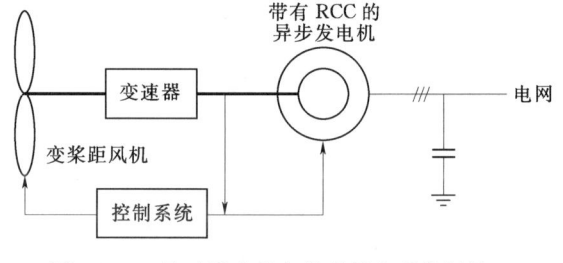

图 1-14　基于异步发电机的风电系统拓扑

的双重控制。风速达到额定值以前，桨距控制将根据风速调整到最佳状态，以优化叶尖速比。如果风速高于额定值，通过改变桨距使发电机维持在额定转速，功率输出也将稳定在额定值。

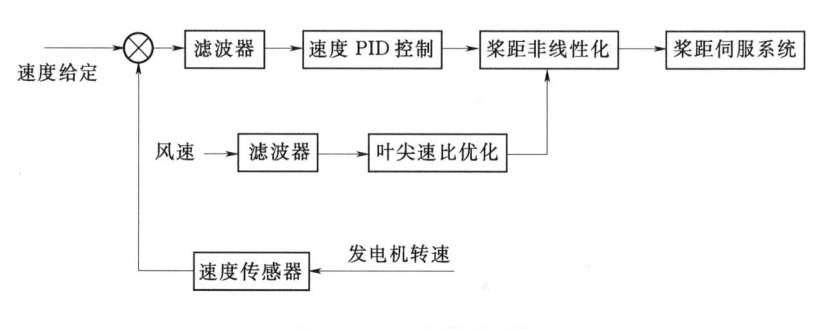

图 1-15　速度控制系统

功率控制系统如图 1-16 所示，它由功率（外环）和电流（内环）双闭环系统组成。通过测量将发电机的转速与同步转速相比较得到发电机的转差率，依据差率与发电机功率的关系曲线得到发电机的功率给定值。功率外环的输出为转子电流的给定值，转子电流内环是一个功率伺服环，通过 RCC 控制发电机转差率，使发电机的输出功率跟踪功率给定值。

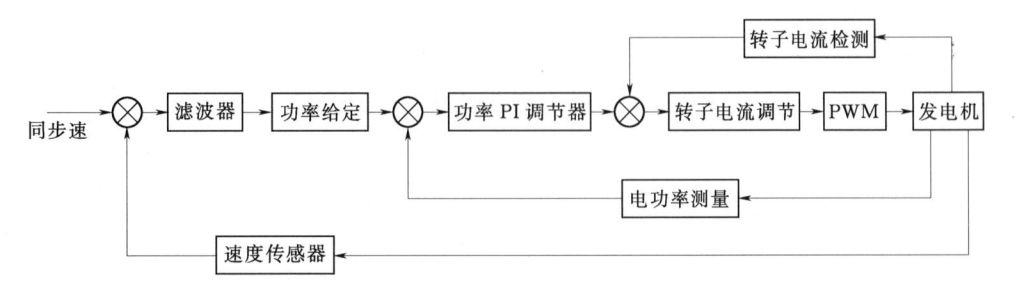

图 1-16 功率控制系统

2. 基于双馈发电机的风电系统并网控制

图 1-17 所示为基于双馈发电机的风电系统结构图，发电机定子直接连接电网，转子经双 PWM 变流器和变压器连接电网。定子电压的幅值 U_s 和频率 f_1 与电网相同，是固定的；定子磁链的幅值和旋转速度也是恒定的。发电机的功率输出由转子双 PWM 变流器来控制，一般情况下，机侧变流器控制发电机的转速、转矩、有功功率、无功功率，网侧变流器控制直流环节电压稳定和网侧无功。

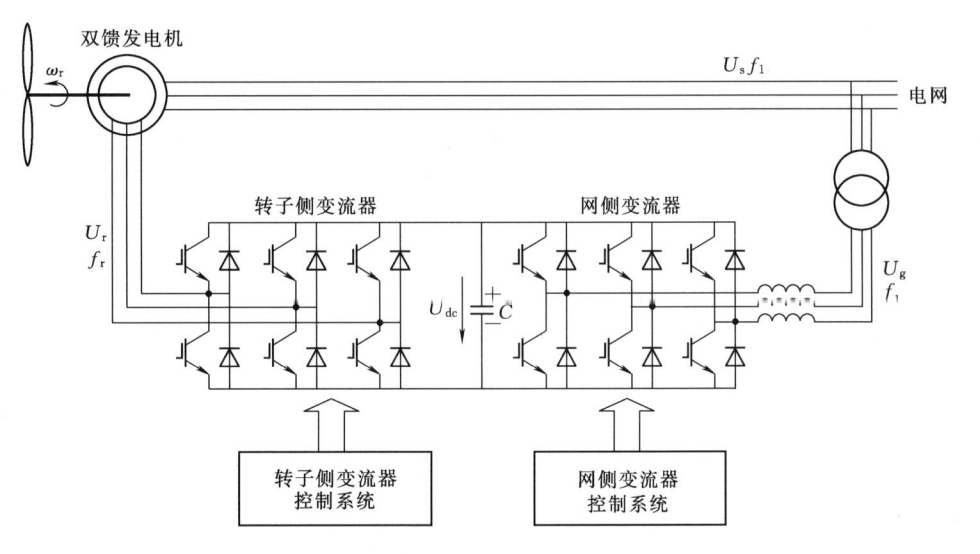

图 1-17 基于双馈发电机的风电系统结构图

转子侧变流器按定子磁链定向的矢量控制，如图 1-18 所示，转子电压和电流控制了双馈发电机定子输出的有功功率和无功功率。由于风力机输出最大功率 P_{opt} 与转速有关，因此系统首先检测发电机转子转速 ω_r，然后根据图 1-9 得到在当前风速下的最佳功率 P_{opt}，并以 P_{opt} 作为发电机输出有功功率的给定值 P_s^*。发电机输出无功功率的给定值 Q_s^* 则根据电网对发电机输出无功的要求来设定。

系统检测发电机定子侧三相电压和电流，经 3s/2s 静止变换得到 $\alpha\beta$ 坐标系上的电压 $u_{s\alpha}$、$u_{s\beta}$ 和电流 $i_{s\alpha}$、$i_{s\beta}$，这四个信号值有两个作用，具体如下：

（1）第一个作用是由定子磁链观测器计算出定子磁链幅值 Ψ_s 和位置角 θ_s。θ_s 的微分是定子磁链旋转角频率 ω_1，ω_1 与转子转速 ω_r 之差为转差角频率，也是转子电压和电流的

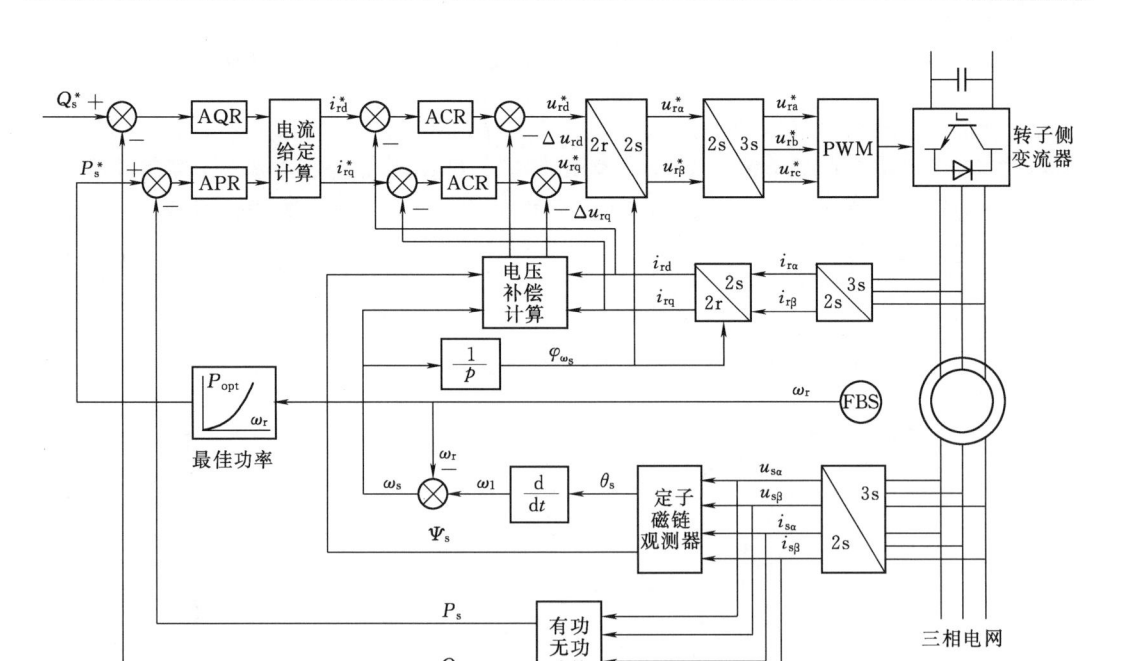

图 1-18　转子侧变流器按定子磁链定向的矢量控制

角频率 ω_s，ω_s 经积分环节得 $\varphi_{\omega s}$。$\varphi_{\omega s}$ 是定向角，用于两相旋转坐标系的变换 2r/2s，使变换后的转子电压给定信号 $u_{r\alpha}^*$、$u_{r\beta}^*$ 的频率为 ω_s。

（2）第二个作用是计算定子的有功功率 P_s 和无功功率 Q_s 的反馈信号，即

$$P_s = \frac{3}{2}(u_{sd}i_{sd} + u_{sq}i_{sq}) \Big\}$$
$$Q_s = \frac{3}{2}(u_{sq}i_{sd} + u_{sd}i_{sq}) \Big\} \tag{1-8}$$

转子侧变流器的控制部分由功率给定 P_s^*、Q_s^*，有功调节器（APR）和无功调节器（AQR），转子电流给定计算，电流调节器（ACR），坐标变换环节（2r/2s、2s/3s）和 PWM 调制等环节组成。APR、AQR 根据功率偏差经 PI 调节器控制转子电流给定值 i_{rd}^*、i_{rq}^*。从两个 ACR 得到 dq 坐标系上的转子电压给定值 u_{rd}^*、u_{rq}^*，注意考虑为消除转子电压与电流交叉耦合的补偿项。u_{rd}^*、u_{rq}^* 经 2r/2s 和 2s/3s 变换后得到转子三相电压给定值 u_{ra}^*、u_{rb}^*、u_{rc}^*，然后经 SPWM 调制驱动转子侧 PWM 变流器，使转子电压和电流按需要的定子有功功率和无功功率调节。

网侧变流器按电网电压定向的矢量控制，如图 1-19 所示。图 1-19 中测量得到的网侧交流电压 u_{ga}、u_{gb}、u_{gc} 和电流 i_{ga}、i_{gb}、i_{gc} 经坐标变换得到 dq 坐标系上的电压 u_{gd}、u_{gq} 和电流 i_{gd}、i_{gq}，系统用锁相环 PLL 检测电网电压定向角 φ，用于坐标系的旋转变换。系统的控制目标是直流侧电压 U_{dc} 和交流侧功率因数，因此以直流侧电压为给定值 U_{dc}^*，U_{dc}^* 与实测电容电压 U_{dc} 比较，经电压调节器 AUR 得到保持电容电压不变时的变流器交流侧电流的给定值 $i_{gd}^{*\prime}$，功率平衡要求变流器输出侧的电流为 $i_{gd} = -\dfrac{2U_{dc}}{3u_{gd}}i_{load}$，变流器交流侧 d

轴电流给定为 $i_{gd}^* = i_{gd}^{*\prime} - \dfrac{2U_{dc}}{3u_{gd}} i_{load}$。变流器交流侧 q 轴电流给定 i_{gq}^* 可根据对无功功率的给定要求设定。系统的电流内环根据 i_{gd}^*、i_{gq}^* 调节变流器交流侧电压的 dq 轴分量 u_{gd}^*、u_{gq}^*，并对 u_{gd}^*、u_{gq}^* 进行了进线电感 L_g 的交叉电压补偿，将 u_{gd}^*、u_{gq}^* 经 SVPWM 调制控制网侧变流器开关，使网侧变流器交流侧三相电压和电流按转子侧变流器对电流的要求和交流侧无功功率的要求进行调节。

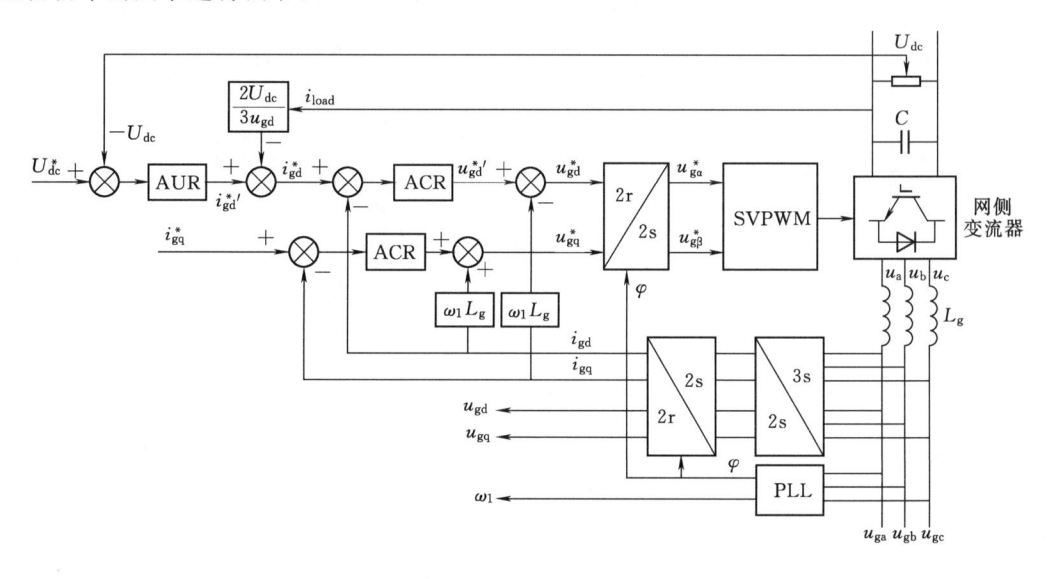

图 1-19　网侧变流器按电网电压定向矢量控制

网侧变流器也可按虚拟电网磁链定向进行矢量控制，如图 1-20 所示。图 1-20 中从 SVPWM 得到变流器开关信号 S_a、S_b、S_c，按式（1-9）计算出变流器交流侧电压 u_a、

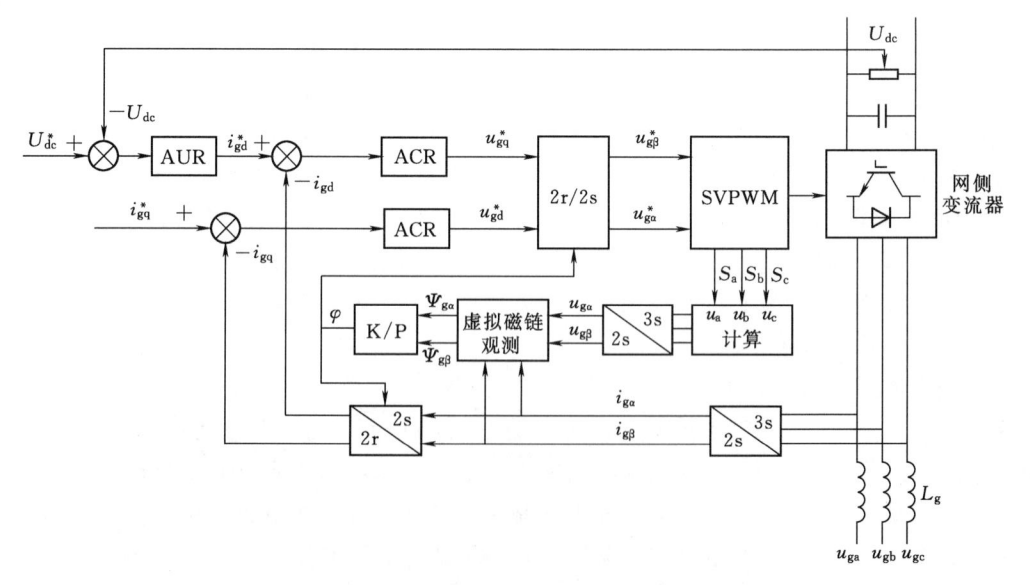

图 1-20　网侧变流器按虚拟电网磁链定向矢量控制

u_b、u_c，经 3s/2s 变换得到 $u_{g\alpha}$、$u_{g\beta}$，经过虚拟磁链观测器，计算出虚拟磁链在 $\alpha\beta$ 坐标系上的分量 $\Psi_{g\alpha}$、$\Psi_{g\beta}$，然后经极坐标 K/P 计算得到定向角 φ，用于 2r/2s 变换。按虚拟电网磁链定向的控制方案与按电网电压定向的控制方案相比，减少了电压信号检测和锁相环等环节，控制系统较为简单。

$$
\left.
\begin{aligned}
u_a &= \left(S_a - \frac{S_a + S_b + S_c}{3} \right) U_{dc} \\
u_b &= \left(S_b - \frac{S_a + S_b + S_c}{3} \right) U_{dc} \\
u_c &= \left(S_c - \frac{S_a + S_b + S_c}{3} \right) U_{dc}
\end{aligned}
\right\}
\tag{1-9}
$$

3. 基于同步发电机的风电系统并网控制

图 1-21 所示为基于同步发电机的风电系统并网控制原理。图 1-21 中全功率变流器由不控整流器、Boost 直流升压器和 PWM 逆变器组成。不控整流器将同步发电机输出的三相交流电变为直流，虽然直流电没有频率问题，不受同步发电机转速和频率变化的影响，但同步发电机输出电压幅值与频率有关，频率较低时电压幅值也较低，为保证后级逆变器对直流电压的要求，需要用 Boost 直流升压器进行升压。Boost 直流升压器由电感 L_1，开关管 VT_1 和二极管 VD_1 组成。VT_1 导通时 L_1 电流上升；VT_1 关断时，不控整流器的输出电压 U_{dc1} 和 L_1 的感应电动势 e_{L1} 共同经 VD_1 向电容 C_2 充电，使 C_2 两端电压 U_{dc2} 高于 U_{dc1}。三相逆变器用于将直流电变换为与电网同幅值、同频率、同相位的交流电，以便并网。采用不控整流的全功率变流器的控制包括对 VT_1 的通断控制和三相逆变器的脉宽控制。

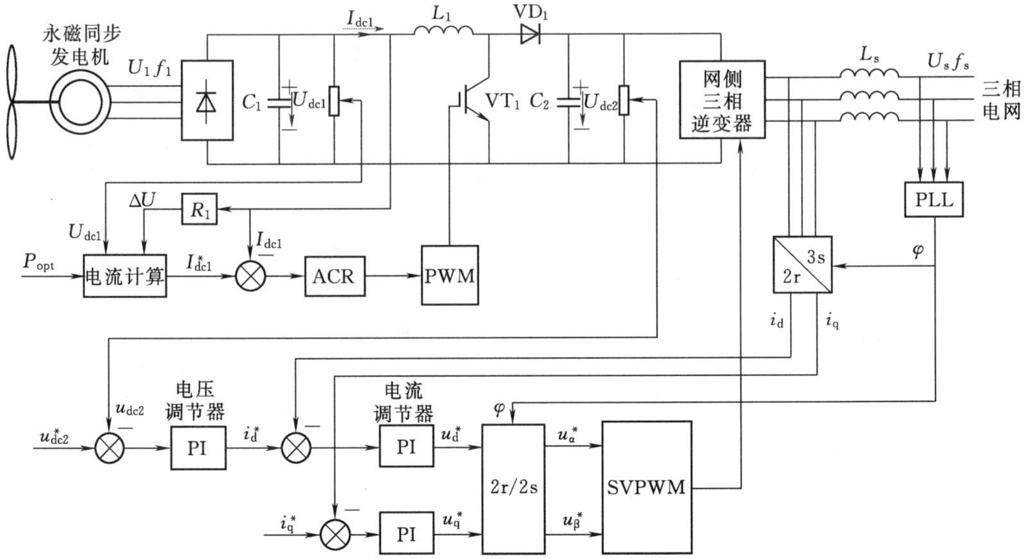

图 1-21　基于同步发电机的风电系统并网控制原理

为了使风力机处于最佳功率输出状态，忽略风电机组损耗时，发电机产生的电磁功率应与风力机最佳功率相同，即 $P_{opt} = P_m = 3E_1 I_1$。同步发电机定子感应电动势为

$$
E_1 = 4.44 f_1 k_1 N_1 \Phi_d = C_F f_1 \Phi_d
\tag{1-10}
$$

式中　　Φ_d——主磁通；

k_1——绕组系数；

N_1——绕组匝数。

对于永磁发电机，Φ_d 不变，定子感应电动势与频率 f_1 相关。因为 E_1 不能检测，由同步发电机定子电压方程 $E_1 = U_1 + R_1 I_1$，有

$$I_1 = \frac{P_{opt}}{3(U_1 + R_1 I_1)} \tag{1-11}$$

对于不控整流器，有 $U_{dc1} = 2.34 U_1$，$I_{dc1} = \sqrt{\frac{3}{2}} I_1$，代入式（1-11）得

$$I_{dc1} = \frac{P_{opt}}{1.047 U_{dc1} + 2 R_1 I_{dc1}} = \frac{P_{opt}}{1.047 U_{dc1} + 2\Delta U} \tag{1-12}$$

式（1-12）表明，若已知某个风速下风力机的最佳功率 P_{opt}，则检测整流器输出电压 U_{dc1}，并补偿定子电阻压降 ΔU（$\Delta U = R_1 I_{dc1}$）后，可以按式（1-12）计算出整流器输出电流值，该值可作为电流给定值 I_{dc1}^*。给定值 I_{dc1}^* 与实际值 I_{dc1} 的偏差经电流调节器 ACR 和 PWM 调制，产生开关管 VT_1 的驱动脉冲，控制整流器输出电流，从而控制发电机输出功率等于风力机的最佳功率。

图 1-22 是按电网电压定向的矢量控制原理示意图，在同步旋转 dq 坐标系上，令 A 相电压矢量与 α 轴重合，令 d 轴位于网侧电压矢量 u_s 方向上，如图 1-19 所示，则有 $u_d = u_s$，$u_q = 0$，逆变器输出电网的有功功率和无功功率为

$$\left.\begin{aligned} P_1 &= \frac{3}{2}(u_d i_d + u_q i_q) = \frac{3}{2} u_d i_d \\ Q_1 &= \frac{3}{2}(u_q i_d + u_d i_q) = \frac{3}{2} u_d i_q \end{aligned}\right\} \tag{1-13}$$

因为电网三相电压矢量 u_s 是稳定不变的，从式（1-13）可知，控制 i_d 可以控制逆变器输出的有功功率，控制 i_q 可以控制逆变器输出的无功功率。

系统用锁相环 PLL 检测网侧电压相位 φ，并检测网侧三相电流，经 3s/2r 变换得到电流在 dq 坐标系上的分量 i_d、i_q。逆变器有两路控制：一路是以直流电压为给定 U_{dc2}^*，以电压调节器输出为 d 轴电流给定 i_d^*，通过电流的有功分量调节并保持直

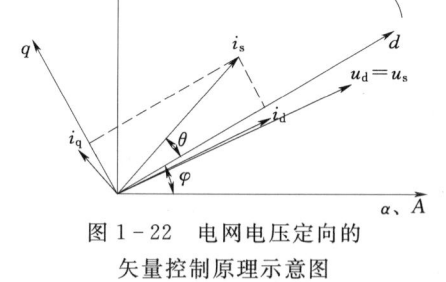

图 1-22　电网电压定向的
矢量控制原理示意图

流电压 U_{dc2} 稳定，同时也控制了逆变器输出的有功功率；另一路是以 q 轴给定电流 i_q^* 控制逆变器输出无功功率，达到控制功率因数的目的。逆变器采用 SVPWM 调制。

1.3　直驱永磁风电场接入技术

风力机的"直驱化"是风电系统的发展趋势。"直驱"是指风力机直接驱动发电机，风轮与发电机之间直接连接，没有增速齿轮箱。前面介绍的三类风电系统结构中，笼型异

步发电机、RCC异步发电机必须连接齿轮箱，而电励磁同步发电机、永磁同步发电机则可连可不连。齿轮箱不仅降低了系统的效率，增加了系统的成本，而且容易出现故障，是风力发电急需解决的瓶颈问题。直驱式风力机去掉了齿轮箱，增加了系统的稳定性和可靠性，但同时也增大了发电机的体积和设计制造以及控制的难度。

风力发电机的"永磁化"是风电系统的另一发展趋势。采用永磁同步发电机，转子为永磁体，不需要励磁，因此效率要比双馈发电机高出20%以上；在增大发电机容量的同时，能减少体积，并且因为省去了电刷和集电环等易耗机械部件，提高了系统的可靠性。与双馈异步风电机组相比，直驱永磁风电机组的主要优点有：①无需齿轮箱，采用无刷结构，易于后期维护，尤其适合于海上风力发电等场合；②转子采用永磁体，具有高效率、高功率密度和高可靠性；③变流器采用全功率背靠背双PWM，发电机转速变化范围很宽，风电机组的故障穿越运行能力更强。GB/T 31518.1—2015《直驱永磁风力发电机组　第1部分：技术条件》和GB/T 31518.2—2015《直驱永磁风力发电机组　第2部分：试验方法》规定了直驱永磁风电机组的技术条件和试验方法。

风电场是由一批风电机组或风电机组群（包括风电机组单元变压器）、汇集线路、主升压变压器及其他设备组成的发电站。GB/T 19963—2011《风电场接入电力系统技术规定》规定了风电场并网的通用技术要求。目前，采用交流接入技术是大多数风电场并网的选择，但是这种方式存在一些技术瓶颈；采用常规直流接入技术又无法进行快速潮流调节，因此采用柔性直流接入技术成为未来发展的趋势。

1.3.1　交流接入技术

交流接入技术是指风力发电机通过全功率变流器与电网连接。全功率变流器的作用有两个：一是保证风电系统输出电压的幅值、频率、相位和相数与电网一致；二是保障风电系统工作在最佳功率状态。风电场的交流接入方式的拓扑结构如图1-23所示。风力发电机发出的交流电经由风电机组整合后，再统一接入风电场传输端的交流母线，由升压变压器升压后，通过电缆接入主电网。为了使风电场出口电压稳定在正常的电压水平，需要在风电场母线出线端设置无功补偿装置。小容量的静止无功补偿器（SVC）已经可以满足一般风电场的要求，新型静止无功补偿器（STATCOM）更适于那些要求大容量无功补偿的风电场。

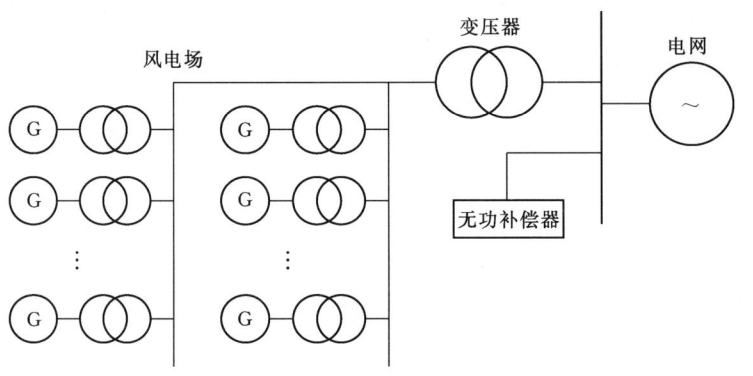

图1-23　风电场交流接入方式的拓扑结构

目前，交流接入技术是绝大多数风电场并网的选择，但是普遍存在以下技术瓶颈：

（1）使用交流并网需要风电场和所连接的交流系统必须严格保持频率同步，而风电机组对并网处交流母线电压波动较为敏感。现有运行经验表明，交流系统电压波动是风电机组退网的主要原因之一。

（2）在交流系统发生故障的情况下，风电场的稳定运行往往需要在母线出线端加装无功补偿装置，从而提高风场的故障穿越能力。但这样一是加大了风电场投资，二是补偿装置对风电机组的最大风能捕捉及风电机组控制器本身都有可能造成不利影响。

（3）对于海上风电场，如果使用交流电缆连接，当电缆长度超过一定数值后，需要很大的感性无功补偿装置，尤其是对于距离岸边较远的风电场，在线路中间进行无功补偿几乎没有可能。

1.3.2　直流接入技术

常规直流接入技术存在的问题是常规直流需要所连交流系统提供换相电压，比较容易发生换相失败的故障，这大大降低了风电场安全、稳定运行的能力。常规直流在传输同样容量的功率时，比交流和柔性直流输电方案的占地面积要大得多（两倍以上），因此不适合风电场使用。常规直流在传输较小容量时，与交流和柔性直流输电相比单位造价较高，因此也不适合用于风电场并网。

对于风电场来说，当风力不够使得风电机组从系统中切除时，为给风电场处的负荷供电，系统将有限度地向风电场传输有功功率，这时可能需要无功补偿来保证系统稳定运行。而常规直流不具备发出无功功率的能力，且本身还需要大量的无功补偿装置，这同样会加大换流站的面积，因此不适合在风电场，尤其是海上风电场使用。

而使用柔性直流接入技术，输电电缆理论上没有距离限制，因此当超过一定的等价距离（一般 50～100km）后，使用直流并网是最合理的选择。从柔性直流输电技术本身来说，它能够给风电场提供良好的动态无功支撑，避免风电场的无功补偿设备投资；同时提供优异的并网性能，防止风电场的电压波动对交流系统的影响，并改善风电场对系统波动的抗干扰能力。由于能够提供电压支撑，它还能大幅度提升风电场在交流系统发生故障情况下的低电压穿越能力；另外，由于柔性直流输电不受距离限制，因此也是国外大型远距离海上风电场并网的唯一选择。基于以上显著优势，柔性直流输电目前已成为国际上公认的风电场并网的最佳技术方案。

1. 经直流"背靠背"换流站并网

风电场经直流"背靠背"换流站并网的基本工作原理如图 1-24 所示。并网后，风力发电机转速将不再受电网频率的制约，可提高发电机的效率，简化控制方式，提高风电场运行的可靠性和经济性，将风电场对大系统的负面影响减少到最小。

风电场侧的 SVC 为动态无功补偿器，其作用是为风电机组提供动态的无功功率、改善无功调节特性，维持风电场侧的电压稳定；还可以起到自动调节交流滤波器的作用，对风电场侧的谐波分量进行抑制。VD_1 和 VD_2 是单向二极管，防止系统侧向风电场倒送电功率，微处理器控制系统对四台换流器进行动态控制。常规的 HVDC 输电技术只适用于大容量、高电压、远距离输电。风电场离电网的电气距离较近时，采用基于绝缘栅双极晶

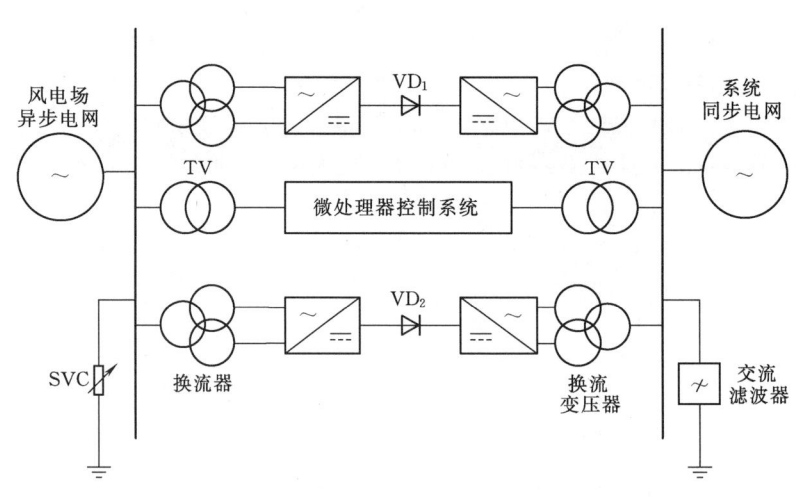

图 1-24 风电场经直流"背靠背"换流站并网的基本原理

体管（IGBT）的轻型 HVDC 方式并网，可以方便地连接分散电源，减少输电线路电压降落和电压闪变，进一步提高电能质量，运行控制方式灵活多变。轻型 HVDC 输电技术的基本原理如图 1-25 所示。

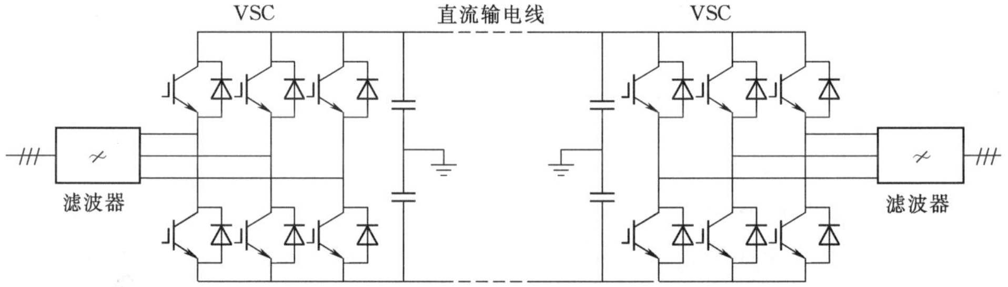

图 1-25 轻型 HVDC 输电技术的基本原理

系统侧和风电场侧的换流器均采用 VSC，由换流桥、换流电抗器、直流电容器和交流滤波器等组成。换流桥每个桥臂由多个 IGBT 串联而成；换流电抗器是 VSC 与交流侧能量交换的纽带，同时也起到滤波的作用；直流电容器为逆变器提供电压支撑，缓冲桥臂关断时的冲击电流，减少直流侧谐波；交流滤波器滤除交流侧的谐波分量。与传统 HVDC 相比，轻型 HVDC 具有以下的技术优点：

（1）VSC 电流能自关断，可工作在无源逆变方式，不需要外加的换向电压，克服了传统 HVDC 受端必须是有源网络的根本缺陷。正常运行时 VSC 可同时独立控制有功功率和无功功率，运行控制更灵活方便。

（2）VSC 不仅不需要交流侧提供无功功率，而且能动态补偿交流母线的无功功率，稳定母线电压。

（3）由于 VSC 交流侧电流可以控制，所以不会增加系统的短路容量。VSC 通常采用 SPWM 技术，开关频率相对较高，经过低通滤波后就可得到所需交流电压，可以大大减小所需滤波装置的容量。

（4）潮流反转时直流电流方向反转，而直流电压极性不变，与传统的 HVDC 恰好相反，有利于多个 VSC 构成既能方便地控制潮流又能有较高可靠性的并联多端直流系统。

2. 经多端直流系统并网

利用 VSC 适于并联的特点，可以把各风电机组-整流器并联于同一直流母线，构成多端直流系统（Multi Terminal DC System，MTDC）。风电场多端直流系统如图 1-26 所示。

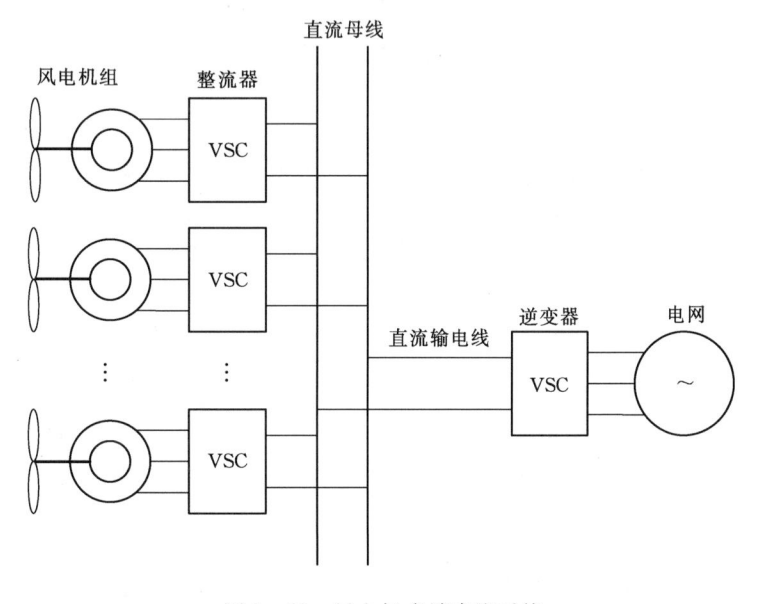

图 1-26　风电场多端直流系统

发电机侧的 VSC 与公共直流母线相连，然后经过一个或数个大容量的逆变器向电网输送能量，各 VSC 可以独立控制相应的风力发电机，获取最大风能，提高风电场的风能利用率。通常情况下，网侧变流器为定直流电压控制，维持系统电压恒定，发电侧变流器为最大风能跟踪控制，保证尽可能多地利用风能。当电网需要对风电场的有功出力进行调度时，网侧变流器工作在定有功功率模式，而发电侧变流器工作在定直流电压模式，此时网侧变流器相当于恒功率负载。与传统的风电场并网方式相比，多端直流并网方式具有以下优点：

（1）用于大型风电场可简化结构，减少占地面积，显著降低成本。

（2）多端直流联网系统结构灵活，易于扩充新的风电机组。

（3）采用直流母线缓冲风能可减少风力不确定性的影响。

（4）网侧 VSC 不但传递有功，还可以根据系统需要提供无功，明显改善网侧电能质量。

目前柔性直流输电换流站的单位成本大约为常规直流输电的 1.5 倍，但是随着技术的改进以及工程的大量应用，其造价也在逐渐降低。尤其是当传输距离较长时，柔性直流输电方案与交流输电方案相比，其技术经济性就更为优越。因此，在我国风电场（尤其是海上风电场）大规模开发利用越来越多的情况下，柔性直流输电技术的大规模推广应用对于满足我国清洁高效能源利用的需要有着显著的意义。

1.3.3　柔性直流输电技术

随着 1997 年 ABB 公司建设的第一个轻型直流输电实验工程的成功运行，国内外多个大学、学术组织和公司对轻型直流输电技术开展了各方面的研究。国际电力权威学术组织国际大电网会议（CIGRE）和电气及电子工程师协会（IEEE）将这种以 IGBT 和 PWM 技术为基础的新型直流输电技术称为 VSC-HVDC（ Voltage Source Converter based HVDC）；而提出轻型直流输电技术并在工程领域开展多个应用项目的 ABB 公司则称之为 HVDC Light，并将其注册为商标；西门子公司将其称之为 HVDC Plus。2006 年 5 月，中国电力科学研究院组织我国权威专家在北京召开的"轻型直流输电系统关键技术研究框架研讨会"上建议我国将基于 VSC 技术的直流输电统一命名为"柔性直流输电"[4]。

1.3.3.1 柔性直流输电的接线方式

图 1-27 所示为柔性直流输电单极对称接线方案，它是目前柔性直流输电系统中最常见的接线方案，在交流侧或直流侧采用合适的接地装置钳制住中性点电位，两条直流极线的电位为对称的正负电位。

对于该接线方案，联结变压器网侧为交流网络区，联结变压器换流阀侧到桥臂电抗器为联结区，桥臂电抗器到直流母线区域为换流阀侧直流区。这种接线方案结构简单，在正常运行时，对联结变压器换流阀侧来说承受的是正常的交流电压，变压器可以采用与普通交流变压器类似的结构，设备制造容易。由于目前没有可以开断大电流的直流断路器，这种接线方案在发生直流侧短路故障后只能整体退出运行，故障恢复较慢。单极对称接线方案适合于直流线路采用电缆线路，发生短路故障的概率低，能够保证运行可靠性。该接线方案在海峡间的输电、风电传输等领域得到了广泛的应用。

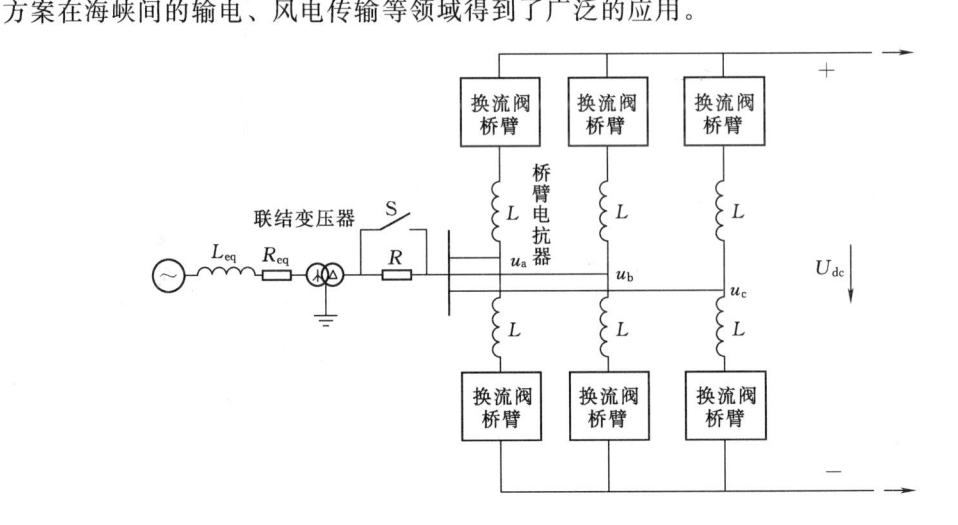

图 1-27　柔性直流输电单极对称接线方案

图 1-28 所示为柔性直流输电双极对称接线方案，该接线方式的换流阀可以是 VSC、MMC（模块化多电平换流阀）。双极对称接线方案在目前柔性直流输电系统不算常见，这种接线方式的桥结构分别组成正极和负极，两极可以独立运行，中间采用金属回线或接地极形成返回电流通路在两端正负换流阀之间接地。该种接线方式主要优势表现在：①直流线路绝缘水平大大降低；②直流侧故障时只影响故障极，系统还能保留一级运行，从而提高系统的可靠性[11]；③易于系统分期建设和增容扩建，先投运单极再投入双极，有利于早日发挥投资效益；④可在双极平衡、双极不平衡、单极大地回线、单极金属回线等方式下运行，运行方式灵活多样。但在对称接线方案下，每一极的交流侧在正常运行时都要承

受一个直流偏置电压，其值为 1/2 直流极限电压，因而提高了换流阀及联结区相关设备的制造难度[12]。

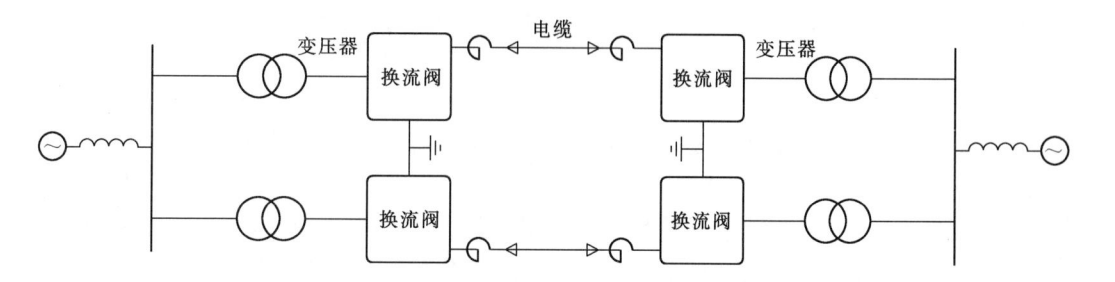

图 1-28 柔性直流输电双极对称接线方案

柔性直流输电由于其自身的结构特点，还有多种其他形式的接线方案，这些接线方案有些尚未出现工程应用，但在理论上已经具备可行性。

（1）多换流阀组合接线方案。图 1-29 所示换流站是一种典型的多换流阀组合接线方案，既有串联，也有并联。对于组合式接线的换流阀，需要解决的问题是并联组合时的均流问题和串联组合时的均压问题。文献研究表明，MMC 换流阀在进行串并联组合时具有天然的均压和均流特性，并不需要采取额外的均压和均流措施。这种接线方案的可行性证明了柔性直流输电可以通过多换流阀串并联方案比较方便地提升柔性直流输电容量，该接线方案也很容易扩展到多端柔性直流输电的接线型式。

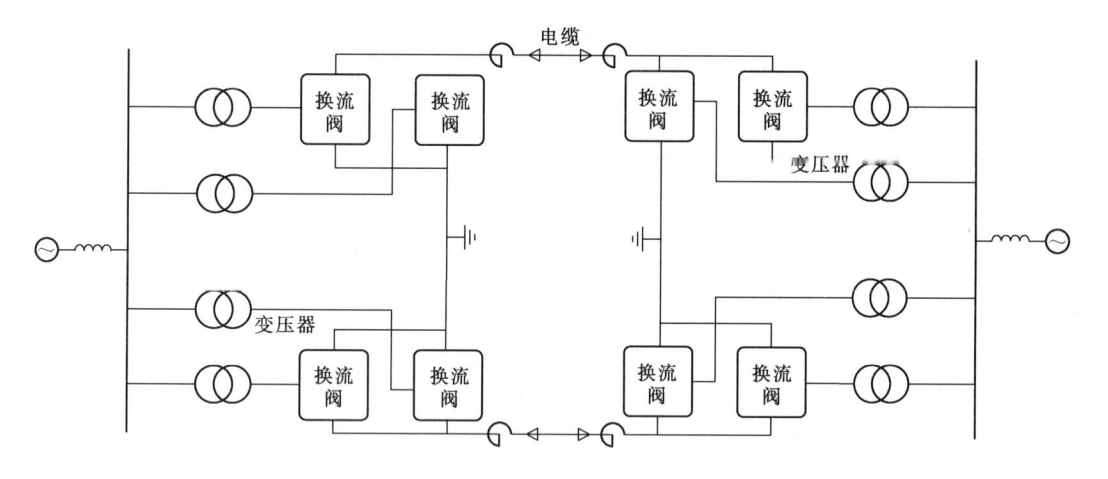

图 1-29 柔性直流输电多换流阀组合接线方案

（2）混合式 HVDC 双极系统主接线。该接线方案有多种拓扑结构形式[13-15]。如图 1-30 所示，对于潮流方向单一的整流侧采用电网换相换流阀（LCC），运行损耗小，成本低。逆变侧可采用 MMC，避免了换相失败问题，这样能发挥传统直流输电与柔性直流输电各自的优势，具有巨大的经济效益，但输送容量较纯 LCC-HVDC 小，控制灵活性较纯 MMC-HVDC 差。为了具有直流侧故障自清除的能力，在 MMC 的直流侧出口串联了一个电流单向导通的二极管，以使直流线路故障时，MMC 不能向故障点馈入电流，达到直流侧故障自清除的目的。不过由于增加的二极管也必须承担相当于直流极母线的反向恢复电压，因此工程上要实现该二极管的功能，其体积与占地将达到与送端换流阀相当的规模，也必须建造一个与传统直流相类似的阀厅，经济上并不占优。

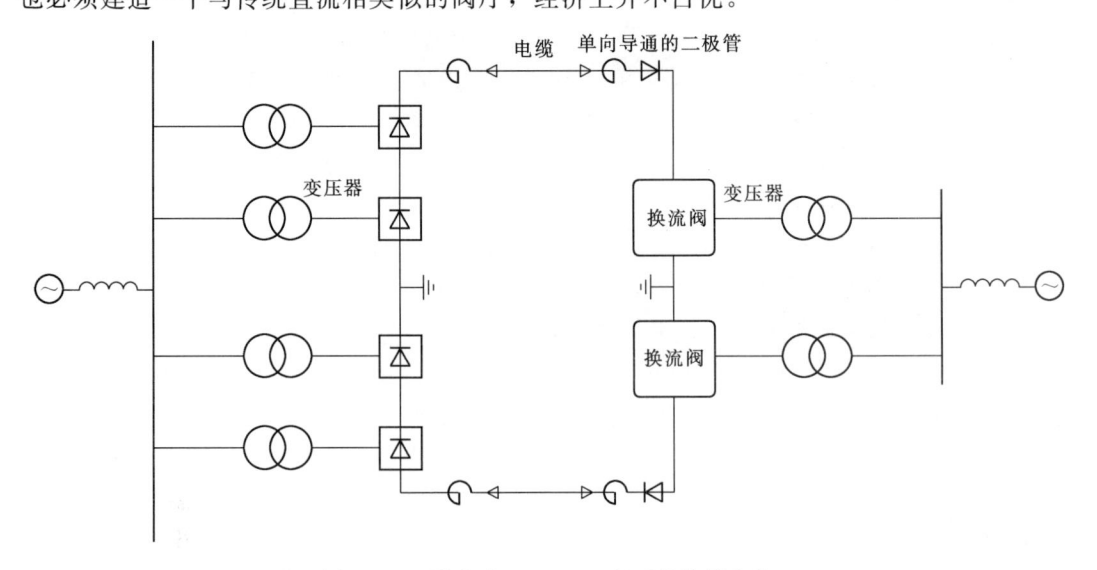

图 1-30　混合式 HVDC 双极系统接线方案

1.3.3.2　柔性直流输电换流阀结构与类型

已有的柔性直流输电工程采用的换流阀主要有三种，即两电平换流阀、二极管钳位型多电平换流阀和模块化多电平换流阀。

1. 两电平换流阀

两电平换流阀如图 1-31 所示。该拓扑结构最简单，共有六个桥臂，每个桥臂由绝缘栅双极型晶体管（IGBT）和与之反并联的二极管组成。直流侧由于中性点的存在，上下电容分压，每一个电容的电压值为 $u_{dc}/2$。通过控制每相桥臂开关管的组合状态就可以完成对换流阀输出电压的控制，输出电压为正负 $u_{dc}/2$，为两电平输出。

两电平换流阀通过 PWM 来逼近正弦波，其主电路结构从早期所采用的半控型阀件发展到现在的全控型阀件组成桥路；PWM 开关控制经历了由简单的硬开关控制到软开关调制；功率等级从千瓦级发展到兆瓦级。两电平 PWM 换流阀的研究主要包括两个方面，即 PWM 换流阀的系统建模与分析和系统的控制策略研究。

PWM 换流阀的数学模型研究是 PWM 换流阀及其控制技术研究的基础。20 世纪 80 年

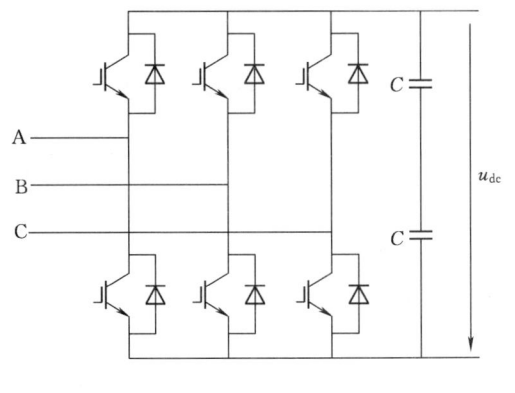

图 1-31　两电平换流阀

代，A W Green 等人提出了 PWM 换流阀基于坐标变换的连续、离散动态数学模型之后，大量学者在此基础上从各方面对 PWM 换流阀的数学模型进行了研究并取得了进展。其中，Chun T Rim 和 Dong Y Hu 等学者利用局部电路的 dq 坐标变换，建立了基于变压阀的低频等效电路模型的 PWM 换流阀，并分析了其稳态和动态特性[16]。

两电平 PWM 换流阀控制策略的研究主要有基于电流控制的研究、直接功率控制的研究及智能控制与非线性控制的研究三类。

基于电流控制的研究主要分成两类：一类是间接电流控制；另一类式直接电流控制。间接电流控制实际上就是通过检测网侧三相电的电压信号，在低频稳态数学模型的基础上控制交流侧电压的幅值和相位，从而间接控制网侧电流。由于间接电流控制的动态响应慢、稳定性差，且对系统参数变化灵敏，因此这种控制策略已逐步被淘汰。与间接电流控制相比，直接电流控制策略通过采集交流侧电流直接对网侧电流和直流电压进行控制，直接电流控制策略有着快速的动态性能、鲁棒性好等优点受到了学术界的关注，并先后研究出各种不同的控制方案。直接电流控制策略又可细分为以快速电流跟踪为特征的滞环电流控制和基于空间矢量调制的固定开关频率控制策略等。

直接功率控制（Direct Power Control，DPC）的思想，于 20 世纪 90 年代初由日本学者赤木泰文基于瞬时功率理论提出，DPC 的控制结构为电压外环和瞬时有功功率、无功功率内环的双闭环结构[17]。根据功率滞环比较阀和扇区来查找开关表选择合适的开关矢量控制整流桥臂的开断，DPC 不需要经过坐标变换环节，具有算法简单、响应速度快等优点。DPC 同样也存在着开关频率不受控制、不固定等缺点，对系统采样频率要求很高等缺点。基于 PI 调节的 DPC 控制策略采用空间矢量脉宽调制（Space Vector Pulse Width Modulation，SVPWM）对目标电压矢量进行调制，可以解决开关频率不恒定的缺点，并且直流电压效率高，总谐波失真较低，但 PI 调节的策略受电网电压的影响大，在电网电压不平衡或是电网谐波较大时控制效果不太理想。基于 PI 调节的虚拟磁链定向 DPC（VF - DPC）控制策略，可以有效滤除电压电流谐波对磁链观测的影响，但存在积分漂移问题，依然会影响电网电压矢量定向的精准度，并且积分环节和 PI 环节的引入降低了系统的快速响应性能。

预测控制通过系统的信息推测系统将来的状态，得到了越来越多的学者关注，并广泛推广到变流器控制领域中。目前，广泛应用的预测控制方法有基于无差拍的控制和基于模型的预测控制等。

随着 PWM 整换流阀应用的日益广泛，越来越多的学者对其控制策略进行了研究，相关学者相继提出了多种控制效果优良的非线性控制策略[18]，主要有滑模控制策略、反馈线性化控制策略、基于 Lyapunov 稳定理论的控制策略、无源控制策略、反推控制策略、自抗扰技术、模糊控制及人工神经网络理论等。虽然非线性控制的方法很多，但各种不同的非线性控制策略存在着算法复杂、计算量大、实时性差、动静态性能差等缺点，目前尚处于实验阶段，但随着研究的深入、计算机技术的发展、新控制策略的提出，相信在不久的将来非线性控制会得到越来越广泛的应用。

2. 二极管钳位型多电平换流阀

二极管钳位型多电平换流阀采用二极管对开关管进行钳位，是最早期的多电平换流阀之一。图 1 - 32 所示为输出三电平二极管钳位型换流阀的拓扑结构，与两电平三相桥PWM 变流阀相比，该电路增加了六个开关管和六个钳位二极管，每个开关管上承受的电压峰值只有两电平 PWM 变流阀的一半。每相桥臂由带有两个反并联二极管的四个开关构成，可以输出三个电平状态，即 $+U_{dc}/2$、0、$-U_{dc}/2$。在实际应用中，开关管既可以采用 IGBT，也可以采用门极换流晶闸管（Gate-commutated Thyristor，GCT）。

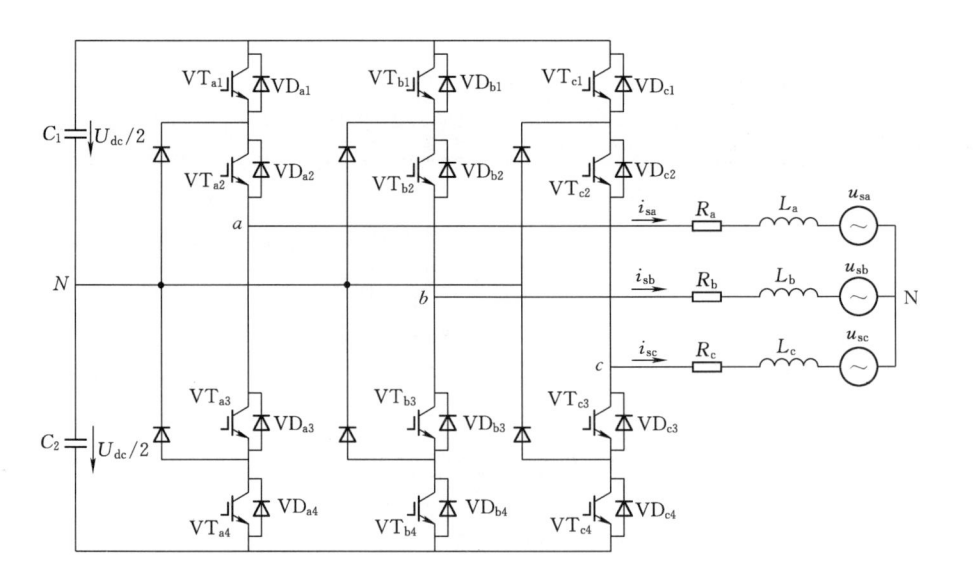

图 1-32 三电平二极管钳位型换流阀的拓扑结构

对于电平数为 n 的换流阀，直流侧需要 $n-1$ 个电容，每个开关管所承受的压降为直流侧电压的 $1/(n-1)$，从而减少了开关管的电压应力[19]。这种换流阀利用二极管钳位避免了开关阀件直接串联，解决了功率单元的均压问题，输出电压的总谐波畸变率较小，开关损耗小，三相共用母线则可以实现背靠背连接，并且结构简单，控制容易，便于双向功率的流动控制。

二极管钳位型多电平换流阀也存在一些缺点，即随着电平数增加，换流阀中所需的钳位二极管数目将以电平数目的二次方的数量增加，大大增加了系统成本和控制难度；各个开关管的导通时间不一致，每相桥臂中间的两个 IGBT 导通时间最长，各个电容的充电时间也不同，将会造成电容电压不平衡；负载电流中偶次谐波造成的波动以及电容参数差异造成的直流电压波动会导致中点电位不平衡，使得输出电压中含有低次谐波，影响系统输出质量并且损坏开关管。

基于二极管钳位型三电平换流阀的多电平变流阀，特别是三电平换流阀已进入实用化阶段，对其进行研究和分析很有实际意义。一般认为多电平变流阀是建立在三电平变流阀的基础上，按照类似的拓扑结构拓展而成。电平数越多，所得到的阶梯波电平台阶越多，从而越接近正弦波，谐波成分越少。但这种理论上可达到任意 N 电平的多电平换流阀，在实际应用中由于受到硬件条件和控制复杂性的制约，通常在追求性能指标的前提下，并不追求过高的电平数，而以三电平最为实际。国外也有对七电平及更高电平的研究，但都还不成熟，特别受硬件条件和控制性能的限制，还处于理论研究阶段。

目前三电平变流阀的主要控制方法有消谐波 PWM 法、开关频率最优 PWM 法和空间矢量 PWM 法等[20]。在这些方法中，空间电压矢量法是较为优越和应用广泛的一种，其优越性表现在：在大范围的调制比内有很好的性能，无需其他控制方法所需的大量角度数据，且母线电压利用率高。控制方法的研究是三电平换流阀研究的一个热点问题，侧重点是在实现高控制性能的同时，如何简化控制的复杂性及克服中点电压不平衡问题。中点电

压平衡问题在多电平换流阀中不能忽视，它是由于电路结构引起的，中点电压不平衡会导致输出电压的畸变，必须加以抑制。对电容电压的平衡控制方法主要分为两类，即软件控制方法和硬件控制方法。软件控制方法主要是在多电平 PWM 换流阀的控制技术中加入额外算法，通过改变输出电压矢量或改变矢量的作用时间，达到电容电压的平衡。常见的软件控制方法有虚拟矢量法、平衡因子法、矢量替换法等。但是通过软件控制方法来实现电容电压的平衡控制也存在一定的局限性，例如，在调制度很高时，软件控制方法很难实现对电容电压的良好控制；又如，在功率因数很低时，软件控制方法也很难实现对电容电压的良好控制。硬件控制方法则利用额外的硬件设备向电容的中点注入电荷或通过硬件设备从电容的中点抽取电荷，以此实现电容电压的平衡控制。

3. 模块化多电平换流阀

MMC 的拓扑结构如图 1-33 所示，O 表示零电位参考点，直流侧电压为 U_{dc}。MMC 由 6 个桥臂（Arm Bridge）组成，每个桥臂由一个电抗阀和 n 个子模块（SM）串联而成，每个 SM 中 IGBT$_1$ 和 IGBT$_2$ 的驱动电路、与 SM 相连的测量阀件和通信设备等所需电源由各自电容提供，因此 SM 不需从外部接入采用隔离的直流电源，既简化了结构也降低了成本。SM 结构如图 1-34 所示。每一相的上下两个桥臂合在一起成为一个相单元（Phase Unit）[22]。MMC-HVDC 原理图如图 1-35 所示。

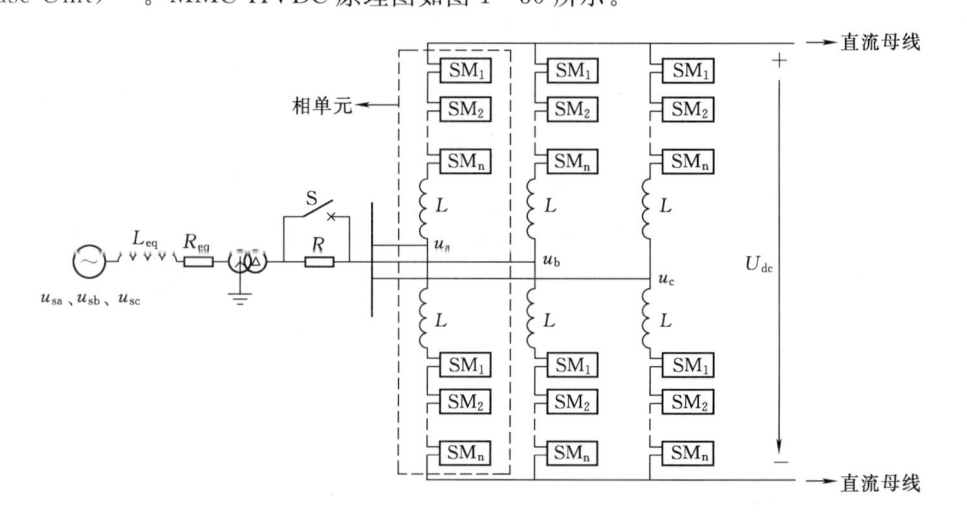

图 1-33 MMC 拓扑结构

MMC 电路高度模块化，能够通过增加或减少接入换流阀的 SM 数量来满足不同功率和电压等级的要求，便于实现集成化设计，缩短项目周期，节约成本。其具有以下优点：

（1）利用低压开关管进行模块化设计，对开关管的电压要求低，不存在开关管直接串联带来的问题，可以方便地通过级联扩展到不同的电压等级和功率等级。因此，无论是在中压还是在高压场合，模块化多电平变流阀都可以找到其应用场合。

（2）输出电平数高，对变压器和滤波器的要求低。首先，由于 MMC 输出电平数高，可以扩展到很高的电压等级，因此

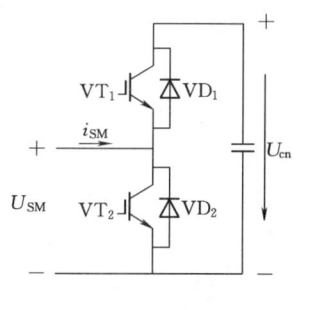

图 1-34 SM 结构

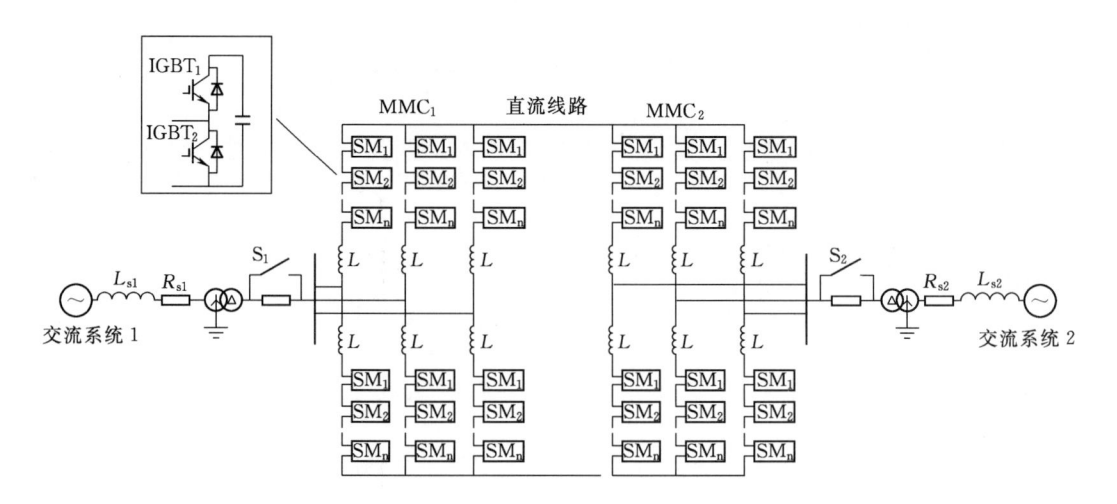

图 1-35　MMC-HVDC 原理图

MMC 可以不经过变压器直接连接于高压交流电网上，省掉了笨重的工频变压器。其次，若输出电平数足够多，可以使输出电压几乎接近于正弦，对滤波器的要求也很低，甚至不需要滤波器。

（3）具备四象限运行的能力。由于 MMC 具有公共的直流侧，其能量可以在交流侧和直流侧之间互相流动，这也使得 MMC 可应用于需要能量双向流动的场合，如柔性直流输电、柔性交流输电等。

（4）容错能力强。得益于 MMC 模块化设计，当在系统工作时某一子模块发生故障时，可以用冗余的子模块进行热备用，无需通过停机进行子模块的替换，增加了系统的容错能力。

虽然 MMC 具有如此多的优点，但是由于其结构上的特点，也存在一些不可避免的缺点：MMC 利用子模块上的电容电压充当电压源，桥臂电流在子模块投入时，会对电容进行充电或放电，从而使模块电容电压发生波动，如何维持每个子模块电容电压的稳定及均衡，是保证 MMC 正常工作首先需要解决的问题；由于子模块个数众多，运用最近电平逼近调制时，子模块的开关频率不固定，开关损耗计算方法复杂，如何降低开关损耗和对其进行定量计算是进行换流阀散热设计需要研究的问题；由于 MMC 用途广泛，实际运行工况复杂，在电网不对称故障下，如何进行 MMC 内部环流和子模块电容电压的控制，也是实现 MMC 工程应用需要解决的问题。

参 考 文 献

［1］　全球风能理事会.风电统计：2015 年全球风电装机容量［EB/OL］.［2016-03-15］http://newenergy.in-en.com/html/newenergy-2260360.shtml.

［2］　姚兴佳，宋俊.风力发电机组原理与应用［M］.3 版.北京：机械工业出版社，2016.

［3］　叶杭冶.风力发电机组的控制技术［M］.3 版.北京：机械工业出版社，2015.

［4］　宋永端，李鹏，刘卫，等.风力发电系统与控制技术［M］.北京：电子工业出版社，2012.

［5］　Wu B, Lang Y Q, Zargar N, et al. 风力发电系统的功率变换与控制［M］.卫三民，周京华，

王政，等译．北京：机械工业出版社，2012．

［6］ 黄守道，高剑，罗德荣．直驱永磁风力发电机设计及并网控制［M］．北京：电子工业出版社，2014．

［7］ Huang S D, Long X, Cai L Q, et al. An Engineering Design of a 2MW Direct - drive Permanent - magnet Wind - power Generation System ［C］. Proceedings of the 11th International Conference on Electrical Machines and Systems. Wuhan, (Hubei), China, October 2008: 2337 - 2342.

［8］ 李建林，许洪华，高志刚，等．风力发电中的电力电子变流技术［M］．北京：机械工业出版社，2008．

［9］ 中国可再生能源学会风能专业委员会．2015 年中国风电装机容量统计简报［EB/OL］．［2016 - 04 - 05］http://www. cnenergy. org/xny_183/fd/201604/t20160405_276532. html.

［10］ 邓秋玲，姚建刚，黄守道，等．直驱永磁风力发电系统可靠性技术综述［J］．电网技术，2011，35 (9)：144 - 151.

［11］ 黄守道，谭健，许玲，等．双馈风力发电机有功、无功的解耦控制［J］．电气传动，2008，38 (9)：7 - 10.

［12］ 高平，王辉．独立运行风力发电系统的电能质量优化［J］．电气时代，2006，(7)：76 - 77.

［13］ Huang K Y, Huang S D, She F, et al. A Control Strategy for Direct - drive Permanent - magnet Wind - power Generator Using Back - to - back PWM Converter ［C］. Proceedings of the 11th International Conference on Electrical Machines and Systems. Wuhan, (Hubei), China, October 2008: 2283 - 2288.

［14］ 张志刚，邓超，黄守道．一种改进型的直驱风电系统变流器控制方法［J］．大电机技术，2013，(1)：25 - 29.

［15］ Luo D R, Sun Y Z, Huang S D, et al. Control of Direct - Drive Permanent - Magnet Wind Power System Connected to Grid ［C］. Proceedings of the 11th International Conference on Electrical Machines and Systems. Wuhan, (Hubei), China, October 2008: 2459 - 2463.

［16］ 邓秋玲，谢秋月，黄守道，等．直驱永磁同步风力发电机系统研究［J］．微电机，2008，41 (6)：53 - 56.

［17］ Liu T, Huang S D, Gao J. Optimal Design of the Direct - Driven High Power Permanent Magnet Generator Turbine by Wind ［C］. Proceedings of the 2011 International Conference on Power Engineering, Energy and Electrical Drives. Torremolinos (Málaga), Spain. May 2011.

［18］ GB/T 19963—2011 风电场接入电力系统技术规定 ［S］. 北京：中国标准出版社，2012．

［19］ 国家电网公司．风电场接入电网技术规定（修订版）［EB/OL］．（2009 - 04 - 14）［2010 - 05 - 16］http://wenku. baidu. com/view/dcf7a74769eae009581becf9. html.

［20］ 黄守道，孙延昭，黄科元．风电机组并网问题研究［J］．电力科学与技术学报，2008，23 (2)：13 - 18.

［21］ 荣飞，刘诚，黄守道．一种新型模块化多电平光伏并网系统［J］．中国电机工程学报，2015，35 (23)：5976 - 5984.

［22］ 徐政，屠卿瑞，管敏渊．柔性直流输电系统［M］．北京：机械工业出版社，2013．

第2章 柔性直流输电风电系统多端接入技术

2.1 基于柔性直流输电的风电场系统结构

直流输电技术就是以直流电的方式实现电能的输送。人类电力科学技术的发展，最早就是从直流电开始的。到了19世纪80—90年代，由于交流电的发电、变压、输电、分配和使用都较当时的直流电方便，从而交流输电和交流电网技术得到迅速发展，并很快取代了直流输电并占据了统治地位。但是随着用电领域和地域的不断扩大，电网规模迅速膨胀，直接导致一系列交流输电很难跨越的技术障碍的出现，如远距离电缆输电、异步电网互联等。而与此同时，由于高压大功率换流技术快速发展，直流输电又重新为人们所重视[1]。另外，随着电力电子器件和控制技术的发展，出现了新型的半导体器件——IGBT。由于IGBT器件具有可控开通和关断的能力，并随着IGBT器件电压和容量等级的不断提升，使得采用IGBT器件构成的电压源换流器来进行直流输电成为可能。对于这种新型的直流输电技术，我国很多专家称之为"柔性直流（HVDC-Flexible）"技术，以区别于采用晶闸管的常规直流输电技术。

相对于交流输电以及传统的直流输电技术，柔性直流输电技术具有以下优点[2-6]：

（1）有功、无功快速独立控制。

（2）潮流反转方便快捷。

（3）提高现有交流系统的输电能力。

（4）提高交流电网的功角稳定性。

（5）事故后快速恢复供电。

（6）可以向无源电网供电。

（7）设计灵活，大部分设备安装在室内，施工工期短。

柔性直流输电系统作为直流输电的一种新技术，也同样由换流站和直流输电线路构成。本章所介绍的两端直流输电系统是只有一个整流站（送端）和一个逆变站（受端）的两端直流输电系统，它与交流输电系统类似，只有两个连接端口，是结构最简单的直流输电系统[7]。柔性直流输电系统主要设备有断路器、变压器、相电抗器、电压源换流器、交流滤波器、直流线路等。两端柔性直流输电系统结构示意如图2-1所示。变压器用来为电压源换流器提供合适的工作电压，保证电压源换流器输出最大的有功功率和无功功率。相电抗器是电压源换流器与交流系统进行能量交换的纽带，同时也起到滤波的作用。电压源换流器包括换流阀和直流电容，换流阀实现交流电和直流电的互相转换，直流电容为电压源换流器提供直流电压支撑、缓冲桥臂关断时的冲击电流、减小直流侧谐波。交流滤波器的作用是滤除交流侧的谐波。

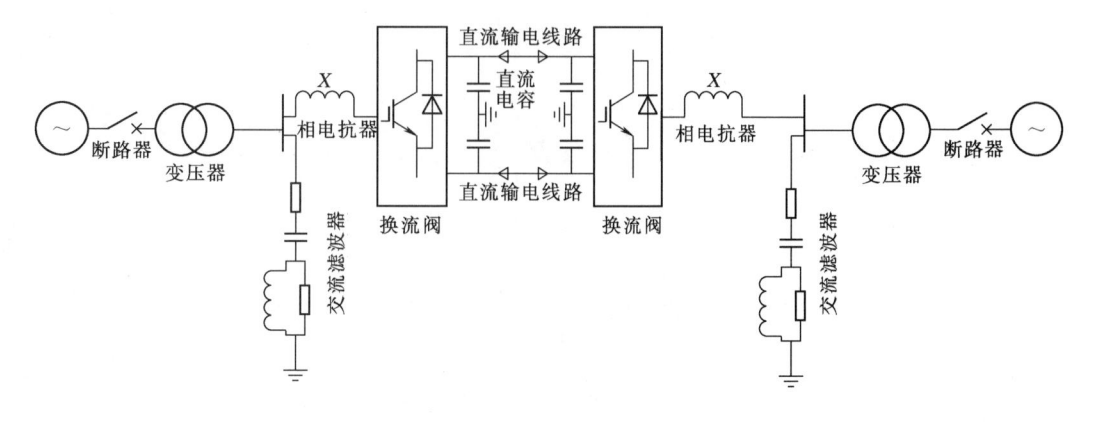

图 2-1　两端柔性直流输电系统结构示意图

目前应用于海上风电场较常见的并网技术还是海上交流风场通过海上变电站汇聚升压后，通过高压交流（High Voltage Alternating Current，HVAC）输电传输到陆地电网。不过由于海底交流电缆对地电容更大，会产生相当大的无功电流，远距离传输需要安装无功补偿装置；此外，工频升压站体积大，海上平台建设成本高。由于更低的网损和无功要求，采用高压直流（High Voltage Direct Current，HVDC）输电可实现远距离海陆间大规模的风电输送[8-10]。不过后者仍需要海上平台来放置笨重的工频升压变压器，把交流风电场汇聚电压抬升后再通过换流站转换成高压直流传输。为了更好地对接高压直流输电，有学者提出建设海上直流风电场的设想，即通过改造原有交流风电机组，加设 DC/DC 变换器获得直流输出，形成直流风电机组（DC Wind Turbine，DCWT），并通过直流内网将直流电能汇聚起来形成足够的电压和功率，再由 HVDC 线路传送到陆地电网。由于用功率密度较高的中高频 DC/DC 变换器取代笨重的交流工频变压器，降低了对海上平台裁荷的要求，更加适合大规模海上风电场的汇聚及远距离传输并网。

目前，国内外专家学者研究较多的风电场直流汇集的拓扑结构可以分为串联型、并联型、混联型三种；其中混联型拓扑结构又可以细分为串并联型结构、并串联型结构、串并串联型结构、矩阵型结构等四种。本章着重对直流汇集方式的直驱永磁风电机组（Direct Driven Permanent Magnet Synchronous Generator，DD-PMSG）构成的风电场串联型、并联型和串并联型拓扑结构进行研究。

2.2　基于风电机组直流侧串联的柔性直流输电系统

2.2.1　系统结构

在海上风电场拓扑结构中，串联拓扑是把所有永磁风电机组经整流器整流后串联，将直流母线电压抬高后再进行直流传输。风电场串联拓扑结构如图 2-2 所示，机侧电路结构为每台风电机组与整流器相连，各整流器直流侧串联，然后由直流输电线路输送到岸上换流站逆变并网，岸上换流站采用多个变流器串联，其中一个变流器作为系统中主变流器

控制串联电流 I_{dc} 的大小，其他变流器控制直流电压，各变流器交流侧由多路输入变压器连接并网。图 2-2 中 U_{dcw1}、U_{dcw2}、…、U_{dcwn} 分别为各整流器直流侧电压；U_{dcg1}、U_{dcg2}、…、U_{dcgn} 分别为岸上换流站各变流器直流侧电压。

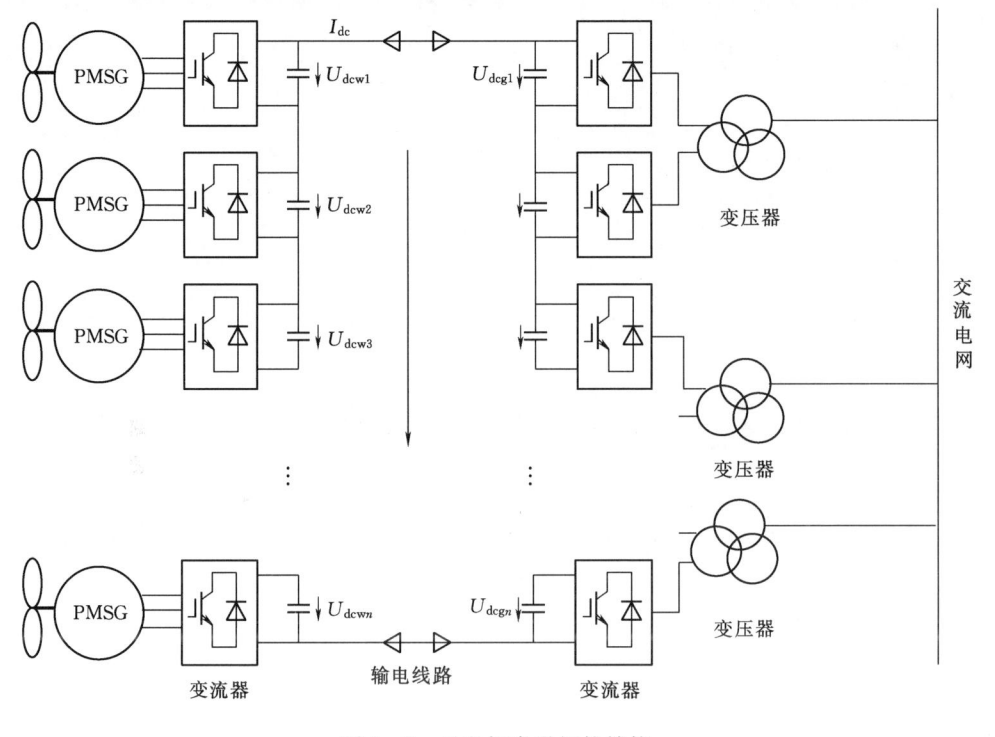

图 2-2 风电场串联拓扑结构

串联拓扑风电场机侧的总功率为

$$P_s = U_{dc}I_{dc} = P_{e1} + P_{e2} + P_{e3} + P_{e4} + \cdots + P_{en} \tag{2-1}$$

式中 n——串联风电机组的台数；

                   U_{dc}——直流传输线上电压；

                   I_{dc}——串联支路电流；

P_{e1}、P_{e2}、P_{e3}、P_{e4}、…、P_{en}——串联组中各台发电机功率。

不计变流器损耗，发电机电磁功率也可表示为

$$P_{ei} = U_{dci}I_{dc} \tag{2-2}$$

式中 U_{dci}——第 i 台直驱永磁发电机直流侧电压。

结合式（2-1）和式（2-2），可得

$$U_{dci} = \frac{U_{dc}P_{ei}}{P_{e1} + P_{e2} + P_{e3} + P_{e4} + \cdots + P_{en}} \tag{2-3}$$

由式（2-3）可知，每台风电机组整流器直流母线处电压按发电机功率的大小比例来分配。如果岸上变流器控制直流母线电压，当总的直流母线电压 U_{dc} 上升或下降时，每台风电机组侧变流器直流侧的电压也会相应地上升或下降，但每台机组直流侧电压之和 U_{dc} 相等[11]。

这种串联拓扑结构是把所有永磁风电机组经变流器整流器后串联，将直流母线电压抬

高后再进行直流传输，这种方式如果设计合理，则无需再加入 DC/DC 模块进行升压处理，减少了设备的投入量，可以直接达到直流输电系统所要的电压等级。但该拓扑结构局限于其容量且容错性较低，单台风电机组发生故障后可能导致整套系统故障，对控制方案的稳定性及可靠性要求很高。同时该拓扑结构存在的最大问题是位于顶部的发电单元要承受与高压直流输电线路相同的对地电压，这给风力发电机的绝缘设计带来了很大困难，为解决这一问题，可以在 PMSG 输出侧串联隔离变压器[12]，如图 2-3 所示。

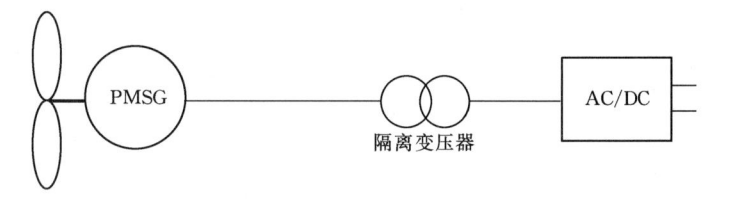

图 2-3 带隔离变压器的发电单元

2.2.2 控制策略

系统稳定运行时，由于每台风电机组所在区域的风速不一致，所以每台风电机组需要单独控制以实现最大功率跟踪（Maximum Power Point Tracking，MPPT）。风电机组转速与风电机组输出功率曲线如图 1-9 所示，在风电机组达到最佳转速时，即风电机组输出达到最大功率点时，风电机组输出功率 $P_{\text{tw}n}$ 对风电机组旋转角速 $\omega_{\text{w}n}$ 的导数应该是 0。当风电机组在稳定状态时，风电机组输出功率 $P_{\text{tw}n}$ 与 PMSG 输出有功功率 $P_{\text{mw}n}$ 相等，即 $P_{\text{tw}n} = P_{\text{mw}n}$[13]。

风电机组和直驱电机间传动等式为

$$P_{\text{tw}n} - P_{\text{mw}n} - \omega_{\text{w}n} J \frac{\mathrm{d}\omega_{\text{w}n}}{\mathrm{d}t} \tag{2-1}$$

式中　J——风机转动惯量。

从式（2-4）可以看出，通过改变 PMSG 输出功率来改变风电机组旋转角速度，减小其输出功率 $P_{\text{mw}n}$ 则会增大旋转角速度 $\omega_{\text{w}n}$。即输出功率的大小和角速度的增减方向相反。由此得到[14]

$$\Delta P_{\text{mw}n} = -K \frac{\mathrm{d}P_{\text{tw}n}}{\mathrm{d}\omega_{\text{w}n}} \tag{2-5}$$

式中　K——功率扰动系数。

当风电机组达到最佳运行点时，$\frac{\mathrm{d}P_{\text{tw}n}}{\mathrm{d}\omega_{\text{w}n}} = 0$，$\Delta P_{\text{mw}n} = 0$，风电机组将稳定在最佳工作点；当风速改变时，$\frac{\mathrm{d}P_{\text{tw}n}}{\mathrm{d}\omega_{\text{w}n}} \neq 0$，风电机组将重新寻找新的最佳工作点。由此可以得到 PMSG 的参考输出功率 $P_{\text{mw}n}^*$。

将每台直驱风电机组所连整流器的直流侧串联，因此直流侧电流保持一致，并由主变流器控制。设每台直驱风电机组整流器直流侧电流为 I_{dc}，直流侧输出功率表达式为

$$P_{\text{dcw}n} = I_{\text{dc}} U_{\text{dcw}n} \tag{2-6}$$

$$P_{\text{dcw}n} = P_{\text{mw}n} \tag{2-7}$$

式中　P_{dcwn}——风电机组所连接整流器直流输出功率。

由式（2-6）和式（2-7）看出，功率输出可以通过改变整流器直流侧电压进行控制，整流器的直流电压参考值为

$$U_{dcwn}^* = \frac{P_{mwn}^*}{I_{dc}}$$ （2-8）

由直驱风机内环控制算法[14-20]得到 PMSG 机侧整流器控制框图如图 2-4 所示。图 2-4 中 i_a、i_b、i_c 为风电机组整流器输入电流，u_a、u_b、u_c 为岸上变流器交流侧电压，u_a^*、u_b^*、u_c^* 为岸上变流器交流侧电压参考值，u_d、u_q 分别为同步坐标轴下直驱电机定子电压，u_d^*、u_q^* 分别为同步坐标轴下直驱电机定子电压的参考值，i_d、i_q 分别为同步坐标轴下直驱电机定子电流，L_{pm} 为同步坐标轴下直驱电机定子主电抗，ψ_f 为永磁磁通量。

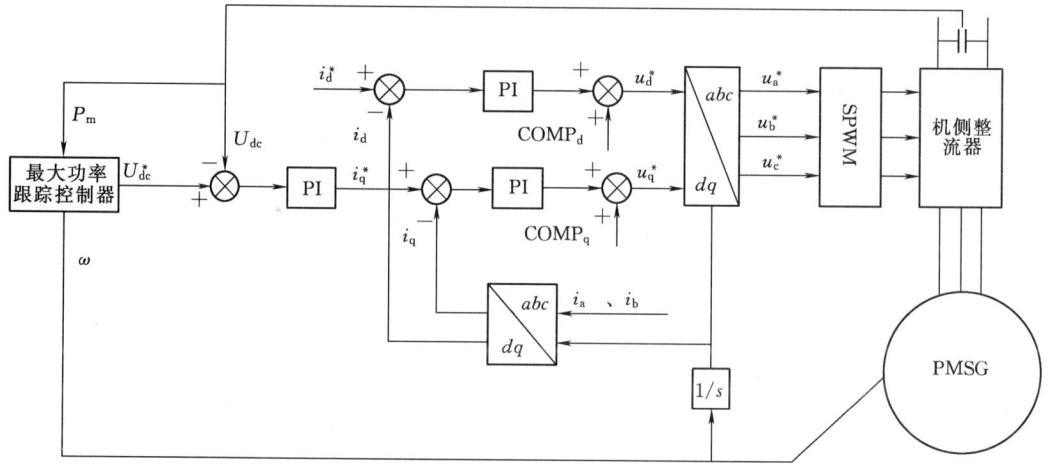

图 2-4　PMSG 机侧整流器控制框图

$$COMP_d = L_{pm}\omega i_g;$$
$$COMP_q = -L_{pm}\omega i_d + \omega\psi_f$$

2.3　基于风电机组直流侧并联的柔性直流输电系统

在海上风电场拓扑结构中，并联拓扑是把所有永磁风电机组经机侧整流器整流后并联，将直流母线电压通过变压器抬高后再进行直流传输。风电场并联拓扑结构如图 2-5 所示，机侧电路结构为每台风电机组与整流器相连，整流器直流侧并联；直流汇流后经 DC/DC 进行升压，然后由直流输电线路输送到岸上换流站，逆变并网，岸上换流站采用多电平 VSC 结构。每台风电机组独立运行，一台风力发电机发生故障后不会影响到其他风电机组，控制方式较为简单。但是，每台风电机组需进行升压处理后才能达到直流输电所需要的电压等级，增加了系统的建设成本。根据升压变压器所处的位置及数目不同，风电场并联拓扑结构可分为两级升压结构、集中升压结构和机端升压结构三种[12]。

图 2-5（a）所示为两级升压型海上直流风电场，由风力发电机发出的电能整流后先

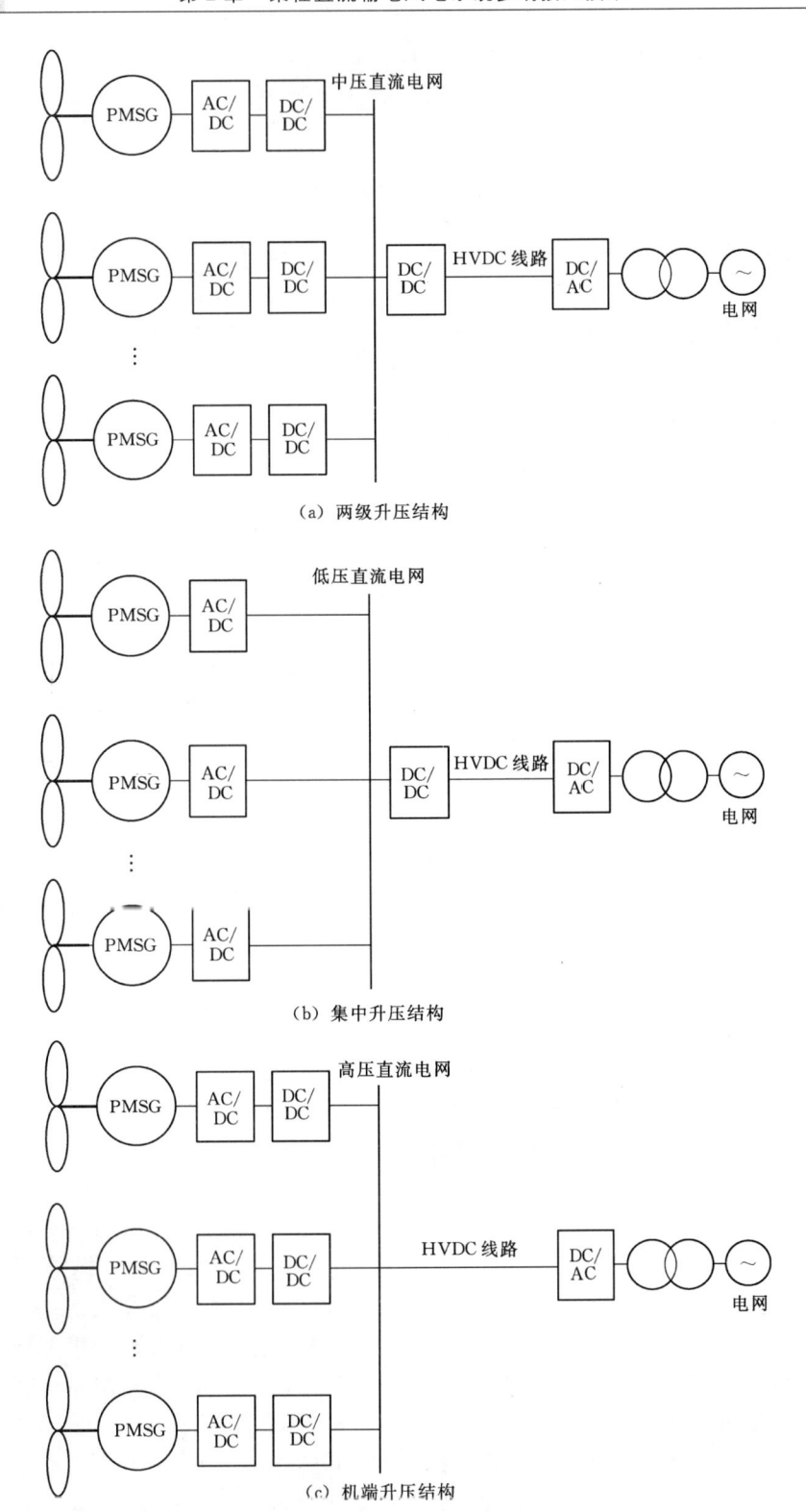

图 2-5　风电场并联拓扑结构

进行一次升压，然后经中压直流电网汇集到海上换流站后进行二次升压，最后通过高压直流输电线路输送至岸上交流系统。虽然该拓扑结构在电能汇集过程中的能量损耗比较小，但是由于需要进行二次升压，DC/DC变换器的投资比较大，由升压过程引起的能量损耗也较大。图2-5（b）所示为集中升压型海上直流风电场，由风力发电机发出的电能整流后经低压直流电网汇集到海上换流站，然后通过一次升压直接升至高压。该拓扑结构在DC/DC变换器上的投资较小，由升压过程引起的能量损耗也相对较小。然而，由于目前风力发电机机端线电压最高只有5kV，因此低压直流电网的电压也比较低，从而导致电能汇集过程中的能量损耗比较大。图2-5（c）所示为机端升压型海上直流风电场，由风力发电机发出的电能整流后通过一次升压直接升至高压，然后汇集到一起通过高压直流输电线路传输到岸上。该拓扑结构不仅在DC/DC变换器上的投资较小，而且由于是在风力发电机出口处直接进行升压，电能汇集过程中的能量损耗也较小。

对于并联型海上直流风电场，风电机组接在电压恒定的直流母线上，因此需要通过DC/DC变换器控制风电机组输出电压恒定为直流母线电压，同时通过AC/DC变换器实现最大功率跟踪控制。基于PWM整流器＋DC/DC变换器的直流风电机组整体控制框图如图2-6所示，直流风电机组AC/DC变换器控制策略框图如图2-7所示。

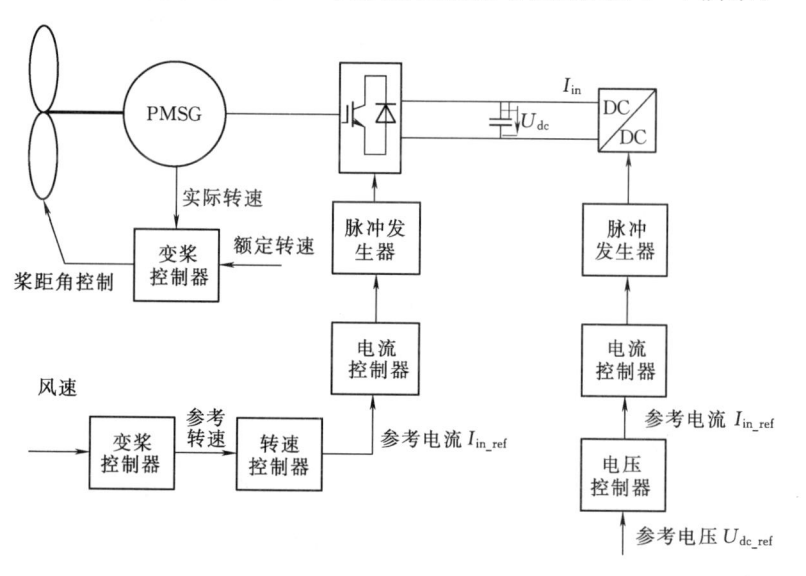

图2-6　基于PWM整流器＋DC/DC变流器的直流风电机组整体控制框图

基于PWM整流器＋DC/DC变流器的风电机组中，DC/DC变流器主要的控制目标是实现变流器直流母线的电压恒定，一般采用双环控制策略[21-25]，如图2-8所示，图中外环为电压环、内环为电流环。其基本的控制思路是：通过电流内环控制DC/DC变流器的输入电流，从而实现调整DC/DC变流器的输入功率；通过电压外环控制DC/DC变流器直流母线电压恒定，从而保证AC/DC变流器能够正常工作。之所以采用保证后级变流器直流母线电压恒定，通过调节输入电流的大小来改变风电机组输出功率的方法，是出于对风电机组的绝缘、保护等方面的考虑。

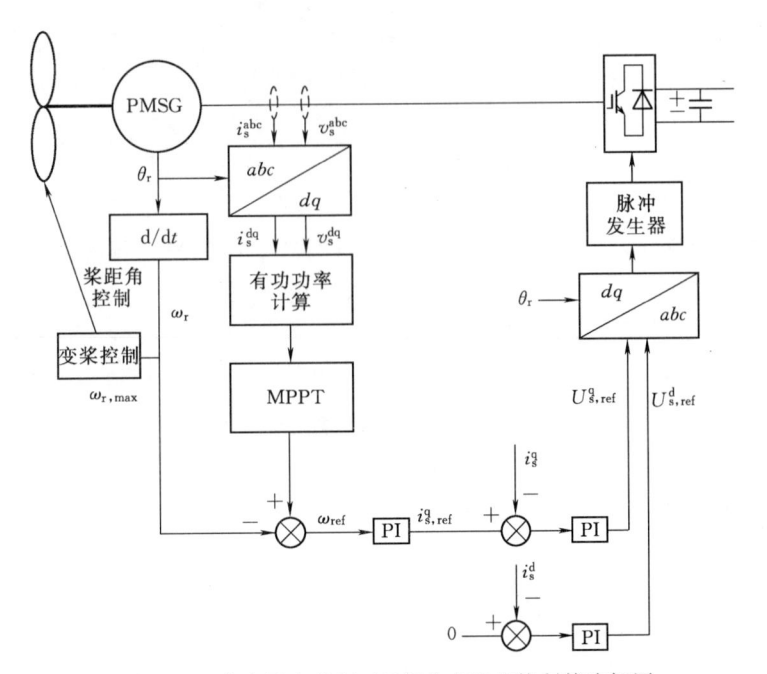

图 2-7　直流风电机组 AC/DC 变流器控制策略框图

θ_r—PMSG 的转子角度；ω_r—PMSG 的转子角速度，ω_{ref}—PMSG 转子角速度参考值

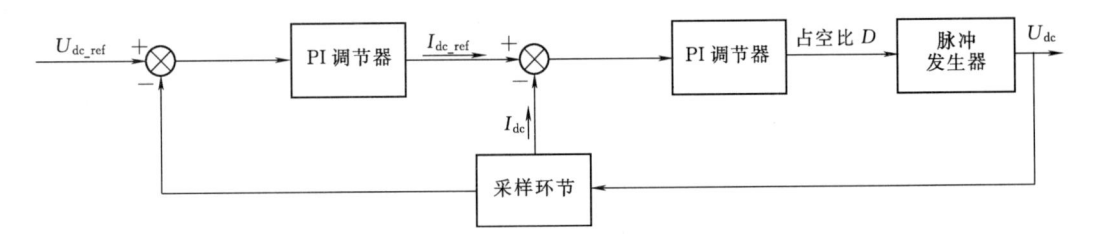

图 2-8　DC/DC 变流器的控制框图

2.4　基于风电机组直流侧串并联的柔性直流输电系统

本章提出的风电场串并联拓扑结构及配置如图 2-9 所示，相同型号的 Y 台直驱永磁风力发电（DD-PMSG）机组经整流后于直流侧串联，使串联后出口电压达到高压直流输电水平，相同的 X 组串联簇并联后将 $X \times Y$ 台风电机组输出的电能经 VSC-HVDC 系统传输至岸上 MMC 换流站，最后经 MMC 多电平换流站逆变并网。串联簇中风电机组直流母线电压为 $U_{x,y}$，输出的电磁功率为 $P_{ex,y}$；串联簇端口电压即高压直流输电电压，为 U_{dc}，U_{dc} 由岸上 MMC 多电平换流站控制。

串联簇中有风电机组发生故障时，为确保故障风电机组安全隔离检修，每台风电机组需装设旁路开关与泄放电路，旁路开关将故障风电机组从串联簇中隔离切除后，通过泄放电路使直流母线降压。

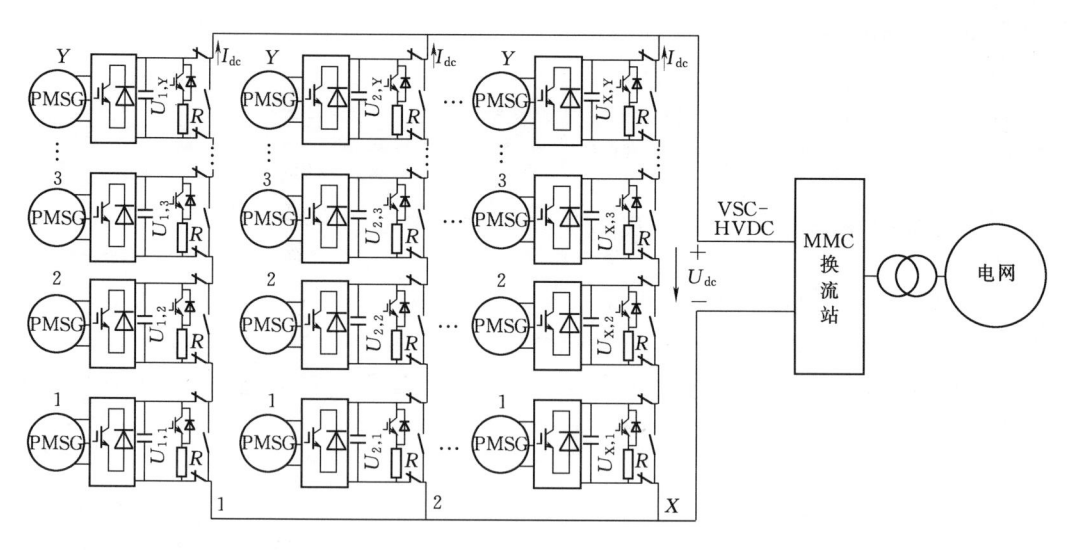

图 2-9 风电场串并联拓扑结构及配置图

根据风电场串联结构的分析可知，串联簇中各发电机直流母线电压为

$$U_{x,y} = \frac{U_{dc}P_{ex,y}}{P_S} \qquad (2-9)$$

根据式（2-9）可知，串联簇中各风电机组直流母线电压的大小与其输出的电磁功率有关，当风电机组输出的电磁功率占串联簇输出总功率的比例增大时，该风电机组直流母线电压也增大，反之则减小。本章以四串三并拓扑结构的风电场为例，通过 MATLAB 中的 *plot* 函数对同串联簇中各风电机组的运行特性进行了分析。

设初始状态下，某一串联簇中四台风电机组处于相同的风速环境，即捕获的功率相同，此时 $P_{ex,1}=P_{ex,2}=P_{ex,3}=P_{ex,4}=0.8\text{p.u.}$，由式（2-9）可知，各风电机组直流侧电压 $U_{x,1}=U_{x,2}=U_{x,3}=U_{x,4}=1\text{p.u.}$，工作点重合于 A 点。下一状态时，串联簇中第四台风电机组风力机风速减小，其他三台风力机风速不变，第四台风电机组风力机所处环境的风速降低引起 $P_{ex,4}$ 减小。$P_{ex,4}$ 减小使 $P_{ex,1}$、$P_{ex,2}$、$P_{ex,3}$ 占串联簇输出总功率的比重增大，$U_{x,1}$、$U_{x,2}$、$U_{x,3}$ 增大至 1.23p.u.，第一、二、三台风电机组工作点转移至 B 点；而 $P_{ex,4}$ 减小使 $P_{ex,4}$ 占总功率的比重减小，直流侧电压 $U_{x,4}$ 则减小至 0.31p.u.，第四台风电机组工作点转移至 C 点。

由图 2-10 可知，串联簇中各风电机组风力机从等风速变为不等风速时，输出功率最大的风电机组直流侧的电压会增大，而串联簇中输出功率最小的风电机组直流侧的电压会减小，总直流母线电压维持不变。对风电机组而言，直流母线电压过高会使其电压超过直流侧电容耐压值，发生

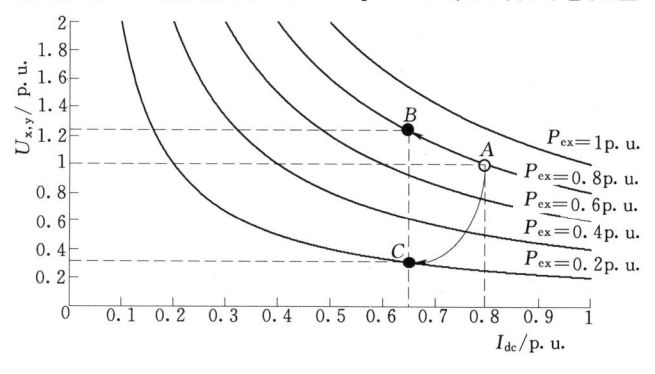

图 2-10 串联簇中风电机组运行特性

过电压击穿故障，而直流母线电压过低会使系统调制系数过大，导致风电机组谐波含量升高导致机组振动。

鉴于串并联拓扑型 DD-PMSG 风电场的特殊性，为保证在自然条件下风电机组能安全运行，本章对串并联拓扑风电的控制方法进行了深入研究。

2.4.1　串并联拓扑结构风电场风电机组的控制策略研究

对于大功率风电机组，因为风电机组转动惯量较大，所以，采用已知给定法实现风电机组的最大功率追踪。根据串并联拓扑结构风电机组的运行特性，本章对基于信号反馈法的最大功率追踪控制进行改进，使风电机组在运行的安全范围内寻找最佳功率点，改进后的机侧变流器控制原理如图 2-11 所示。

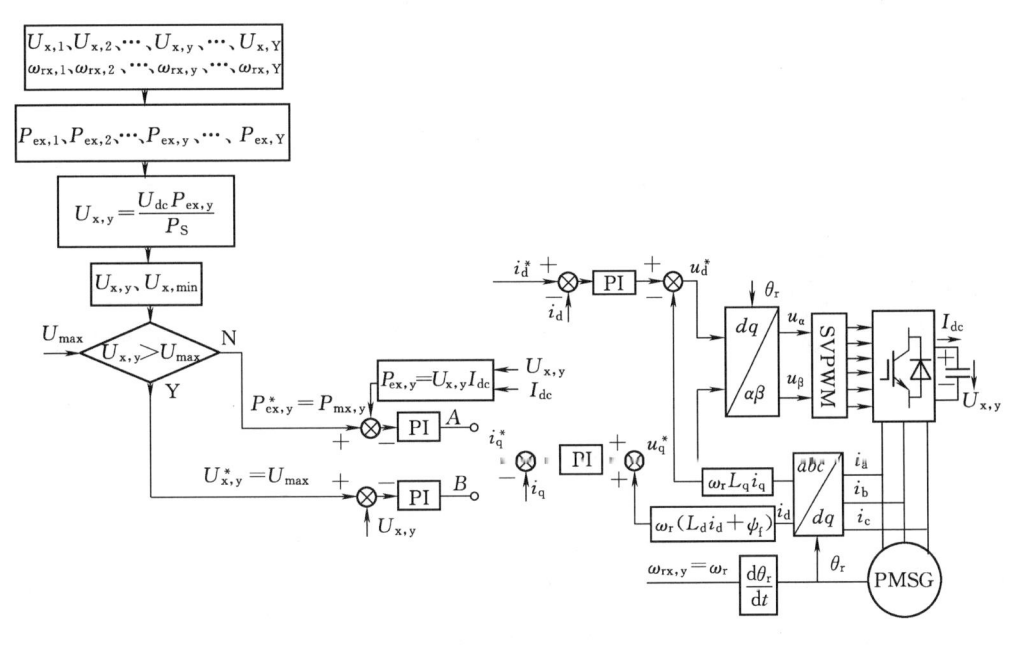

图 2-11　机侧变流器控制原理图

针对串联簇中风电机组处于不同风速时存在的问题，机侧变流器引入限压控制。而对于低风速下的风电机组，其输出的有功功率在当前条件下已经为最大值，无储能设备时，该风电机组的有功功率无法抬升，因此，不能通过在限压控制中设定下限值来避免低风速下的风电机组过调制。因此，本章从过电压与过调制两方面出发，在限压控制中设定合理的上限压值，通过限压控制来调节高风速下风电机组输出的电磁功率，进而调节低风速运行风电机组输出功率占该串联簇输出总功率的比例，将串联簇中各风电机组的直流母线电压钳制在安全范围。控制过程中，如果某风速下根据风电机组输出的电磁功率整定得到该风电机组的直流母线电压超出设定的限压值，则风电机组进入限压控制模式，否则风电机组均处于最大功率追踪控制模式。

该算法在电压限幅期间，由于 PMSG 输出的电磁功率 $P_{ex,y}$ 被限制，引起 PMSG

的机械功率 $P_{\mathrm{mx,y}}$ 与电磁功率 $P_{\mathrm{ex,y}}$ 的不平衡，直接采用变桨调节会增加"弃风"，降低系统的经济性。鉴于发电机转子具有 $4\%\sim8\%$ 的增速范围，针对该问题本章提出采用转子

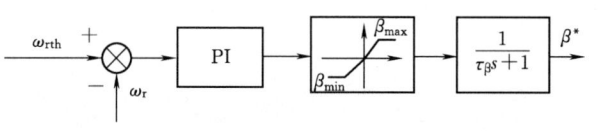

图 2-12　串并联拓扑风力机控制原理图

储能与风力机变桨协调控制方式，其控制原理图如图2-12所示。

限压控制中，直流母线限压值设定的合理性对控制的有效性起关键的作用，因此本章结合串并联拓扑型风电场的运行特性与风电机组的安全运行条件，对限压控制中限压值的设定做了合理分析，进行限压可避免系统出现过调制与过电压击穿故障，即

$$U_{\max} = \frac{U_{\mathrm{dc}} - \dfrac{U_{\mathrm{gx,y}}}{m}}{(y-k)-1} \qquad (2-10)$$

式中　k——该串联簇中退出运行的风电机组数。

同一串联簇中 k 取值应存在最大值 K，即当退出运行的风电机组数 k 超出一定范围时，整个串联簇会被切除。

2.4.2　串并联拓扑结构风电场的建模和仿真分析

由于串并联拓扑结构结合了串联型和并联型的优点，所以本章以串并联拓扑结构为例进行仿真。基于图 2-12 所示控制原理图，在 Matlab/simulink 中搭建了同型号的 12 台 DD-PMSG 风电机组构成的四串三并的仿真模型，分别通过以下两种运行状态对所提出的方法进行验证。系统中电容量的计算以同一串联簇中四台风电机组最多允许一台风电机组退出运行为条件，系统其他参数见表 2-1。

表 2-1　仿真模型主要参数

参　数	数　值	参　数	数　值
PMSG 额定功率 P_{N}	7.5kW	交轴电感 L_{q}	8.5mH
极对数 P	2P	转子磁链 ψ_{f}	0.05Wb
额定转速 ω_{rN}	80r/min	发电机额定电压 U_{s}	380V
直轴电感 L_{d}	5.5mH	风电机组直流侧滤波电 C_{f}	20000μF
总直流母线电压 U_{dc}	2400V		

1. 同一串联簇中风电机组处于不同风速时的仿真结果

本章所搭建的同型号的 12 台 DD-PMSG 风电机组构成的四串三并的仿真模型中，设第一个串联簇中前三台风电机组均正常运行，第四台风电机组的风速有所变化，故障分布如图2-13所示。并且，四台风电机组在前 2s 都以 8m/s 的风速运行，第 3s 时第四台风电机组风速突变为 6m/s，第 6s 时四台风电机组风速均为 8m/s，这种情形下风电机组风速变化见表 2-2。

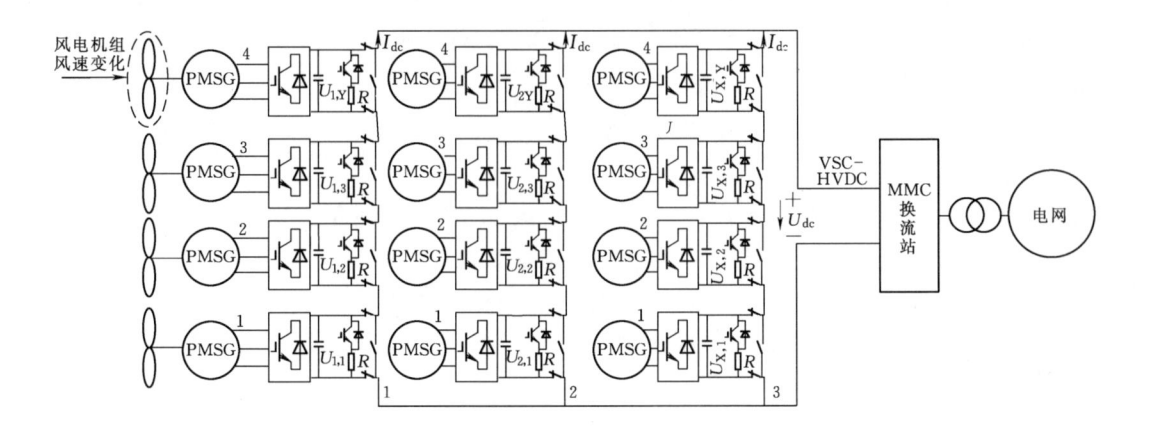

图 2-13　风电场风电机组故障分布图

表 2-2　第一串联簇风电机组风速变化情况表　　　　　　　单位：m/s

风电机组序号	0～3s	3～6s	6s 以后
1	8	8	8
2	8	8	8
3	8	8	8
4	8	6	8

该情形下各风电机组的直流母线电压与输出有功功率的波形如图 2-14 所示。其中图 2-14（e）所示为该运行状态下系统传输母线电压 U_{dc} 的仿真波形，通过仿真波形可以看出，0～3s 时 U_{dc} 在 2395V 左右波动，3～6s 时 U_{dc} 在 2387V 附加波动，6s 以后 U_{dc} 在 2405V 波动，整个运行状态下 U_{dc} 基本维持在 2400V。图 2-14（a）～图 2-14（d）为该运行状态下串联簇中四台风电机组直流母线电压及输出功率的仿真波形。由图 2-14 可知，在前 2s 内，四台风电机组运行于相同风速，各风电机组输出的电磁功率 $P_{ex,y}$ 均为 5kW，其直流母线电压均为 600V。在第 3s 时，第四台风电机组风速的变化导致 $P_{el,4}$ 从 5kW 逐渐减小，由于其他三台风电机组输出电磁功率 $P_{el,1}$、$P_{el,2}$、$P_{el,3}$ 保持 5kW 不变，$P_{el,4}$ 的减小使 $P_{el,4}$ 占该串联簇输出总电磁功率比例逐渐减小，而其他三台风电机组输出电磁功率 $P_{el,1}$、$P_{el,2}$、$P_{el,3}$ 占总电磁功率的比例不断上升，因此 $U_{1,4}$ 从 600V 逐渐减小，$U_{1,1}$、$U_{1,2}$、$U_{1,3}$ 则从 600V 不断增大。当 $U_{1,1}$、$U_{1,2}$、$U_{1,3}$ 升高至 610V 后系统进入限压控制，电压限幅期间，$P_{el,1}$、$P_{el,2}$、$P_{el,3}$ 从 5kW 开始减小，即通过限制 $P_{el,1}$、$P_{el,2}$、$P_{el,3}$，使 $P_{el,4}$ 在后期减小过程中 $U_{1,4}$ 被钳制至 570V 维持不变。第 6s 时，第四台风电机组风速恢复与其他三台相等，随着第四台风电机组输出的电磁功率 $P_{el,4}$ 从 3kW 增加，第一台至第三台风电机组退出限幅期，转子释放之前储存的能量，$P_{el,1}$、$P_{el,2}$、$P_{el,3}$ 快速恢复至初始状态 5kW。直流母线电压 $U_{1,1}$、$U_{1,2}$、$U_{1,3}$、$U_{1,4}$ 也还原至初始状态 600V。

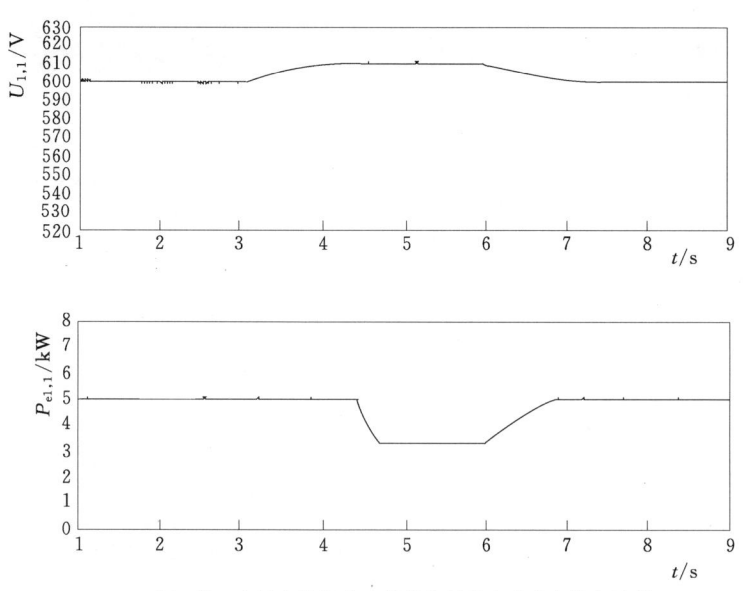

（a）第一台风电机组直流母线电压及有功功率仿真波形

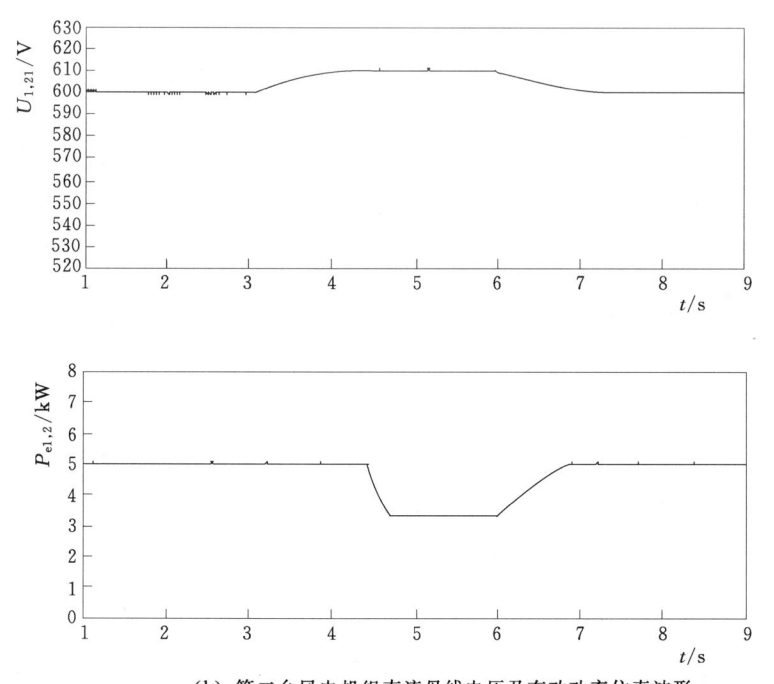

（b）第二台风电机组直流母线电压及有功功率仿真波形

图 2-14（一） 同一串联簇中风电机组处于不同风速时限压控制仿真结果

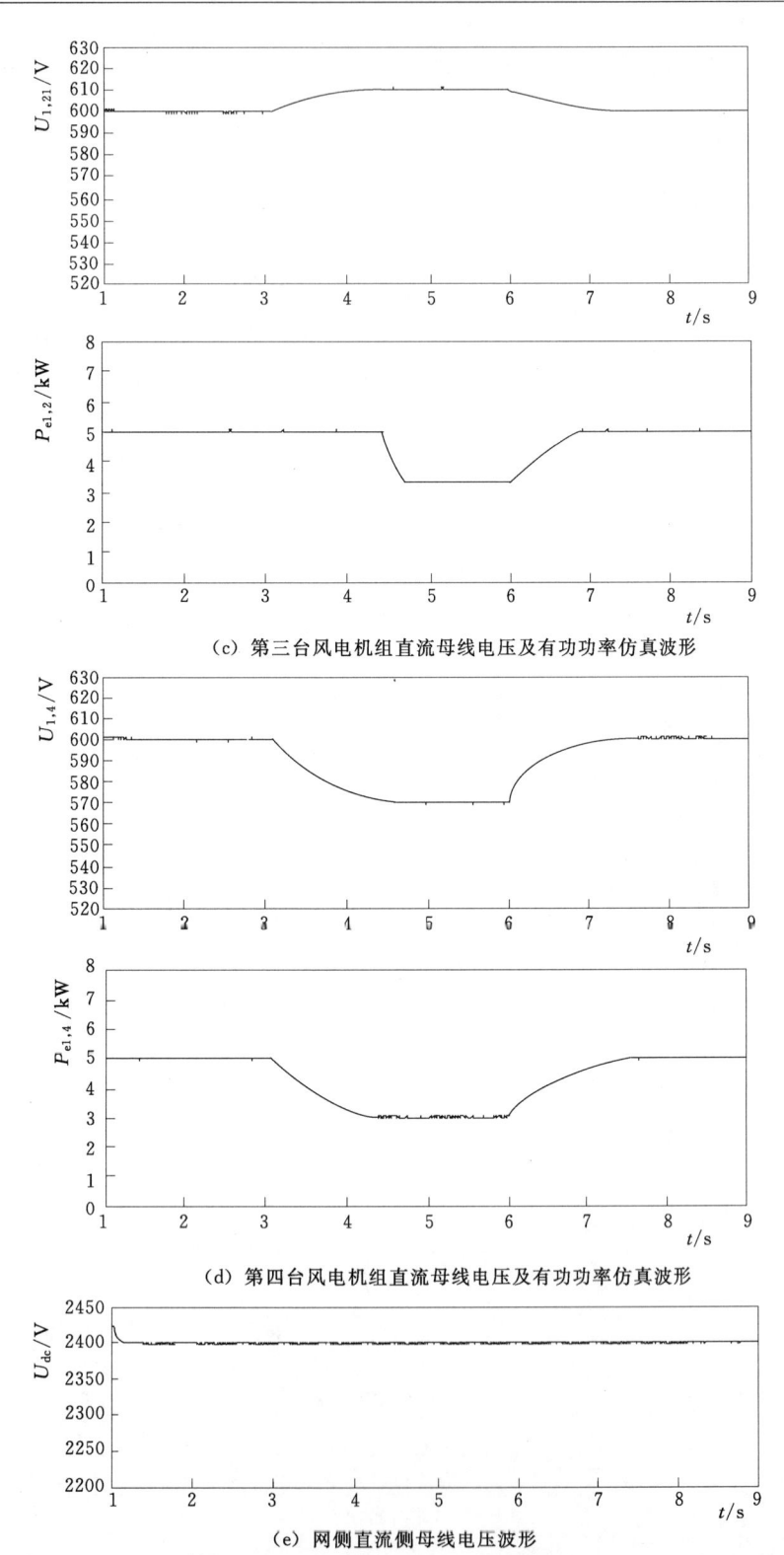

（c）第三台风电机组直流母线电压及有功功率仿真波形

（d）第四台风电机组直流母线电压及有功功率仿真波形

（e）网侧直流侧母线电压波形

图 2-14（二）　同一串联簇中风电机组处于不同风速时限压控制仿真结果

通过图2-15的仿真结果可以看出，第四台风电机组以6m/s的风速运行时，输出的功率为3kW，其他三台风电机组以8m/s运行，输出的功率均为5kW。如果采用传统的控制，第四台风电机组直流母线会减小至400V，对于额定电压为380V的机组，当直流母线为400V就会引起变流器过调制，风电机组发生振荡。而采用本章研究的方法，可以将风电机组的直流母线电压钳制在安全范围内。

2. 同一串联簇中风电机组处于不同风速且有风电机组退出

本章所搭建的同型号的12台DD-PMSG风电机组构成的四串三并的仿真模型中，设第一个串联簇中第一台风电机组退出运行，第三台和第四台风电机组在某些时刻风电机组风速有所变化，故障分布如图2-15所示。并且，四台风电机组在前2s其中三台风电机组都以6m/s的风速运行，第3s后第四台以8m/s运行，第6s后第三台风电机组风速也突变为9m/s的情形下风电机组风速变化见表2-3。

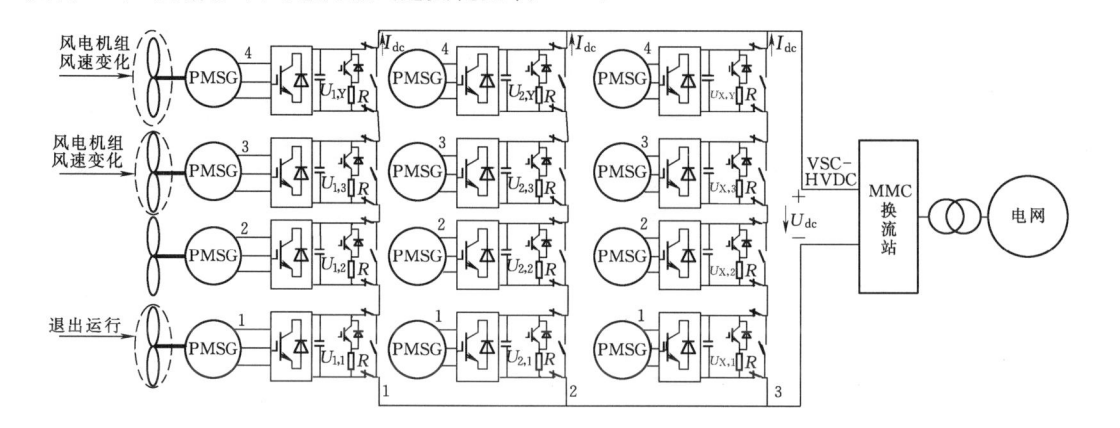

图2-15 风电场风电机组故障分布图

表2-3 第一串联簇风电场风电机组风速变化情况表 单位：m/s

风电机组型号	0~3s	3~6s	6s以后
1	退出运行		
2	6	6	6
3	6	6	9
4	6	8	8

该情形下各风电机组的直流母线电压与输出有功功率的波形如图2-16所示。其中图2-16（e）所示为该运行状态下系统传输母线电压U_{dc}的仿真波形，通过仿真波形可以看出，0~3s时U_{dc}在2407V左右波动，3~6s时U_{dc}在2397V左右波动，6s以后U_{dc}在2402V左右波动，整个运行状态下U_{dc}基本维持在2400V。图2-16（a）~图2-16（d）所示为该运行状态下串联簇中四台风电机组直流母线电压及输出功率的仿真波形。由图2-16可知，由于第一台风电机组退出运行，所以在任何时刻，它的输出电磁功率和直流母线电压都为零。在前2s内，第二台至第四台风电机组运行于相同风速，各风电机组输出的电磁功率$P_{ex,y}$均为3kW，其直流母线电压均为800V。在第3s时，第四台风电机组风速从6m/s变为8m/s，从而导致$P_{e1,4}$从3kW逐渐增加，其他两台风电机组输出电

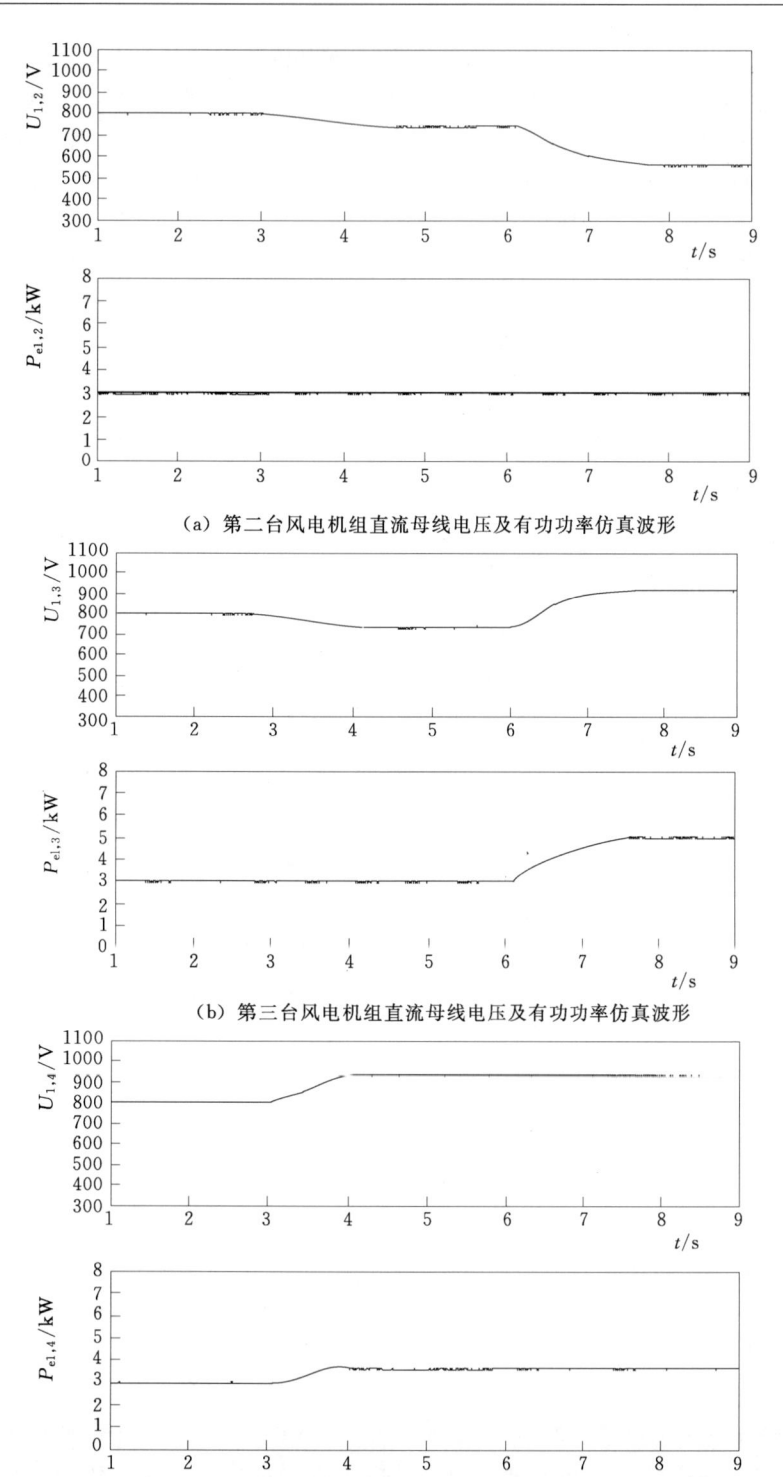

（a）第二台风电机组直流母线电压及有功功率仿真波形

（b）第三台风电机组直流母线电压及有功功率仿真波形

（c）第四台风电机组直流母线电压及有功功率仿真波形

图 2-16（一）　同一串联簇中风电机组处于不同风速且有风电机组退出仿真结果

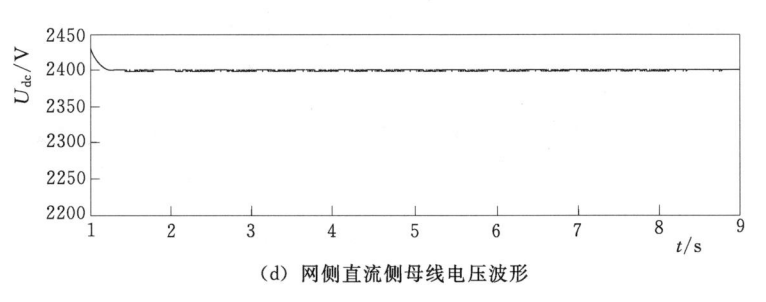

（d）网侧直流侧母线电压波形

图 2-16（二）　同一串联簇中风电机组处于不同风速且有风电机组退出仿真结果

磁功率 $P_{e1,2}$、$P_{e1,3}$ 保持 3kW 不变，$P_{e1,4}$ 的增加使 $P_{e1,4}$ 占该串联簇输出总电磁功率比例逐渐增大，而其他两台风电机组输出电磁功率 $P_{e1,2}$、$P_{e1,3}$ 占总电磁功率的比例不断下降，因此 $U_{1,4}$ 从 800V 逐渐增大，$U_{1,2}$、$U_{1,3}$ 则从 800V 不断减小。当 $U_{1,4}$ 增大至 910V 后系统进入限压控制，电压限幅期间，$P_{e1,2}$、$P_{e1,3}$ 保持 3kW 不变，$P_{e1,4}$ 保持在 2.5kW 不变，从而使 $U_{1,2}$、$U_{1,3}$ 限制在 750V。第 6s 时，第三台风电机组风速从 6m/s 变为 9m/s，第四台风电机组的输出电磁功率和直流母线电压基本保持不变。随着第三台风电机组输出电磁功率 $P_{e1,3}$ 从 3kW 增加，第二台风电机组输出电磁功率 $P_{e1,2}$ 保持不变（即 $P_{e1,2} = 3$kW），$P_{e1,3}$ 的增加使 $P_{e1,3}$ 占该串联簇输出总电磁功率比例逐渐增大，而第二台风电机组输出电磁功率 $P_{e1,2}$ 占总电磁功率的比例不断下降，因此 $U_{1,3}$ 从 750V 逐渐增大，$U_{1,2}$ 则从 800V 不断减小，当 $U_{1,3}$ 增大至 910V 后系统进入限压控制，由图 2-16 可知，电压限幅期间，$P_{e1,2}$ 保持 3kW 不变，$P_{e1,3}$ 保持在 5kW 不变，从而使 $U_{1,2}$ 限制在 570V。

　　对比图 2-14 与图 2-16 所示的仿真结果，其调节过程与情形基本相同，不同之处在于由于串联簇中有一台风电机组退出串联簇，因此当第三台风电机组与第四台风电机组进入限压控制模式时，$U_{1,3}$ 与 $U_{1,4}$ 被钳制至 910V，相应 $U_{1,2}$ 被限定在 570V。各风电机组直流母线电压都在安全范围内。

参 考 文 献

［1］　于文牟，宋建光，周文静．基于电压源换流器的高压直流输电技术［J］．电气制造，2013，10：46-49.

［2］　罗德荣，宋辉，廖武，等．基于 PR、PI 联合控制的 VSC-HVDC 系统研究［J］．控制工程，2015，04：625-631.

［3］　汤广福．基于电压源换流器的高压直流输电技术［M］．北京：中国电力出版社，2009.

［4］　王志新，李响，刘文晋．海上风电柔性直流输电变流器研究［J］．电网与清洁能源，2008，24（2）：33-37.

［5］　李永胜，韦正元，宋雪芹，等．柔性直流与交流并列输电换流器交流故障穿越［J］．陕西电力，2012（4）：75-78.

［6］　刘文晋，王志新．用于海上风电场直流输电的新型变换器［J］．电网与清洁能源，2009，25（3）：37-42.

［7］　蒋辰晖，王志新，吴定国．采用 VSC-HVDC 的海上风电场柔性直流输电系统控制策略研究［J］．电网与清洁能源，2012，12：66-72.

［8 ］ Gonzalez – Longatt F M, Wall P, Regulski P, et al. Optimal Electric Network Design for a Large Offshore Wind Farm Based on a Modified Genetic Algorithm Approach ［J］. IEEE Systems Journal, 2012, 6 (1): 164 – 172.

［9 ］ Kun Zhao, Gengyin Li, Bozhong Wang, et al. Grid – connected Topology of PMSG Wind Power System Based on VSC – HVDC ［J］. Electric Utility Deregulation and Restructuring and Power Technologies (DRPT), 2011 4th International Conference on, 2011, 297 – 302.

［10］ 姚良忠, 施刚, 曹远志, 等. 海上直流风电场内网中串联直流风机的变速控制 ［J］. 电网技术, 2014, 9 (38): 2410 – 2415.

［11］ 黄晟, 王辉, 廖武, 等. 基于 VSC – HVDC 海上串联拓扑风电场低电压穿越控制策略研究 ［J］. 电工技术学报, 2015, 14: 362 – 369.

［12］ 江道灼, 谷泓杰, 尹瑞, 等. 海上直流风电场研究现状及发展前景 ［J］. 电网技术, 2015, 09: 2424 – 2431.

［13］ 李响, 韩民晓. 海上风电串联多端 VSC – HVDC 协调控制策略 ［J］. 电工技术学报, 2013, 28 (5): 42 – 48.

［14］ Jian Gao, Jining Lu, Keyuan Huang, et al. A Novel Variable Step Hill – climb Search Algorithm Used for Direct Driven PMSG ［C］. International Conference on Energy and Environment Technology, 2009, 1: 511 – 514.

［15］ 严干贵, 魏治成, 穆钢, 等. 直驱永磁同步风电机组的动态建模与运行控制 ［J］. 电力系统及其自动化学报, 2009, 21: 34 – 39.

［16］ 胡书举, 李建林, 许洪华. 直驱式 VSCF 风电系统直流侧 Crowbar 电路的仿真分析 ［J］. 电力系统及其自动化学报, 2008, 20: 118 – 123.

［17］ Thongam J S, Bouchard P, Ezzaidi H. Wind Speed Sensorless Maximum Power Point Tracking Control of Variable Speed Wind Energy Conversion Systems ［C］. IEEE International Electric Machines and Drives Conference, IEMDC'09, 2009: 1832 – 1837.

［18］ 何大清. 基于直流串联的海上风电场及其控制 ［D］. 上海: 上海交通大学, 2013.

［19］ 孙延昭, 黄守道, 黄科元, 等. 直驱式永磁同步风电机组机侧 PWM 控制 ［J］. 电气传动, 2009, 11: 42 – 44.

［20］ 林波. 直驱式风电机组变流控制系统的设计与研究 ［D］. 长沙: 湖南大学, 2009.

［21］ 赵昆. 基于 VSC – HVDC 的永磁直驱风电场拓扑结构研究 ［D］. 北京: 华北电力大学, 2012.

［22］ 黄守道, 彭婧, 吕铭晟, 等. 直流汇集式串并联型风电场机组协调控制 ［J］. 电力电子技术, 2016, 06: 16 – 19.

［23］ 谢秋月, 黄守道, 高剑. 风力发电整流器控制策略的研究 ［J］. 微计算机信息, 2009, 07: 15 – 16.

［24］ 张志刚, 邓超, 黄守道. 一种改进型的直驱风电系统变流器控制方法 ［J］. 大电机技术, 2013 (1): 25 – 29.

［25］ Keyuan Huang, Shoudao Huang, Feng She, Baimin Luo and Luoqiang Cai. A Control Strategy for Direct – drive Permanent – magnet Wind – power Generator Using Back – to – back PWM Converter ［C］. Electrical Machines and Systems, 2008. ICEMS 2008. International Conference on, Wuhan, 2008: 2283 – 2288.

［26］ 黄晟, 王辉, 廖武, 等. 基于 VSC – HVDC 串并联拓扑结构风电场协调控制策略研究 ［J］. 电工技术学报, 2015, 30 (23): 155 – 162.

第3章 基于柔性直流输电的
风电系统并网技术

近年来，随着石油、煤炭等传统能源的大量消耗以及全球环境的恶化，可再生能源的开发利用受到了世界各国越来越多的重视，包括太阳能、生物质能、潮汐能和风能等，其中风能作为一种清洁、安全、可靠、取之不尽的可再生能源，是最有希望的廉价绿色能源，没有燃料问题，不会产生辐射或者空气污染，因此世界各国对风电的开发给予了高度重视。并网型风电系统是推动风电事业发展的主要力量，然而风能是一种随机性、间歇性比较大的能源，风电机组利用风能发电必然使产生的电能脉动大，不能直接并网，所以安全稳定的风电并网技术是风系统并网的关键[1]。

3.1 两电平并网控制策略

风电系统经典的并网方式即为两电平并网，系统直流母线接入换流阀直流侧，换流阀交流侧接入三相电网，通过控制换流阀的运行即实现风电系统的并网。因为换流阀每相交流输出端的电压波形只存在两种电平形式，所以将这种并网方式称为两电平并网。

3.1.1 两电平并网拓扑结构

基于柔性直流输电的风电系统两电平并网，其网侧一般采用两电平换流阀与电网相连，如图3-1所示。当风力机转速发生变化时，发电机输出的功率也相应变化，受端换

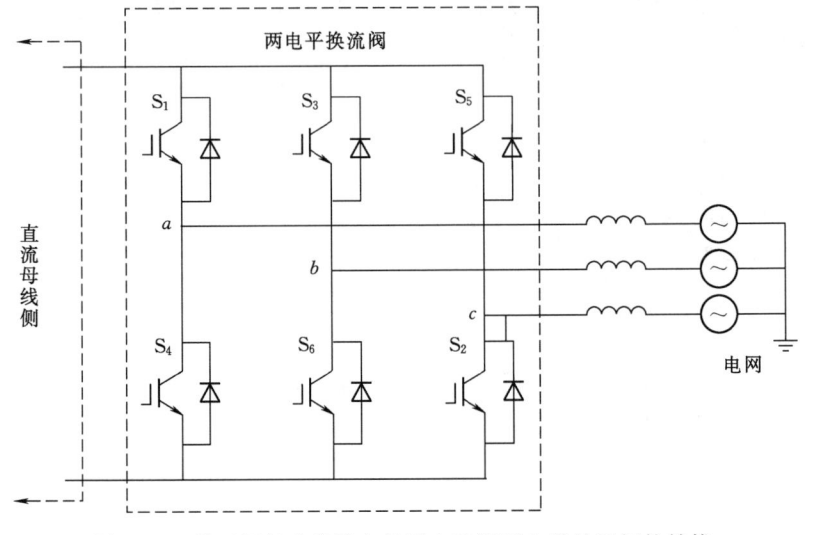

图3-1 基于柔性直流输电的风电系统两电平并网拓扑结构

流阀将输出与电网频率、幅值及相位一致的稳定电能。因此，发电机和电网之间通过换流阀实现了解耦，电网故障不会直接影响到永磁同步发电机本身的运行，并且在电网电压跌落的时候，通过一定的控制策略，还可以使受端换流阀输出一定容量的无功功率对电网进行无功支持，具有一定的低电压穿越能力，应对电网故障的能力强[2]。

3.1.2　两电平并网控制策略

柔性直流输电风电系统两电平并网控制主要是针对系统受端换流阀的控制。系统受端换流阀呈现出受控电流源特性，可单位功率因数运行以及能量可双向流动，并且能实现有功、无功解耦控制，因此，受端换流阀的运行状况及控制好坏对整个系统的性能起着决定性的作用，影响着输出系统的效率，同时也影响着输出电能的质量，是有效实现整个系统优越运行的关键[3]。

目前，根据矢量定向和内环控制变量的不同，换流阀主要的控制策略可以分为四类：①基于电压定向的矢量控制（VOC）；②基于电压定向的直接功率控制（V - DPC）；③基于虚拟磁链定向的矢量控制（VFOC）；④基于虚拟磁链定向的直接功率控制（VF - DPC）[4]。

（1）基于电压定向的矢量控制。基于电压定向的矢量控制以电网电压矢量进行定向，通过控制两电平换流阀输出电流矢量的幅值和相位（相对于电网电压矢量），即可控制换流阀输出的有功功率和无功功率，实现并网。

（2）基于电压定向的直接功率控制。基于电压定向的直接功率控制是在电压定向基础上，不对输出电流进行控制，而是对两电平换流阀输出的有功功率和无功功率进行直接控制，实现并网。基于电压定向的直接功率控制是在基于电压定向的矢量控制的基础上加入了瞬时功率理论的思想得到的一种新型的换流阀控制方法。该控制方法舍去传统电网电压定向的电流环，直接采用功率环作为内环，并采用直流电压和开关函数直接估算网侧有功功率和无功功率，可舍弃电网电压传感器，减少成本和增加系统稳定性；由于无电流环减少了坐标变换的次数，进一步增强系统稳定性。

（3）基于虚拟磁链定向的矢量控制。基于虚拟磁链定向的矢量控制是将换流阀交流侧等效成一个虚拟的交流电机，根据交流电机磁链观测器的设计方法，构造出虚拟的电网电压磁链矢量，并以电网电压磁链矢量进行定向，通过控制换流阀输出的电流矢量的幅值和相位（相对于电网磁链矢量），即可控制换流阀输出的有功功率和无功功率，实现并网。基于虚拟磁链定向的矢量控制通过构造出虚拟电网电压磁链矢量间接地获得了电网电压的角度信息，省去了电网电压传感器，降低了成本，提高了系统的可靠性和对环境的适应性，同时有效地克服了电网电压谐波对磁链的影响，从而保证了矢量定向的准确度。

（4）基于虚拟磁链定向的直接功率控制。基于虚拟磁链定向的直接功率控制是在虚拟电网电压磁链矢量定向控制的基础上加入了瞬时功率理论的思想得到的一种新型的换流阀控制方法。这种方法不仅实现了系统对有功功率和无功功率的直接控制，而且能保证固定的开关频率，简化了滤波器的设计，降低了对控制器和 A/D 采样的要求，具有系统动态性能高，不需要交流侧电压传感器以及控制算法简单等优点。

基于电压定向的矢量控制能否实现高性能稳态运行和快速动态响应，很大程度上依赖于电流内环的设计。在同步旋转坐标系下设计电流内环，各交流分量均转换为直流量，便于闭环调节器的设计，同时可以很方便地与正弦脉宽调制（SPWM）或空间矢量脉宽调制（SVPWM）接口，利于网侧滤波参数的设计，是目前应用最广泛的控制策略[5]，因此，本书将着重介绍这种并网控制方法。

为了实现基于电网电压定向的矢量控制，首先需要建立和分析两电平换流阀的数学模型。其等效电路图如图 3 - 2 所示[6]。

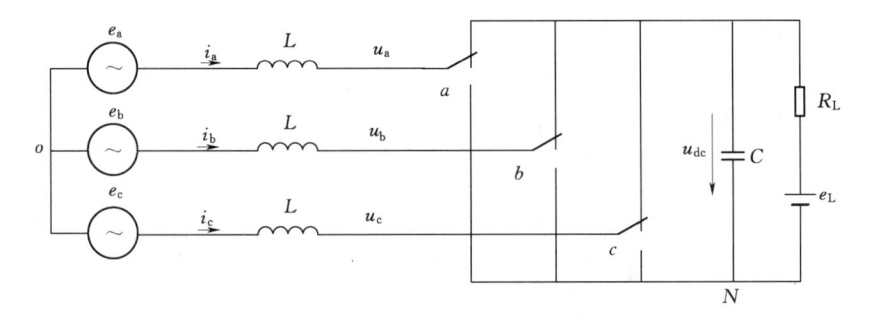

图 3 - 2 两电平换流阀等效电路图

对于两电平换流阀一般数学模型的建立，通常假设：①电网电动势为三相平稳的纯正弦波电势，对称且稳定；②网侧滤波器电感 L 是线性的，且不考虑饱和；③功率开关管的损耗以电阻 R_s 表示，开关器件为理想开关；④为描述换流阀能量的双向传输，其直流侧负载由电阻 R_L 和直流电动势 e_s 串联表示。

因为开关函数描述数学模型是对换流阀开关过程的精确描述，故采用开关函数建立模型[7]。为分析方便，首先定义二值逻辑开关函数 s_k 为

$$s_k = \begin{cases} 1 & (\text{上桥臂开通,下桥臂关断}) \\ 0 & (\text{下桥臂开通,上桥臂关断}) \end{cases} \quad (k=1,2,3) \qquad (3-1)$$

将功率开关管损耗等效电阻 R_s 同交流滤波电感等效电阻 R_L 合并，且令 $R = R_L + R_s$，采用基尔霍夫电压定律对 a 相回路进行分析，可建立回路方程为

$$L\frac{di_a}{dt} + Ri_a = e_a - (u_{aN} + u_{No}) \qquad (3-2)$$

式中　u_{aN}——a、N 之间的电压；

　　　u_{No}——N、o 之间的电压。

当 a 相阀臂上管导通而下管关断时，$s_1 = 1$，且 $u_{aN} = u_{dc}$；当 a 相阀臂下管导通而上管关断时，$s_1 = 0$，$u_{aN} = 0$。因此 $u_{aN} = s_1 u_{dc}$，式（3 - 2）可改写成

$$L\frac{di_a}{dt} + Ri_a = e_a - (s_1 u_{dc} + u_{No}) \qquad (3-3)$$

同理可得 b 相、c 相方程为

$$L\frac{di_b}{dt} + Ri_b = e_b - (s_2 u_{dc} + u_{No}) \qquad (3-4)$$

$$L\frac{di_c}{dt} + Ri_c = e_c - (s_3 u_{dc} + u_{No}) \qquad (3-5)$$

考虑三相系统对称，则

$$e_a + e_b + e_c = 0 \tag{3-6}$$

$$i_a + i_b + i_c = 0 \tag{3-7}$$

联立式（3-3）～式（3-7）可得

$$u_{No} = -\frac{u_{dc}}{3}(s_1 + s_2 + s_3) \tag{3-8}$$

因此，直流侧电流 i_{dc} 可描述为

$$
\begin{aligned}
i_{dc} &= i_a s_1 \overline{s_2}\,\overline{s_3} + i_b s_2 \overline{s_3}\,\overline{s_1} + i_c s_3 \overline{s_2}\,\overline{s_1} + (i_a + i_b)s_1 s_2 \overline{s_3} + (i_a + i_c)s_1 s_3 \overline{s_2} + \\
&\quad (i_b + i_c)s_2 s_3 \overline{s_1} + (i_a + i_b + i_c)s_1 s_2 s_3 \\
&= i_a s_1 + i_b s_2 + i_c s_3 \tag{3-9}
\end{aligned}
$$

另外，在图 3-2 中对直流侧电容正极节点处应用基尔霍夫电流定律，得

$$C\frac{du_{dc}}{dt} = i_a s_1 + i_b s_2 + i_c s_3 - \frac{u_{dc} - e_L}{R_L} \tag{3-10}$$

可以得到换流阀的一般数学模型为

$$
\left.
\begin{aligned}
e_a - L\frac{di_a}{dt} - Ri_a - s_1 u_{dc} &= u_{No} \\[4pt]
e_b - L\frac{di_b}{dt} - Ri_b - s_2 u_{dc} &= u_{No} \\[4pt]
e_c - L\frac{di_c}{dt} - Ri_c - s_3 u_{dc} &= u_{No} \\[4pt]
C\frac{du_{dc}}{dt} &= i_a s_1 + i_b s_2 + i_c s_3 - \frac{u_{dc} - e_L}{R_L}
\end{aligned}
\right\} \tag{3-11}
$$

该式可以写成以下矩阵形式

$$
\begin{bmatrix} \dfrac{di_a}{dt} \\[6pt] \dfrac{di_b}{dt} \\[6pt] \dfrac{di_c}{dt} \end{bmatrix}
= -\frac{R}{L}\begin{bmatrix} i_a \\ i_b \\ i_c \end{bmatrix}
- \frac{1}{L}\begin{bmatrix} \dfrac{2}{3} & -\dfrac{1}{3} & -\dfrac{1}{3} \\[6pt] -\dfrac{1}{3} & \dfrac{2}{3} & -\dfrac{1}{3} \\[6pt] -\dfrac{1}{3} & -\dfrac{1}{3} & \dfrac{2}{3} \end{bmatrix}\begin{bmatrix} s_1 \\ s_2 \\ s_3 \end{bmatrix} u_{dc}
+ \frac{1}{L}\begin{bmatrix} u_a \\ u_b \\ u_c \end{bmatrix} \tag{3-12}
$$

$$
\frac{du_{dc}}{dt} = \frac{1}{C}\begin{bmatrix} s_1 & s_2 & s_3 \end{bmatrix}\begin{bmatrix} i_a \\ i_b \\ i_c \end{bmatrix} - \frac{1}{C}i_{load} \tag{3-13}
$$

将三相静止坐标系下的变换器数学模型经式（3-14）变换到两相同步旋转的 dq 坐标系中，变换后得到换流阀在两相同步旋转坐标系中的数学模型见式（3-15）[8]。

$$
T_{3/2} = \frac{2}{3}\begin{bmatrix} \cos\omega t & \cos(\omega t - 2\pi/3) & \cos(\omega t + 2\pi/3) \\ -\sin\omega t & -\sin(\omega t - 2\pi/3) & -\sin(\omega t + 2\pi/3) \end{bmatrix} \tag{3-14}
$$

$$
\begin{bmatrix} \dfrac{di_d}{dt} \\[6pt] \dfrac{di_q}{dt} \\[6pt] \dfrac{du_{dc}}{dt} \end{bmatrix}
= \begin{bmatrix} -\dfrac{R}{L} & \omega & -\dfrac{s_d}{L} \\[6pt] -\omega & -\dfrac{R}{L} & -\dfrac{s_q}{L} \\[6pt] \dfrac{3s_d}{2C} & \dfrac{3s_q}{2C} & 0 \end{bmatrix}\begin{bmatrix} i_d \\ i_q \\ u_{dc} \end{bmatrix}
+ \begin{bmatrix} \dfrac{1}{L} & 0 & 0 \\[6pt] 0 & \dfrac{1}{L} & 0 \\[6pt] 0 & 0 & -\dfrac{1}{C} \end{bmatrix}\begin{bmatrix} u_d \\ u_q \\ i_{load} \end{bmatrix} \tag{3-15}
$$

式中　s_d、s_q——开关函数 s_k 变换到 dq 坐标系中的 d、q 轴相应的开关函数。

受端换流阀的控制目标是：①维持输出直流电压恒定且有良好的动态响应能力；②确保网侧输入电流波形为正弦，功率因数可调且最高可达到 1。故输入电流的有效控制是受端换流阀控制的关键。从本质上讲，受端换流阀是一个涉及交、直流电能形态转换的能量变换系统，由于正常情况下电网电压基本恒定，对输入电流实施快速而有效的控制也就能有效地控制能量流动的速度和大小[9]。

式（3-15）所表示的输入电流满足

$$\left. \begin{array}{l} L\dfrac{\mathrm{d}i_d}{\mathrm{d}t} = -Ri_d + \omega Li_q + u_d - s_d u_{dc} \\[2mm] L\dfrac{\mathrm{d}i_q}{\mathrm{d}t} = -Ri_q + \omega Li_d + u_q - s_q u_{dc} \end{array} \right\} \qquad (3-16)$$

设换流阀交流侧输出电压为

$$\left. \begin{array}{l} v_d = s_d u_{dc} \\ v_q = s_q u_{dc} \end{array} \right\} \qquad (3-17)$$

则式（3-16）可写成

$$\left. \begin{array}{l} L\dfrac{\mathrm{d}i_d}{\mathrm{d}t} = -Ri_d + \omega Li_q + u_d - v_d \\[2mm] L\dfrac{\mathrm{d}i_q}{\mathrm{d}t} = -Ri_q + \omega Li_d + u_q - v_q \end{array} \right\} \qquad (3-18)$$

由式（3-18）可以看出，受端换流阀的 d 轴电流和 q 轴电流之间存在交叉耦合，而且 d 轴通道上还存在电网电压的常值干扰，直流侧的负载电流也是 d 轴通道上的一种扰动，因此控制系统设计的复杂性由于耦合和扰动的加入被增加。为了找到一种能解除 d 轴电流与 q 轴电流和消除电网电压扰动的控制方法[10]，令

$$\left. \begin{array}{l} v'_d = -v_d + \omega Li_q + u_d \\ v'_q = -v_q - \omega Li_d + u_q \end{array} \right\} \qquad (3-19)$$

则式（3-18）可变为

$$\left. \begin{array}{l} L\dfrac{\mathrm{d}i_d}{\mathrm{d}t} + Ri_d = v'_d \\[2mm] L\dfrac{\mathrm{d}i_q}{\mathrm{d}t} + Ri_q = v'_q \end{array} \right\} \qquad (3-20)$$

式（3-20）表明，引入状态反馈量 ωLi_q 与 $-\omega Li_d$ 能实现解耦，同时又引入电网扰动电压 u_d、u_q 进行前馈补偿，从而很好地实现 d、q 轴电流的独立控制，系统的动态性能可获得较大的提高。

基于电压定向的矢量控制即将同步速坐标系的 d 轴定向于电网电压矢量 U_s，则有电网电压的 d、q 分量为

$$\left. \begin{array}{l} u_d = u_m \\ u_q = 0 \end{array} \right\} \qquad (3-21)$$

式中　u_m——电网相电压幅值。

dq 坐标系下，受端换流阀相对于电网的有功功率和无功功率分别为

$$P = \frac{3}{2}(u_d i_d + u_q i_q) = \frac{3}{2} u_m i_d$$

$$Q = \frac{3}{2}(u_q i_d - u_d i_q) = -\frac{3}{2} u_m i_q$$

（3 - 22）

式（3 - 22）中，当 $P > 0$ 时，表示受端换流阀工作于整流状态，从电网吸收能量；当 $P < 0$ 时，表示受端换流阀工作于能量回馈状态，这时能量从直流侧输向交流电网。当 $Q > 0$ 时，表示受端换流阀相对于电网呈感性，吸收滞后无功电流；当 $Q < 0$ 时，表示受端换流阀相对于电网呈容性，吸收超前无功电流。所以 d、q 轴电流分量 i_d、i_q 实际分别代表着受端换流阀的有功电流分量和无功电流分量[11]。

由图 3 - 2 所示电路拓扑结构可知，当交流侧输入功率大于负载消耗功率时，多余的功率会使直流侧电容电压升高；反之，电容电压会降低。由于换流阀的 d 轴电流与交流侧有功功率呈正比，因此可对电容电压进行控制，用电压调节器的输出作为 d 轴分量电流 i_d 的给定值，它反映了换流阀输入有功电流幅值的大小。

根据需要的功率因数和 d 轴电流给定值 i_d^* 可得到 q 轴电流给定值 i_q^*。当采用单位功率因数控制时，$\tan\varphi = 0$，则 $i_q^* = 0$。两电平受端换流阀控制框图如图 3 - 3 所示，它采用电压外环、电流内环的控制结构。电压反馈控制为外环，电压 PI 调节器的输出作为 d 轴电流（有功电流分量）的给定值。电流反馈构成内环，电流 PI 调节器的输出只是控制电压的一部分，再加上电流交叉补偿和电网电压扰动的前馈补偿，构成了完整的控制电压，控制电压经过 PWM 调制后产生开关信号送到换流阀主电路，产生实际所需的交流侧控制电压。

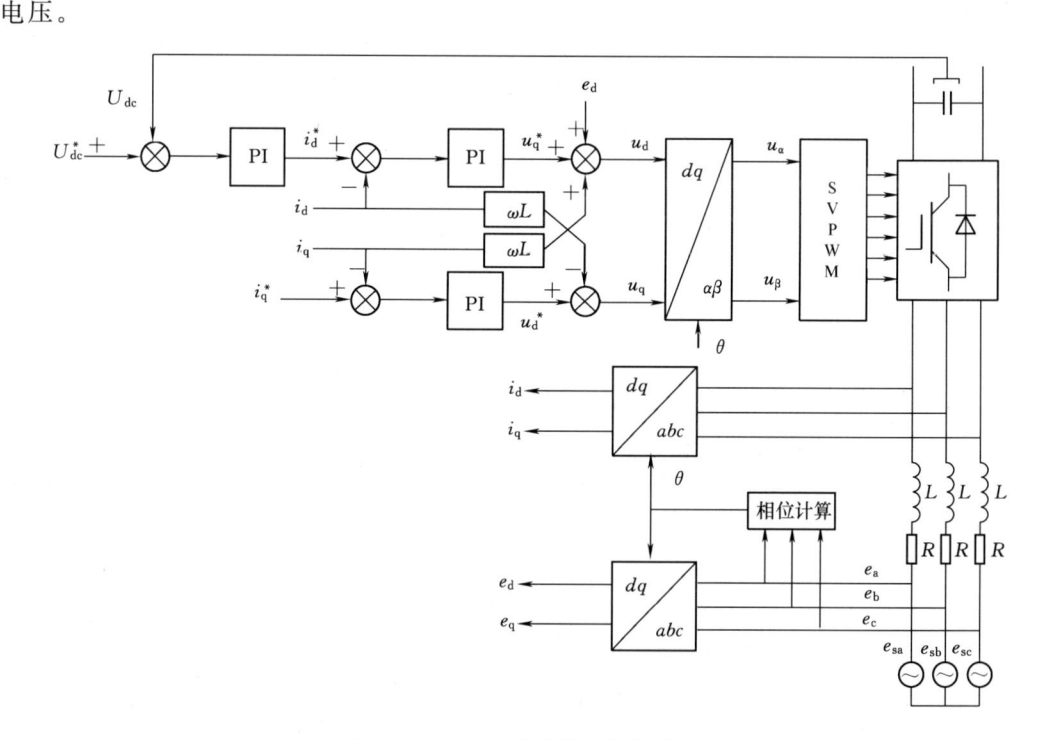

图 3 - 3　两电平受端换流阀控制框图

3.2 两电平受端换流阀故障控制

受端换流阀作为风电系统的核心部件，它的正常运行是风电系统安全并网的关键。然而，随着风电机组单机容量的提高，作为系统脆弱环节的功率换流阀故障率越来越高，因此，加强对受端换流阀的容错控制是提高风电系统安全稳定的关键。

3.2.1 换流阀故障类型

受端换流阀所采用的功率开关器件发生故障的概率比较大，换流阀最常见的故障[12]以功率开关管的开路和短路为主，分析功率开关管的开路和短路故障的原因及由此带来的影响至关重要。

（1）开路故障。功率开关器件损耗、驱动信号丢失或驱动电路失效、绑定线断裂或焊接脱落等均是引起功率开关管开路的主要原因。功率开关管开路故障会改变换流阀的工作状态，引起电机输出转矩波动，增加其余器件的电压和电流应力，使系统的运行特性改变，但通常情况下不会引发严重过电流或过电压现象，能够维持短时间的持续运行，但若不及时采取补救措施，便会使系统陷入崩溃，因此需要及时诊断、处理[13]。

（2）短路故障。引起功率开关管短路故障的原因有驱动信号错误、辅助电源失效、雪崩击穿、热击穿、过电压等。换流阀采用的功率开关管发生短路故障时，电流急剧增大，威胁系统安全，并且短路故障因存在时间极短（通常在 $10\mu s$ 以下）而难以被诊断。因此，多采用硬件电路的设计作为换流阀开关器件短路故障的诊断和保护，文献［23］已经对功率开关管的短路故障进行了深入的总结。除此之外，也可在换流阀电路中植入快速熔丝，将短路故障转变为开路故障，再利用开路故障的方法加以处理，实现故障后拓扑重构和容错控制策略的实施[14]。因此，目前换流阀故障的研究重点都集中在功率开关器件的开路故障上。

目前常用的换流阀由 6 个带反并联二极管的 IGBT 组成三相全桥换流阀的结构，从故障概率的角度考虑，单个功率开关管开路是最常见的故障。因此，本节涉及的器件故障只针对换流阀单个功率开关管的开路故障，并假定与之反并联的二极管仍正常工作。

3.2.2 两电平换流阀故障分析

以换流阀 a 相上阀臂 IGBT 开路故障为例进行故障分析。当 a 相上阀臂 IGBT 驱动电路故障或驱动信号丢失时，该 IGBT 不工作，处于断开状态，而与其反并联的二极管仍正常工作。

如图 3−4 所示，故障后 a 相上阀臂只通过一个二极管 VD_1 连接到直流母线电容的正极，该二极管的通断仅与二极管两端的电压差有关。此时电压 u_{aN} 由电流 i_{sa} 的极性和 a 相下阀臂 IGBT 的开关状态决定[15]。

（1）当 $i_{sa}>0$（与图 3−4 中 i_{sa} 方向相同）并且 a 相开

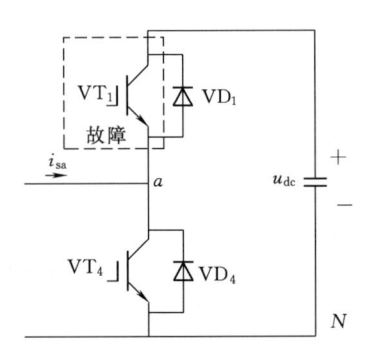

图 3−4　a 相上阀臂 IGBT 故障时，换流阀的简化电路图

关函数 $s_a=0$ 时，无论 VT_1 是否故障，均为下阀臂 VT_4 导通，a 相其余器件均关闭，此时有

$$u_{aN} = 0 \\ s_a u_{dc} + u_{No} = u_{No} = u_{Na} + u_{ao} = u_{ao} \Big\} \tag{3-23}$$

（2）当 $i_{sa}>0$ 且 $s_a=1$ 时，下阀臂 VT_4 关断，上阀臂 VT_1 因故障而失去作用，只能由上阀臂 VD_1 导通；但无论 VT_1 是否故障，均有 $u_{aN}=u_{dc}$，此时有

$$s_a u_{dc} + u_{No} = u_{dc} + u_{No} = u_{dc} + u_{Na} + u_{ao} = u_{ao} \tag{3-24}$$

（3）当 $i_{sa}<0$（与图 3-4 中 i_{sa} 方向相反）且 $s_a=0$ 时，无论 VT_1 故障与否，只有下阀臂 VD_4 导通，故有

$$u_{aN} = 0 \\ s_a u_{dc} + u_{No} = u_{Na} + u_{ao} = u_{ao} \Big\} \tag{3-25}$$

（4）当 $i_{sa}<0$ 且 $s_a=1$ 时，正常工作时 VT_1 导通，VT_4 关断，$u_{aN}=u_{dc}$，$s_a u_{dc}+u_{No}=u_{ao}$。而 VT_1 故障时，由 VD_4 代替 VT_1 构成电流通路，则有

$$u_{aN} = 0 \\ s_a u_{dc} + u_{No} = u_{dc} + u_{Na} + u_{ao} = u_{dc} + u_{ao} \Big\} \tag{3-26}$$

正常运行和 VT_1 开路故障时，a 相工作情况及 u_{aN} 和 $s_a u_{dc}+u_{No}$ 值的比较见表 3-1。

表 3-1　a 相上阀臂开路故障下，$i_{sa}\neq 0$ 时，a 相运行情况

i_{sa}	s_a	运行状态	导通器件	u_{aN}	$s_a u_{dc}+u_{No}$
>0	0	正常	VT_4	0	u_{ao}
		VT_1 故障	VT_4	0	u_{ao}
>0	1	正常	VT_1	u_{dc}	u_{ao}
		VT_1 故障	VD_1	u_{dc}	u_{ao}
<0	0	正常	VD_4	0	u_{ao}
		VT_1 故障	VD_4	0	u_{ao}
<0	1	正常	VT_1	u_{dc}	u_{ao}
		VT_1 故障	VD_4	0	$u_{ao}+u_{dc}$

当 a 相电流 $i_{sa}=0$ 时，对图 3-2 中节点 o 列写 KCL 方程得

$$i_{sb} + i_{sc} = 0 \tag{3-27}$$

由于 $i_{sa}=0$ 是瞬时的，当 a 相故障时，a 相所有开关器件上均无电流流过，但这些开关器件却可以暂时维持导通状态，其中 IGBT 的通断受 SVPWM 调制脉冲信号控制，二极管在其两端电压差达到其门槛电压（理想状态下为 0）时导通。

例如，当开关模式为 $s_b s_c=00$ 时，b、c 两相都是下阀臂 IGBT 导通，上阀臂关断，再加上电流又必须满足式（3-27）的约束，因此，b、c 两相中，只有 VT_6 和 VD_2 或 VT_2 和 VD_6 导通两种情况，但无论是哪种工作情况，都有

$$u_{bN} = u_{cN} = 0, u_{bo} = u_{co} = -\frac{u_{ao}}{2} \\ u_{aN} = u_{ao} + u_{ob} + u_{bN} = \frac{3}{2}u_{ao} \Bigg\} \tag{3-28}$$

根据图 3-3 可得

$$u_{No} = \begin{cases} u_{Na} + u_{ao} = u_{Na} + e_{sa} - Ri_{sa} - L\dfrac{di_{sa}}{dt} \\[2mm] u_{Nb} + u_{bo} = u_{Nb} + e_{sb} - Ri_{sb} - L\dfrac{di_{sb}}{dt} \\[2mm] u_{Nc} + u_{co} = u_{Nc} + e_{sc} - Ri_{sc} - L\dfrac{di_{sc}}{dt} \end{cases} \tag{3-29}$$

将式（3-29）中三个等式相加，得

$$\left. \begin{array}{l} i_{sb} + i_{sc} = 0 \\ e_{sa} + e_{sb} + e_{sc} = 0 \end{array} \right\} \tag{3-30}$$

可得

$$u_{No} = -\frac{u_{aN} + u_{bN} + u_{cN}}{3} \tag{3-31}$$

式（3-31）是换流阀正常工作时的一个重要关系式，可见换流阀 a 相开路故障时该公式依然成立，结合式（3-28）可得

$$u_{No} = -\frac{u_{aN} + u_{bN} + u_{cN}}{3} = -\frac{u_{aN}}{3} \tag{3-32}$$

$$u_{ao} = \frac{2}{3}u_{aN} \tag{3-33}$$

再结合图 3-4 显然可知，当且仅当 $u_{aN} \leqslant 0$ 即 $u_{ao} \leqslant 0$ 时，下阀臂二极管 VD_4 导通；当 $u_{aN} \geqslant u_{dc}$ 时，上阀臂 VD_1 导通。

据上述分析可知，电压 u_{aN} 由 b、c 两相的开关模式和电压 u_{ao}、u_{dc} 确定。当 $u_{ao} \geqslant 2u_{dc}/3$ 时，上阀臂 VD_1 导通，$u_{aN} = u_{dc}$，$s_a u_{dc} + u_{No} = s_a u_{dc} - u_{dc}/3$；当 $u_{ao} \leqslant 0$ 时，下阀臂 VD_4 导通，$u_{aN} = 0$，$s_a u_{dc} + u_{No} = s_a u_{dc}$；当 $0 < u_{ao} < 2u_{dc}/3$ 时，所有器件均不满足导通条件，根据式（3-28），$u_{aN} = 3u_{ao}/2$，故可得 $s_a u_{dc} + u_{No} = s_a u_{dc} - u_{ao}/2$。

同理可得，在 a 相阀臂开路故障下，$i_{sa} = 0$ 时 a 相运行情况见表 3-2。正常工作时，$u_{aN} = s_a u_{dc}$，$u_{No} = -u_{dc}(s_a + s_b + s_c)/3$，表 3-2 中不再赘述。

表 3-2 a 相上阀臂开路故障下，$i_{sa} = 0$ 时，a 相运行情况

$s_b s_c$	u_{ao}	导通器件	u_{aN}	$s_a u_{dc} + u_{No}$
	$u_{ao} > 2u_{dc}/3$	VD_1	u_{dc}	$s_a u_{dc} - u_{dc}/3$
00	$0 < u_{ao} < 2u_{dc}/3$	无	$3u_{ao}/2$	$s_a u_{dc} - u_{ao}/2$
	$u_{ao} < 0$	VD_4	0	$s_a u_{dc}$
	$u_{ao} > u_{dc}/3$	VD_1	u_{dc}	$s_a u_{dc} - 2u_{dc}/3$
01 及 10	$-u_{dc}/3 < u_{ao} < u_{dc}/3$	无	$u_{dc} + 3u_{ao}/2$	$s_a u_{dc} - 2u_{dc}/3 - u_{ao}/2$
	$u_{ao} < -u_{dc}/3$	VD_4	0	$s_a u_{dc}$
	$u_{ao} > 0$	VD_1	u_{dc}	$s_a u_{dc} - 2u_{dc}/3$
11	$-2u_{dc}/3 < u_{ao} < 0$	无	$u_{dc} + 3u_{ao}/2$	$s_a u_{dc} - 2u_{dc}/3 - u_{ao}/2$
	$u_{ao} < -2u_{dc}/3$	VD_4	0	$s_a u_{dc}$

根据表 3-1 和表 3-2 可以看出：换流阀 a 相上阀臂 VT_1 的开路故障会影响换流阀的正常运行，使得电压 u_{aN} 和 $s_a u_{dc} + u_{No}$ 异于正常值。

系统运行中网侧电压恒定，结合式（3-3）～式（3-5），$s_a u_{dc} + u_{No}$ 的改变即会引起电流 i_{sa} 的变化。由此，易知换流阀 a 相上阀臂的开路故障会影响电流 i_{sa}，使其发生畸变，同时由于式（3-6）与式（3-7）的约束，b 相和 c 相电流也会相应的发生变化。换流阀其他 IGBT 管开路故障时，换流阀的工作情况与上述分析结果类似。

3.2.3　两电平换流阀容错控制

根据 3.2.2 对受端换流阀故障时电流变化特性[16] 的分析发现：受端换流阀的开路故障会严重影响网侧对应相的电流。正常工作时，网侧电流是三相对称正弦波，而故障发生时，系统电流幅值会发生变化，而且电流波形出现畸变，引入直流分量，不再是对称的三相正弦波。因此，根据三相电流的波形畸变情况即可准确检测出系统的故障，并能够有效地避免因负载突变等干扰给出错误的故障信息。

若受端换流阀某相上阀臂 IGBT 开路，该相电流只有负半周；某相下阀臂开路，该相电流只有正半周，则由故障时网侧各相电流极性的正、负即可判断出换流阀中故障 IGBT 的位置。

受端换流阀的容错控制是指当换流阀的某个电力电子器件发生故障，并由故障诊断系统确定出故障器件具体位置后，通过改变系统原有的拓扑结构及对应的控制策略，使得系统在保持原有或降低部分性能指标的情况下继续维持稳定运行。

当换流阀某相阀臂的电力电子器件发生故障时，及时切除故障阀臂，在原有系统的基础上，构建容错控制系统，即实现三相四开关容错运行[17]。三相四开关容错换流阀不需要添加冗余阀臂，故障后仅通过结构重构将换流阀工作方式切换为三相四开关模式。直驱永磁风电系统换流阀容错控制的拓扑结构如图 3-5 所示，其中 $VT_1 \sim VT_6$ 为可控断路器，$VTr_1 \sim VTr_6$ 为三端双向晶闸管开关元件。当某相阀臂发生故障后，断开对应相绕组上的断路器、触发相应的双向开关，将故障相从电路中隔离出来，并将故障相绕组连接至母线电容的中点。此时，故障阀臂由母线串联电容代替。

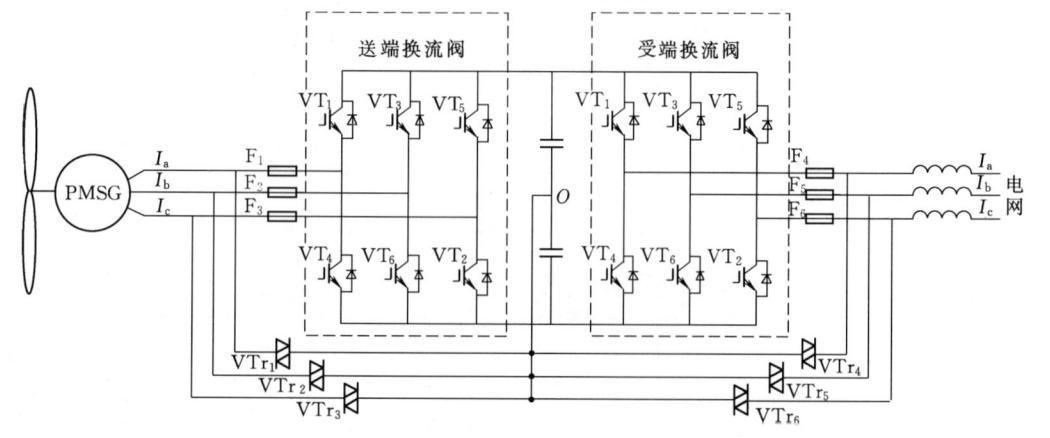

图 3-5　永磁直驱式风电换流阀容错控制系统拓扑结构图

切除故障阀臂后，换流阀由原来的三相六开关变为三相四开关结构，为保证系统的可持续运行，需要改变换流阀的拓扑结构及控制方式。例如，当故障诊断系统确定受端换流阀 a 相阀臂故障后，断路器 F_4 立即动作，将 a 相阀臂从原电路中隔离出来，同时触发双向晶闸管 VTr_4，使 a 相绕组端点接至母线串联电容中点 O'，构成如图 3-6 所示的容错控制拓扑结构，此时换流阀的容错拓扑由四个功率开关器件和两个电容组成，故称为三相四开关换流阀[18-21]。

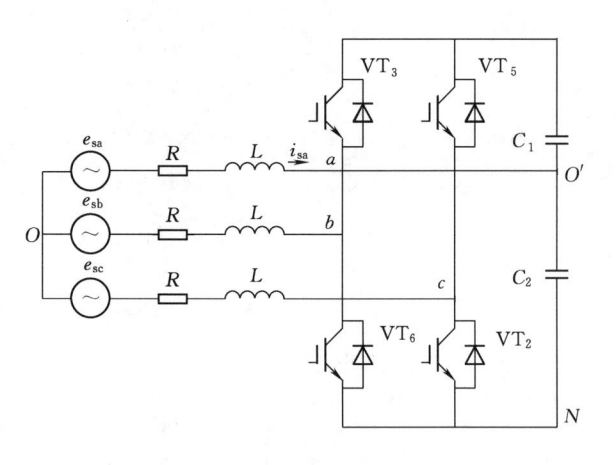

图 3-6 a 相故障时的三相四开关换流阀拓扑结构

由图 3-6 所示拓扑结构，可得

$$
\left.
\begin{aligned}
u_{aO} &= u_{aO'} + u_{O'O} = -Ri_{sa} - L\frac{di_{sa}}{dt} + e_{sa} = -Zi_{sa} + e_{sa} \\
u_{bO} &= u_{bO'} + u_{O'O} = -Ri_{sb} - L\frac{di_{sb}}{dt} + e_{sb} = -Zi_{sb} + e_{sb} \\
u_{cO} &= u_{cO'} + u_{O'O} = -Ri_{sc} - L\frac{di_{sc}}{dt} + e_{sc} = -Zi_{sc} + e_{sc}
\end{aligned}
\right\}
\tag{3-34}
$$

式中　e_{sa}、e_{sb}、e_{sc}——三相绕组的电动势，其幅值设为 E；

　　　Z——每相绕组的阻抗，且 $Z = R + j\omega L$。

根据基尔霍夫电流定律，有

$$
\frac{u_{aO} - e_{sa}}{Z} + \frac{u_{bO} - e_{sb}}{Z} + \frac{u_{cO} - e_{sc}}{Z} = 0
\tag{3-35}
$$

a 相电流为

$$
i_{sa} = \frac{u_{aO} - e_{sa}}{Z} = \frac{u_{O'O} - e_{sa}}{Z} = I\cos\omega t
\tag{3-36}
$$

考虑三相电流的平衡，b 相和 c 相电流需要满足条件

$$
\left.
\begin{aligned}
i_{sb} &= \frac{u_{bO'} + u_{O'O} - e_{sb}}{Z} = I\cos\left(\omega t - \frac{2\pi}{3}\right) \\
i_{sc} &= \frac{u_{cO'} + u_{O'O} - e_{sc}}{Z} = I\cos\left(\omega t + \frac{2\pi}{3}\right)
\end{aligned}
\right\}
\tag{3-37}
$$

结合式（3-36）可得

$$
\left.
\begin{aligned}
u_{bO'} &= \sqrt{3}ZI\cos\left(\omega t - \frac{5\pi}{6}\right) + e_{ba} \\
u_{cO'} &= \sqrt{3}ZI\cos\left(\omega t - \frac{7\pi}{6}\right) + e_{ca}
\end{aligned}
\right\}
\tag{3-38}
$$

式中　e_{ba}、e_{ca}——线电动势。

理想情况下，e_{ba}、e_{ca} 的值为

$$
\left.\begin{aligned}
e_{\mathrm{ba}} &= \sqrt{3}E\cos\left(\omega t - \frac{5\pi}{6}\right) \\
e_{\mathrm{ca}} &= \sqrt{3}E\cos\left(\omega t - \frac{7\pi}{6}\right)
\end{aligned}\right\} \tag{3-39}
$$

将式（3-39）代入式（3-38）可得

$$
\left.\begin{aligned}
u_{\mathrm{bO'}} &= \sqrt{3}(ZI + E)\cos\left(\omega t - \frac{5\pi}{6}\right) \\
u_{\mathrm{cO'}} &= \sqrt{3}(ZI + E)\cos\left(\omega t - \frac{7\pi}{6}\right)
\end{aligned}\right\} \tag{3-40}
$$

此时，电压空间矢量可写为

$$
u_{\mathrm{s}} = \frac{2}{3}\left(u_{\mathrm{aO}} + u_{\mathrm{bO}}\mathrm{e}^{j\frac{2\pi}{3}} + u_{\mathrm{cO}}\mathrm{e}^{j\frac{4\pi}{3}}\right) = \frac{2}{3}\left(u_{\mathrm{bO'}}\mathrm{e}^{j\frac{2\pi}{3}} + u_{\mathrm{cO'}}\mathrm{e}^{j\frac{4\pi}{3}}\right) = (ZI + E)\mathrm{e}^{j\omega t} \tag{3-41}
$$

可见，u_{s} 是幅值为 $ZI+E$，且以绕组中性点 O 为参考点的圆形旋转电压矢量，忽略电机定子绕组时，有

$$
\varPsi_{\mathrm{s}} = (ZI + E)\mathrm{e}^{j\left(\omega t - \frac{\pi}{2}\right)} \tag{3-42}
$$

由式（3-42）可知，气隙磁链 $\varPsi_{\mathrm{s}}$ 是幅值为 $ZI+E$，且以绕组中性点 O 为参考点的圆形旋转电压矢量。因此，$\varPsi_{\mathrm{s}}$ 由 b 相、c 相绕组端点对母线电容中点 O' 的电压 $u_{\mathrm{bO'}}$、$u_{\mathrm{cO'}}$ 唯一确定。因此，通过控制 b、c 两个阀臂四个 IGBT 的通断使得 $u_{\mathrm{bO'}}$、$u_{\mathrm{cO'}}$ 为相位差为 $\frac{\pi}{3}$ 的正弦电压，提供三相对称的正弦电压，使系统继续运行，即可实现换流阀的原有控制功能[22]。

综上所述，在 MATLAB/simulink 下，搭建受端换流阀故障的容错控制仿真。受端换流阀故障前后，原系统和容错控制系统主要参数波形如图 3-7 所示。

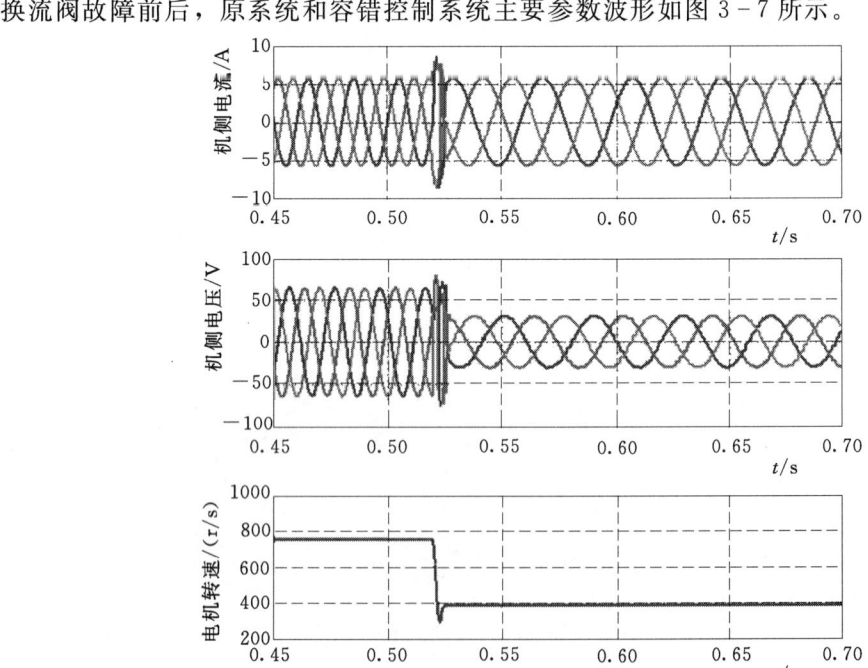

（a）机侧电流、电压和发电机转速波形

图 3-7（一）　网侧故障后容错运行的系统参数

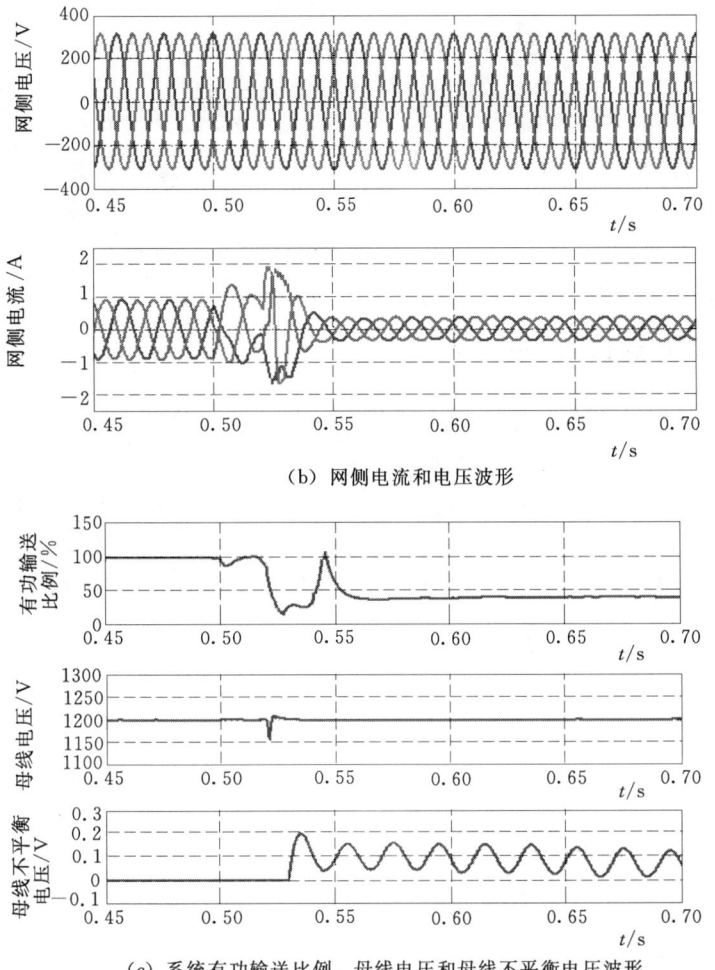

（b）网侧电流和电压波形

（c）系统有功输送比例、母线电压和母线不平衡电压波形

图 3-7（二）　网侧故障后容错运行的系统参数

由图 3-7 可以看出，故障后由于电机转速下降至原来的一半，机侧电压和电流频率均减半，机侧电压的幅值减半，但电流幅值保持不变；网侧电压为电网相电压，保持不变，网侧电流频率不变，但幅值减半；此外，系统有功输送比例由故障前的 95％减为 45％，母线电压出现瞬时波动后稳定在原设定值，故障后母线电容间的不平衡电压被限制在 0.2V 以内，可忽略不计。系统在切换至三相四开关模式过程中，系统各参数出现波形畸变，但该切换过程在 0.04s 内完成，0.04s 后系统即可在新的稳定状态下持续运行。可见，该系统可在换流阀故障后快速进行容错重构，保持系统的不间断运行。

由上述仿真可以看出，系统在受端换流阀出现故障后，能够快速、准确地判断故障器件所在位置，并切换至容错控制系统，在降低系统部分性能指标的条件下，保证故障后系统的不间断运行，使系统达到一个新的稳定状态。

3.3　基于柔性直流输电的风电系统
多电平并网控制策略

由于基于柔性直流输电的风电系统电压等级高，传统的两电平并网方式器件电压应力大，输出电压谐波含量高，而采用多电平并网可以有效降低谐波，减少风电系统对电网的影响，因此，多电平并网方式更适用于基于柔性直流输电的风电系统，下面将进一步对系统多电平并网拓扑及控制方式作详细的介绍。

3.3.1　多电平并网拓扑结构

基于柔性直流输电的风电系统多电平并网结构如图 3-8 所示，网侧采用多电平换流阀与电网相连。这种基于多电平换流阀的并网拓扑结构相比基于两电平换流阀的并网拓扑结构而言，可以通过较低的开关频率实现较高的等效频率的电压输出，从而有效地减少系统输出电压的谐波含量，同时降低系统对单管的耐压和容量的要求[23]，而且改变子模块的数目实现换流阀任意电平数电压输出，电压等级和功率等级更高，更适用于大功率远距离海上风电场并网工程。

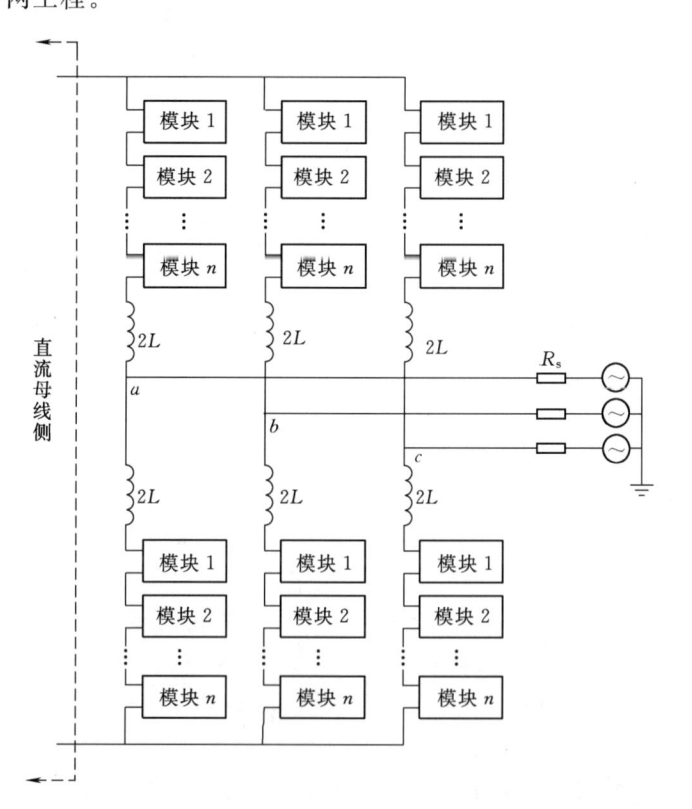

图 3-8　柔性直流输电风电系统多电平并网拓扑

从图 3-8 中可以看出换流阀主电路结构由多个拓扑结构完全相同的模块构成，具有高度的可复制性，可以通过对每一阀臂上所级联的模块数量进行自由的加减来实现所需的

电压等级和功率等级。同时对阀臂的模块化设计，有利于实现控制算法的优化和扩展，有利于缩短项目的开发周期。

3.3.2 多电平并网控制策略

由图 3-8 可知，多电平换流阀的 6 个阀臂是对称的，将 6 个阀臂的串联模块组分别用 6 个理想电压源等效替换，可以得到如图 3-9 的多电平换流阀简化电路[24]。

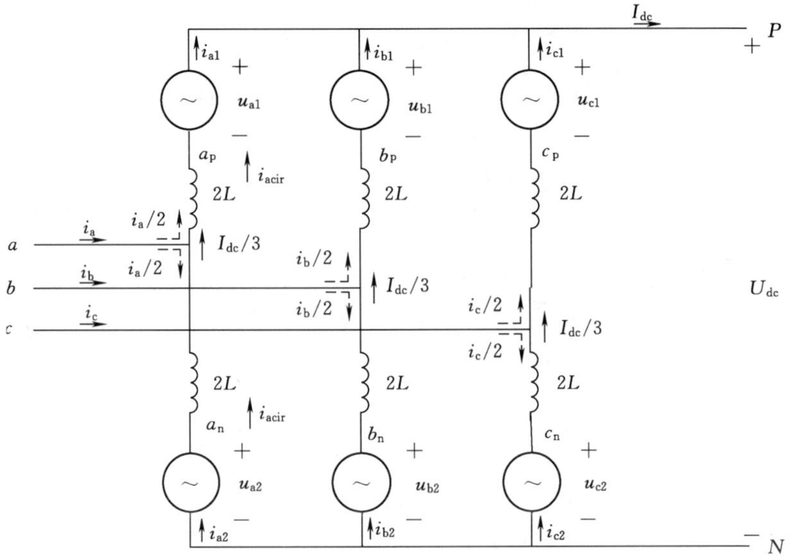

图 3-9 多电平换流阀简化电路

由于三个相单元的对称性，直流电流 I_{dc} 在三个相单元之间均分，即流过每个相单元的直流电流为 $I_{dc}/3$，方向如图 3-9 所示。又由于上、下阀臂的近似对称性（上、下阀臂的换流电抗值相等），交流相电流在上、下阀臂间近似均分，即流过每个阀臂的交流电流为相电流的一半，方向如图 3-9 所示。以 a 相为例，计入换流阀运行时相单元中的交流环流 i_{acir}（2 倍工频），则 a 相上、下阀臂中的电流为

$$i_{a1} = \frac{I_{dc}}{3} + i_{acir} + \frac{i_a}{2} \qquad (3-43)$$

$$i_{a1} = \frac{I_{dc}}{3} + i_{acir} - \frac{i_a}{2} \qquad (3-44)$$

式中 i_a——a 相的相电流。

利用式（3-43）和式（3-44）可以求得点 a_p 与点 a_n 间的电压。稳态下直流电流流过换流电抗不会引起电压降，$i_a/2$ 在上、下换流电抗上造成的电压降互相抵消，所以点 a_p 与点 a_n 的电压之差为

$$\Delta u = u_{a_p} = u_{a_n} = -4j\omega L i_{acir} \qquad (3-45)$$

由于运行时相单元中的交流环流可以被换流电抗很好地抑制，因此 Δu 很小，并且其平均值为 0，所以可以近似地认为

$$u_{a_p} = u_{a_n} \qquad (3-46)$$

同理，可以近似地认为点 b_p 与点 b_n 以及点 c_p 与点 c_n 分别为两对等电位点，即

$$\left.\begin{aligned} u_{b_\mathrm{p}} = u_{b_\mathrm{n}} \\ u_{c_\mathrm{p}} = u_{c_\mathrm{n}} \end{aligned}\right\} \tag{3-47}$$

直流电压 U_dc 可以表示为

$$U_\mathrm{dc} = u_\mathrm{a1} + u_\mathrm{a2} + \Delta u \tag{3-48}$$

即

$$\frac{u_\mathrm{a1} + u_\mathrm{a2}}{U_\mathrm{dc}} + \frac{\Delta u}{U_\mathrm{dc}} = 1 \tag{3-49}$$

稳态下，直流电流在换流电抗上造成的电压降为 0，因此换流电抗无法提供直流电压支撑。换流阀的直流电压 U_dc 主要是由串联子模块来提供的。只要 $\Delta u/U_\mathrm{dc}$ 足够小，就可以将式（3-49）中的该项忽略，由此得到

$$U_\mathrm{dc} = u_\mathrm{a1} + u_\mathrm{a2} \tag{3-50}$$

点 a_p 的电压为

$$u_{a_\mathrm{p}} = \frac{U_\mathrm{dc}}{2} - u_\mathrm{a1} \tag{3-51}$$

根据式（3-50）和式（3-51）得

$$u_{a_\mathrm{n}} = -\frac{U_\mathrm{dc}}{2} + u_\mathrm{a2} = u_{a_\mathrm{p}} \tag{3-52}$$

即式（3-46）成立，同理可得式（3-47）也成立。

从图 3-8 可知，多电平换流阀拓扑实际上是由上、下两个完全相同的半 H 桥级联型换流阀构成的。根据对称性，总的有功功率和无功功率由上、下两个半 H 桥级联型换流阀平均分担。以 a 相为例，由于 a 点是公共点，要实现功率均分，就希望 a 相的两交流输出端点 a_p 与点 a_n 的电压相等，即式（3-46）成立。同理式（3-47）也成立。

综上所述，多电平换流阀的运行特性决定点 a_p 与点 a_n、点 b_p 与点 b_n 以及点 c_p 与点 c_n 分别是三对近似等电位点。

根据电路原理，在理论分析中将等电位点虚拟短接，可以简化电路结构而又不影响外部电路特性。因此，将等电位点虚拟短接后可以发现，上、下阀臂的换流电抗可看成是并联关系。将两个并联的换流电抗合并为一个电抗值等于原电抗一半的新电抗后，主电路可以进一步简化为图 3-10 所示电路。

图 3-10 所示即为多电平换流阀的简化等效电路理论模型，它只有三个交流输出端，每个输出端各通过一个换流电抗与三相交流电网相连，连接点称为公共连接点。该等效电路理论模型很好地简化了多电平换流阀中的六个换流电抗，其结构与传统 VSC 拓扑结构（两电平换流阀、钳位型多电平换流阀和 H 桥级联型多电平换流阀等）类似。基于多电平换流阀的等效电路理论模型，理论上所有传统 VSC 的控制策略都可以直接应用到其中。需要注意的是，多电平换流阀的简化等效电路理论模型不是一种实际电路，而是用于建模和控制的一种虚拟的理论模型。

基于多电平换流阀的简化等效电路理论模型，本书将传统 VSC 的一种常用控制方法——矢量控制应用到多电平换流阀中。三相 abc 坐标系下电压、电流的动态表达式为

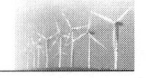

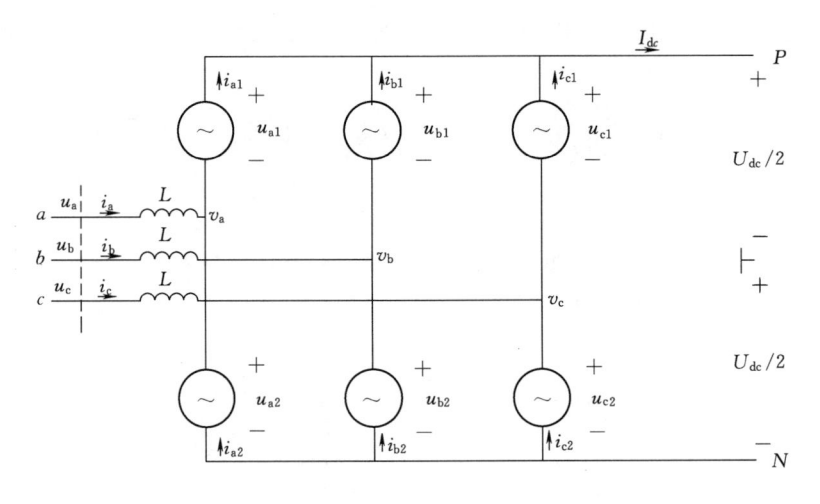

图 3-10　多电平换流阀的简化等效电路理论模型

$$\left.\begin{array}{l} L\dfrac{\mathrm{d}i_a(t)}{\mathrm{d}t}=u_a(t)-v_a(t) \\[2mm] L\dfrac{\mathrm{d}i_b(t)}{\mathrm{d}t}=u_b(t)-v_b(t) \\[2mm] L\dfrac{\mathrm{d}i_c(t)}{\mathrm{d}t}=u_c(t)-v_c(t) \end{array}\right\}\qquad(3-53)$$

各物理量的意义如图 3-10 所示。对式（3-53）施加 dq 坐标变换，得到

$$\left.\begin{array}{l} \dfrac{\mathrm{d}i_d}{\mathrm{d}t}=\dfrac{1}{L}u_d+\omega i_q-\dfrac{1}{L}v_d \\[2mm] \dfrac{\mathrm{d}i_q}{\mathrm{d}t}=\dfrac{1}{L}u_q+\omega i_d-\dfrac{1}{L}v_q \end{array}\right\}\qquad(3-54)$$

式中　i_d、i_q——状态变量。

d 轴、q 轴变量之间存在耦合，另外还存在电网电压扰动项 u_d 和 u_q。在 dq 变换下，稳态时有 $u_q=0$，交流系统与换流阀相连接的公共连接点处送入换流阀的有功功率和无功功率为

$$\left.\begin{array}{l} P=1.5u_d i_d \\[2mm] Q=-1.5u_d i_q \end{array}\right\}\qquad(3-55)$$

矢量控制包含内环电流控制和外环控制[25]。内环电流控制通过调节换流阀的输出电压，使 i_d 和 i_q 快速跟踪其指令值 i_{dref} 和 i_{qref}。式（3-54）中输入变量 v_d 和 v_q 取值为

$$\left.\begin{array}{l} v_d=u_d+\omega L i_q-\left[k_{p1}(i_{dref}-i_d)+k_{i1}\displaystyle\int(i_{dref}-i_d)\mathrm{d}t\right] \\[3mm] v_q=u_q-\omega L i_d-\left[k_{p2}(i_{qref}-i_q)+k_{i2}\displaystyle\int(i_{qref}-i_q)\mathrm{d}t\right] \end{array}\right\}\qquad(3-56)$$

式（3-56）等号后前两项用于抵消式（3-54）中的电网电压扰动项和耦合项，第三项是比例积分 PI 调节项。将 v_d 和 v_q 经过 dq 反变换到 abc 坐标系下，得到需要换流阀输出的三相工频交流相电压，即调制波。

外环控制器根据有功功率、无功功率和直流电压等指令，生成内环电流指令值 i_{dref} 和

i_{qref}。结合式（3-55）并引入 PI 调节器。根据有功功率和无功功率指令得到内环电流指令值为

$$
\left.
\begin{aligned}
i_{dref} &= \frac{P_{ref}}{1.5u_d} + \left[k_{p3}(P_{ref}-P) + k_{i3}\int(P_{ref}-P)\,\mathrm{d}t\right] \\
i_{qref} &= -\frac{Q_{ref}}{1.5u_d} + \left[k_{p4}(Q-Q_{ref}) + k_{i4}\int(Q-Q_{ref})\,\mathrm{d}t\right]
\end{aligned}
\right\}
\tag{3-57}
$$

综合内环电流控制和外环功率控制可以得到多电平换流阀的控制框图，如图 3-11 所示。

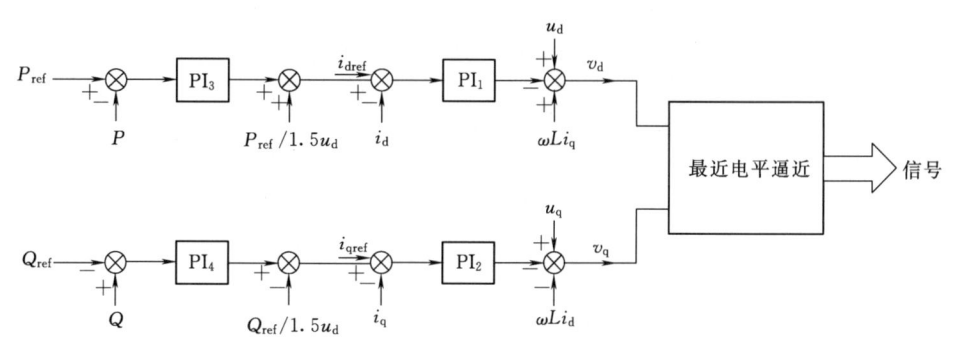

图 3-11　多电平换流阀的控制框图

3.4　基于柔性直流输电的风电系统输出滤波器设计

前面已对基于柔性直流输电的风电系统受端换流阀的控制原理做了详细分析，为进一步改善风电系统并网电能质量，本节将具体介绍并网谐波抑制技术，即通过设计合适的系统输出滤波器，从而抑制风电系统并网电压谐波。

对于两电平换流阀而言，网侧谐波抑制主要有两方面内容，即低次谐波抑制与高次谐波抑制。低次谐波的产生主要来自系统外部扰动、闭环参数设计、脉冲死区以及计算延时等因素，可通过合理设计控制策略、调节控制参数、补偿死区时间等措施调节[26]。高次谐波是 PWM 调制所引起，系统功率等级越高，开关频率越低，高次谐波污染就会越严重，影响并网其他设备的正常运行。通过合理选择网侧滤波器拓扑结构、设计滤波器各元件参数，可将注入电网的各阶高次谐波抑制在期望范围内。

3.4.1　滤波电路设计

两电平换流阀的输出电压为 PWM 波，需通过滤波才能实现风电并网。传统的网侧滤波器通常为 L 型滤波器，然而随着功率等级的不断提高，开关器件的开关频率随之降低，若要满足抑制谐波的要求，所需的电感值将会很大。大的电感量不仅增大了换流阀体积，增加了换流阀成本，还将导致换流阀的电流调节速度变慢。

本节采用 LCL 滤波器取代传统的 L 型滤波器，通过适当的参数配置，LCL 滤波器能够对网侧电流高频谐波成分起到更好的抑制作用，同时使得总电感量减少，有助于降低成本，减小换流阀装置体积[27]。

基于 LCL 滤波的两电平受端换流阀结构如图 3-12 所示。

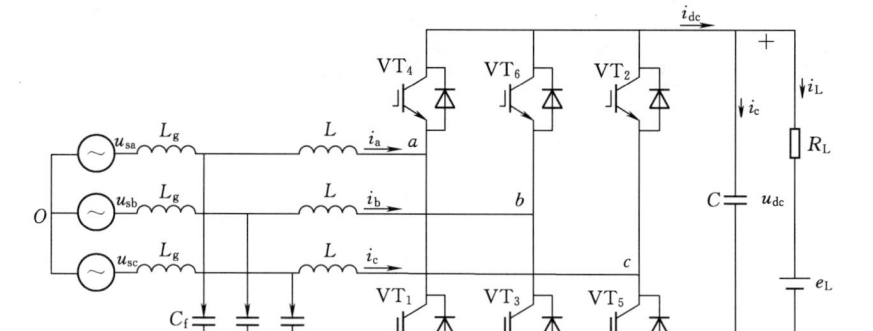

图 3-12 基于 LCL 滤波的两电平受端换流阀结构图

L_g—网侧漏电感；L—阀臂侧电感；C_f—滤波电容；R_d—为了避免 LCL 滤波器出现
零阻抗谐振而设置的阻尼电阻；u_{sa}、u_{sb}、u_{sc}—网侧相电压；
i_a、i_b、i_c—网侧线电流；u_{dc}—直流环节电压；i_{dc}—直流侧电流

3.4.2 滤波电路元件选取

在单纯考虑纯电感滤波变流电路中，稳态条件下的交流侧矢量关系如图 3-13 所示。

当 $|U_s|$ 不变、$|I_T|$ 一定时，矢量 U 的端点轨迹为半径是 $|U_L|$ 的圆。

当换流阀直流侧电压 U_{dc} 确定之后，交流侧的电压峰值也可以确定，有

$$|U|_{max} = M U_{dc} \qquad (3-58)$$

式中　M——PWM 相电压的最大利用效率，当采用 SVPWM 控制时 $M = 1/\sqrt{3}$。

为了使换流阀能够实现在四象限的运行，F 应为可运行于圆轨迹上的任意一点，因而需保证 $|U_r|$ 输出足够大。所以要限制换流阀的交流电感，使得 $|U_L|$ 足够小，有

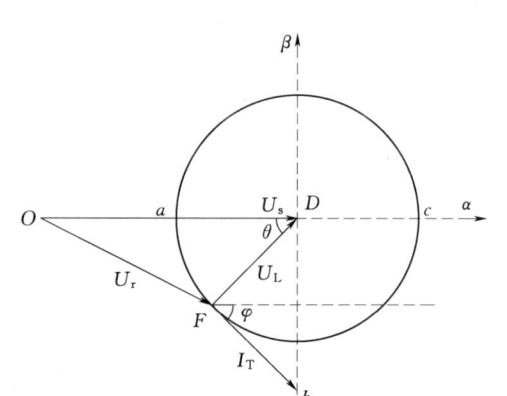

图 3-13 交流侧稳态相电压矢量图

U_r—换流阀交流侧的输出电压基波有效值；
U_s—电网的相电压基波有效值；
I_T—电网的线电流基波有效值；
U_L—电感两端的电压；
φ—系统功率因数角

$$L_T = \frac{U_{sm}\sin\phi + \sqrt{U_{sm}^2\sin^2\phi + U_{rm}^2 - U_{sm}^2}}{\omega I_{Tm}} \qquad (3-59)$$

式中　L_T——滤波器等效总电感；

　　　U_{sm}——电网相电压峰值；

　　　I_{Tm}——电网线电流基波峰值；

　　　U_{rm}——换流阀交流侧的输出电压基波峰值。

采用 SVPWM 调制时，有 $|U_{\rm r}| \leqslant \dfrac{U_{\rm dc}}{\sqrt{3}}$，则有

$$L_{\rm T} \leqslant \frac{\sqrt{\dfrac{U_{\rm dc}^2}{3} - U_{\rm sm}^2}}{\omega I_{\rm Tm}} \tag{3-60}$$

纹波电流的最大值为

$$i_{\rm rp\ max} = \frac{U_{\rm dc}}{8L_{\rm T}f_{\rm s\omega}} \tag{3-61}$$

所以有总电感 $L_{\rm T}$ 的取值需满足

$$\frac{U_{\rm dc}}{8i_{\rm rp\ max}f_{\rm s\omega}} \leqslant L_{\rm T} \leqslant \frac{\sqrt{\dfrac{U_{\rm dc}^2}{3} - U_{\rm sm}^2}}{\omega I_{\rm Tm}} \tag{3-62}$$

取纹波电流的最大值 $i_{\rm rp\ max} = 10\% I_{\rm n\ max}$，$f_{\rm s\omega} = 2.1{\rm kHz}$。

3.4.2.1　选取方法

1. LCL 滤波电路中换流阀侧电感的选取

在 LCL 滤波电路中，换流阀侧电感的设计思路大体可分为两种：一种是从纹波角度出发设计电感，一阶 L 滤波器通常采用此种方法；另一种是从谐波角度出发进行设计。

当换流阀工作于单位功率因数状态时，根据"矢量三角形"有

$$U_{\rm sm}^2 + (\omega L I_{\rm m})^2 = U_{\rm rm}^2 \tag{3-63}$$

式中　$U_{\rm sm}$——电网相电压峰值；

　　　　ω——基波角频率；

　　$U_{\rm rm}$——采用 SVPWM 控制策略输出交流相电压的峰值；

　　$I_{\rm m}$——交流输出的相电流峰值。

当换流阀工作于补偿时，有

$$U_{\rm sm} + \omega L I_{\rm m} = U_{\rm rm} \tag{3-64}$$

可得出 $L < 210\mu{\rm H}$，由此换流阀侧电感值应小于 $210\mu{\rm H}$。

对图 3-12 进行简化，可得 LCL 滤波器的单相等效电路图如图 3-14 所示，假设网侧电压不含谐波成分，令换流阀的输出相电压各次谐波幅值为 $U(n)$，根据谐波标准规定的网侧各次谐波电流幅值为 $I(n)$，ω 为基波角频率，则有按照谐波算法设计电感表达式为

$$L \geqslant \max L(n) = \max \frac{U(n)}{n\omega I(n)} \quad (n = 2,3,4,\cdots) \tag{3-65}$$

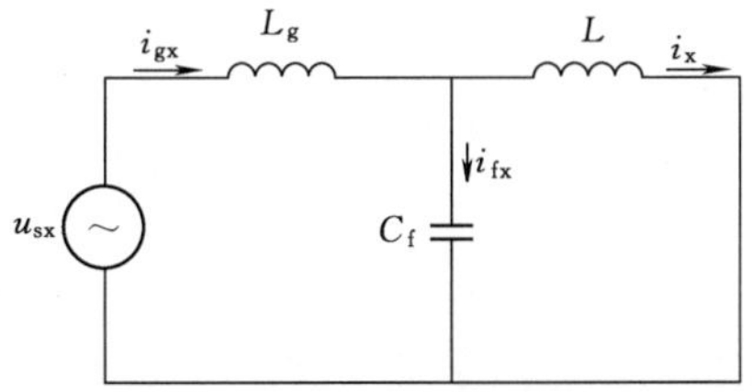

图 3-14　LCL 滤波单相拓扑结构

对应于 n 阶电压谐波 $U(m)$，感抗 $n\omega L(n)$ 能够将所产生的谐波电流限制以满足谐波要求，而换流阀侧电感最终取值应不小于满足式（3-65）条件的所有电感量中的最大值。

根据磁性元件伏秒平衡原理，换流阀侧的纹波电流峰值为

$$i_{\text{rpmax}} = \frac{U_{\text{dc}}/2 - U_{\text{ph}}}{2L} \frac{D}{f_{s\omega}} \tag{3-66}$$

式中　L——换流阀侧滤波电感；

　　　$f_{s\omega}$——换流阀的开关频率；

　　　D——受端换流阀每一相对直流侧电容中点占空比；

　　U_{ph}——单相电压。

2. LCL 滤波电路中电容的选取

对于 LCL 滤波电路中的电容，它的设计与网侧电压、电流传感器的检测位置有关。电流传感器检测换流阀侧电流 i_x，电压传感器检测滤波电容电压 u_c。当换流阀以单位功率因数并网时，换流阀在网侧呈现纯阻性，等效阻抗 Z_b 为

$$Z_b = 3 \frac{(U_{\text{sm}}/\sqrt{2})^2}{P} = \frac{1.5 U_{\text{sm}}^2}{P} \tag{3-67}$$

式中　U_{sm}——网侧相电压峰值；

　　　P——系统额定功率；

　　　Z_b——等效阻抗，称为系统基准阻抗。

控制上使 u_c 与 i_x 同相位，则从网侧看入系统电路表现为电容 C_f 和基准阻抗并联后与网侧漏电感 L_g 串联，如图 3-15 所示。

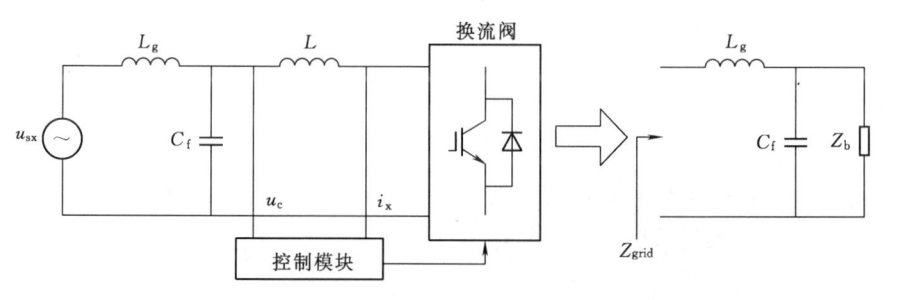

图 3-15　检测电容电压、换流阀侧电流

令 $X_g = \omega L_g$，$X = \omega L$，$X_C = 1/\omega C_f$，各元器件标幺值为 $x_g = X_g/Z_b$，$x = X/Z_b$，$x_C = Z_b/X_C$，则有

$$Z_{\text{grid}} = jX_g + \frac{-jX_C Z_b}{-jX_C + Z_b} \tag{3-68}$$

将式（3-68）两边同除以基准阻抗 Z_b 化为标幺值，考虑对于基波来说，$x_C^2 \ll 1$，忽略该项值，有

$$z_{\text{grid}} = \frac{Z_{\text{grid}}}{Z_b} = jx_g + \frac{1}{1 + jx_C} \approx 1 + j(x_g - x_C) \tag{3-69}$$

由此可知，当 $x_C = x_g$，即 $C_f = Z_b^2/L_g$ 时，网侧 LCL 滤波电路呈现纯阻性。

3. LCL 滤波电路中的网侧电感的选取

对于 LCL 滤波电路中的网侧电感设计，假设网侧电压只含基波成分，则对于谐波来说，图 3-14 中网侧电压源可视为短路，网侧电流 $i_g(n)$ 与换流阀侧电流 $i(n)$ 之间有以下关系

$$i_g(n) = \frac{i(n)}{1 - \omega^2 L_g C_f} \tag{3-70}$$

定义变量 r，$0 < r < 1$，满足 $|i_g(n)| \leqslant r|i(n)|$，代入式（3-70），有

$$\frac{1}{|1 - (n\omega)^2 L_g C_f|} \leqslant r \tag{3-71}$$

当选定滤波电容 C_f 之后，代入相应的角频率 $n\omega$ 与比例系数 r，同时取 $n\omega = 2\pi f_s$，f_s 为开关频率，根据式（3-72）求解即可得网侧电感 L_g。

$$|1 - (2\pi f_s)^2 L_g C_f| = 1/r \tag{3-72}$$

3.4.2.2　选取约束

根据上述步骤可得到 LCL 滤波参数的初步设计结果，该计算值是从 LCL 滤波器自身原理出发所求得的。而要确定各滤波器件的最终取值，还需从系统设计角度对参数范围做进一步的约束。

1. 谐振频率约束

假设网侧电压不含谐波成分，则由图 3-14 可得换流阀的各阶次谐波阻抗为

$$Z_{LCL}(n) = \frac{u(n)}{i(n)} = jn\omega L + \frac{jn\omega L_g \dfrac{1}{jn\omega C_f}}{jn\omega L_g + \dfrac{1}{jn\omega C_f}} = jn\omega \frac{L + L_g - (n\omega)^2 L L_g C_f}{1 - (n\omega)^2 L_g C_f} \quad (n \geqslant 2) \tag{3-73}$$

由此可知 LCL 滤波器有一零阻抗谐振点，谐振频率为

$$f_{res} = \frac{1}{2\pi} \sqrt{(L_g + L)/L L_g C_f} \tag{3-74}$$

谐振点的存在可能引发并网电流波形畸变，甚至影响受端换流阀的稳定性。为降低潜在谐振点给系统所带来的威胁，滤波参数设计应使 f_{res} 避开敏感频段，考虑到 $f_s/2$ 左右频率范围内的谐波电压幅值相对较小，因而通常将 f_{res} 设计在 $f_s/2$ 附近。

2. 阻尼电阻约束

LCL 滤波器由于存在谐振，往往需加入阻尼以避免零阻抗谐振点的出现，使其保持稳定，本书采用无源阻尼方法，即加入阻尼电阻抑制谐振。相对于 LCL 滤波器其他参数的设计，阻尼电阻可以说是最麻烦的，需根据谐波衰减度和谐振阻尼抑制效果综合考虑。阻尼电阻 R_d 将引起额外的功率损耗，减小 R_d 可降低功率损耗，但是会导致谐振抑制效果变差；增大 R_d 可以提高系统稳定性，但却会引起阻尼电阻损耗的增大，同时还将增大电容的支路阻抗，进而影响其对高次谐波的旁路效果，降低 LCL 滤波器对于高次谐波的抑制能力[28]。

对并网电流中的高阶谐波来说，电感呈现为高阻抗，因而大部分的谐波电流将流经较低阻抗的电容支路，以滤除并网电流的高阶谐波，提高电网电能质量。加入阻尼电阻后，有

$$G_{LCL}(s) = \frac{I_g(s)}{I(s)} = \frac{sR_d C_f + 1}{s^2 L_t C_f + sR_d C_f + 1} \tag{3-75}$$

则 n 阶谐波并网电流 $i_g(n)$ 与逆变侧输出电流 $i(n)$ 间的关系为

$$i_{\mathrm{g}}(n) = \frac{1 + jn\omega R_{\mathrm{d}}C_{\mathrm{f}}}{1 + jn\omega R_{\mathrm{d}}C_{\mathrm{f}} - (n\omega)^2 L_{\mathrm{g}}C_{\mathrm{f}}} i(n) \qquad (3-76)$$

此时阻尼电阻损耗为

$$P_{\mathrm{l}} = 3\sum_{n=1}^{\infty} [i(n) - i_{\mathrm{g}}(n)]^2 R_{\mathrm{d}} \qquad (3-77)$$

将式（3-76）代入式（3-77）可得

$$P_{\mathrm{l}} = 3\sum_{n=1}^{\infty} i_{\mathrm{g}}(n)^2 R_{\mathrm{d}} \left[\frac{-(n\omega)^2 L_{\mathrm{g}}C_{\mathrm{f}}}{1 + jn\omega R_{\mathrm{d}}C_{\mathrm{f}}}\right]^2 \qquad (3-78)$$

阻尼电阻的功率损耗主要有两部分：一是基波电流损耗；二是各次谐波电流损耗。由式（3-78）可看出，各次谐波的电流损耗表达式均相似，随着 R_{d} 的增加，功率损耗先增大后减小，当 $R_{\mathrm{d}}=1/(n\omega C_{\mathrm{f}})$ 附近时达到最大。而谐波电流往往是在开关频率及其倍频处的谐波，所以当 $R_{\mathrm{d}}=1/(\omega_{\mathrm{s}}C_{\mathrm{f}})$ 附近时为最大，由于 $w_{\mathrm{s}}\approx 2\omega_{\mathrm{res}}$，所以 $R_{\mathrm{d}}=1/(2\omega_{\mathrm{res}}C_{\mathrm{f}})$。

参 考 文 献

［1］ 李友红，黄守道.风力发电系统中 PWM 并网逆变器的研究［J］.电气应用，2006，10：63-65.

［2］ 徐锋，王辉，杨韬仪.兆瓦级永磁直驱风力发电机组变流技术［J］.电力自动化设备，2007，07：57-61.

［3］ 邓秋玲，黄守道，姚建刚，等.直驱风电系统新型变流控制策略［J］.电工技术学报，2012，07：227-234.

［4］ 张崇巍，张兴.PWM 换流阀及其控制［M］.北京：机械工业出版社，2012.

［5］ 孙延昭.永磁直驱风电变流系统控制策略研究［D］.长沙：湖南大学，2009.

［6］ 姜燕，陈顺，黄守道，等.直驱型永磁风力发电系统的电网同步化方法研究［J］.电网技术，2010，11：182-187.

［7］ 熊山，黄守道，黄科元，等.变速恒频双馈风力发电机并网控制［J］.微特电机，2010，12：52-55，71.

［8］ Keyuan Huang, Shoudao Huang, Feng She. A Control Strategy for Direct-drive Permanent-magnet Wind-power Generator Using Back-to-back PWM Converter ［C］. The 11th International Conference on Electrical Machines and Systems，Wuhan，2008.

［9］ Kaufmann S, Lang T, Chokhawala R. Innovative Press Pack Modules for High Power IGBTs. Power Semiconductor Devices and ICs, 2001. ISPSD 01. Proceedings of the 13th International Symposium, 2001.

［10］ 刘平，康勇，陈坚.PWM 换流阀的矢量控制［J］.华中理工大学学报，2000，28（6）：37-39.

［11］ Derong Luo, Yanzhao Sun, Shoudao Huang, et al. Control of Direct-prive Permanent-magnet Wind Power System Connected to Grid. ［C］. ICEMS 2008. Wuhan：2459-2463.

［12］ 邓秋玲，姚建刚，黄守道，等.直驱永磁风力发电系统可靠性技术综述［J］.电网技术，2011，35（9）：144-150.

［13］ 王宝石，谷彩连.大功率直驱风力发电受端换流阀主电路的研究［J］.电力电子技术，2012，46（1）：4-6.

［14］ 王磊，赵雷霆，张钢，等.电压型 PWM 换流阀的开关器件断路故障特征［J］.电工技术学报，2010，25（7）：108-116.

［15］ 黄科元，刘静佳，黄守道，等.变流器开路故障下永磁直驱风电系统运行分析［J］.电力系统自

动化，2014，14：23-29.

[16]　于丽娜．永磁同步电机三相四开关容错驱动系统的研究 [D]．哈尔滨工业大学，2010：1-58.

[17]　张兰红，胡育文，黄文新．三相变频驱动系统中逆变器的故障诊断与容错技术 [J]．电工技术学报，2004，19 (12)：1-9.

[18]　安群涛．三相电机驱动系统中逆变器故障诊断与容错控制策略研究 [D]．哈尔滨：哈尔滨工业大学，2011：1-24.

[19]　Lu B，Santosh K S. A Literature Review of IGBT Fault Diagnostic and Protection Methods for Power Inverters [J]．IEEE Transations on Industry Applications，2009，45 (5)：1770-1777.

[20]　Iov F，Blaabjerg F，Ries K. IGBT Fuses in Voltage Source Converters [C]．Proceedings of the PCIM，2001：267-276.

[21]　Karimi S，Gaillard A，Poured P，et al. FPGA-Based Real-Time Power Converter Failure Diagnosis for Wind Energy Conversion Systems [J]．IEEE Transactions on Industrial Electronics，2008，55 (12)：4299-4308.

[22]　Errabelli R，Mutschler P. Fault Tolerant Voltage Source Inverter for Permanent Magnet Drives [J]．IEEE Power Electronics Society，2011：4-8.

[23]　李小华．直驱风力发电网侧变流控制系统的研究与开发 [D]．长沙：湖南大学，2009.

[24]　申斐斐．模块化多电平换流阀控制系统的研究 [D]．杭州：浙江大学，2012.

[25]　Ana I. Estanqueiro，et al. A Dynamic Wind Generation Model for Power Systems Studies [J]．IEEE Trans on Power Systems，2007，22 (3)：920-928.

[26]　史伟伟，蒋全，胡敏强，等．三相电压型 PWM 换流阀的数学模型和主电路设计 [J]．东南大学学报（自然科学版），2002，32 (1)：50-55.

[27]　胡书举，李建林，许洪华．直驱风电系统换流阀建模和跌落特性仿真 [J]．高电压技术，2008，34 (5)：949-954.

[28]　刘平，康勇，陈坚．PWM 换流阀的矢量控制 [J]．华中理工大学学报，2000，28 (6)：37-39.

第4章 基于 MMC 的换流阀变流控制技术

传统的柔性直流输电系统是采用基于两电平或者三电平 VSC 换流器的直流输电系统，由于电平数比较少，在换流阀变流侧会有大量谐波存在，同时由于受到 IGBT 单管耐压和容量的限制，直流输电系统电压等级不会很高，无法进行大功率的能量输送。模块化多电平换流器的提出，为柔性直流输电技术提供了一个绝佳的解决方案。基于模块化多电平换流器的直流输电系统（MMC－HVDC）可以通过子模块数目的增加，实现任意电平数母线电压输出，提高系统的功率等级，可以通过较低的开关频率实现较高的等效开关频率的电压输出，从而有效地减少系统输出电压的谐波含量，同时降低系统对单管的耐压和容量的严格限定条件[1-3]。本章首先介绍了 MMC 的工作原理，建立了 MMC 的必要数学模型和简化数学模型，接着介绍了 MMC 作为柔性直流输电中受端换流阀的主控制器设计[4]，然后针对子模块电容均压问题和子模块电容电压波动问题分别提出了相应的控制方法[5-6]。

4.1 MMC－HVDC 系统结构及建模分析

MMC－HVDC 系统结构如图 4－1 所示，相同型号的 Y 台永磁直驱风力发电（DD－PMSG）机组经变流器于直流侧串联，使串联后出口电压达到高压直流输电水平，相同的 X 组串联簇并联后将 $X×Y$ 台风电机组输出的电能经 VSC－HVDC 系统传输至基于 MMC 的换流站，最后由 MMC 多电平换流站逆变并网。风场部分的连接情况在第 3 章已经有了详细介绍，本章不再赘述，本章主要介绍受端换流阀的 MMC 逆变并网部分。

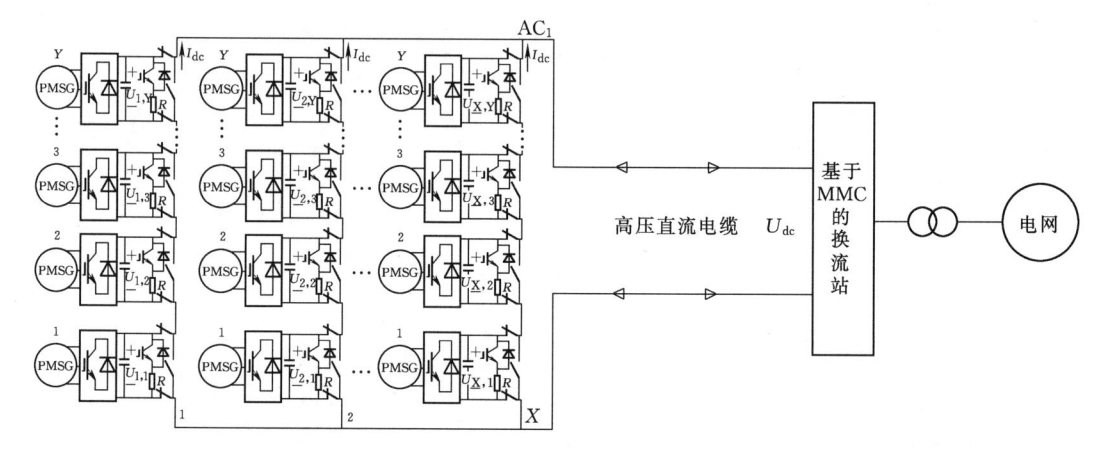

图 4－1 MMC－HVDC 系统结构图

4.1.1 受端换流阀的拓扑结构

图 4 - 2 所示为 MMC 的三相电路图，每个桥臂由 N 个子模块和一个桥臂电感 L 串联而成，桥臂电感 L 提供的感性阻抗可以抑制 MMC 桥臂之间的交流环流和直流侧故障时的短路电流。子模块一般采用 IGBT 半桥子模块，如图 4 - 3（a）所示，但是半桥子模块的 MMC 不具有抑制直流侧短路故障时的短路电流的能力，这是由于三相交流侧的电流可以通过子模块的二极管流入直流侧。为此可以把子模块的结构改为全桥子模块，如图 4 - 3（b）所示，这样不仅可以阻断直流侧短路电流，还可以增加 MMC 的输出电平数。鉴于全桥 MMC 的运行损耗大，经济效益差，文献［7］提出了基于钳位双子模块结构[7]，如图 4 - 3（c）所示，当直流侧发生故障时，可以封锁所有 IGBT 的脉冲信号，利用其二极管的反向阻断能力快速阻断直流侧故障电流。

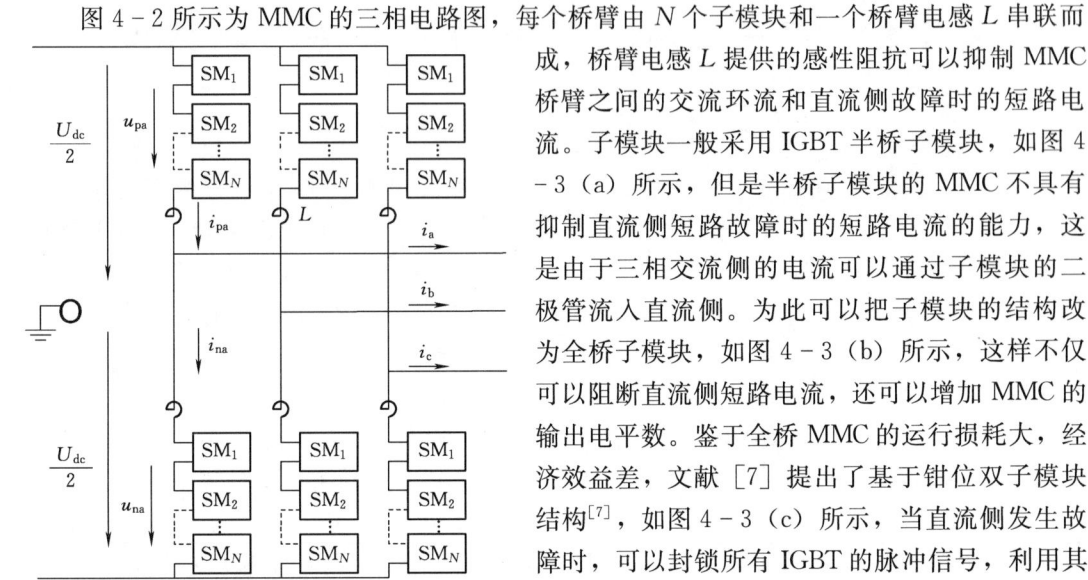

图 4 - 2 三相 MMC 拓扑结构图

本节以最常见的半桥子模块为研究对象，子模块电容 C 可起到直流电源的作用，当半桥中的上桥臂 IGBT 开通时，子模块定义为投入状态，此时输出电压为电容上的电压，同时桥臂电流对电容进行充放电。当下桥臂 IGBT 开通时，子模块定义为切出状态，此时子模块电容电压不变，子模块无输出电压，通过对上、下桥臂按一定的规律不断变换投入子模块个数，可以得到多电平的电压输出。

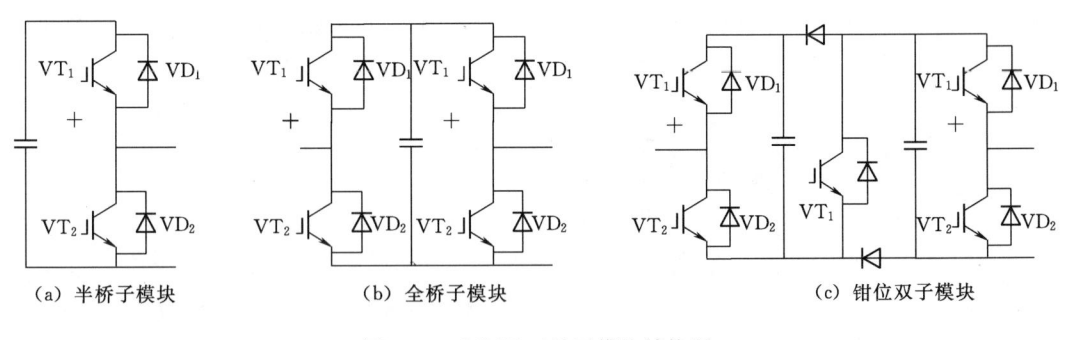

（a）半桥子模块 　　　（b）全桥子模块 　　　（c）钳位双子模块

图 4 - 3 MMC 三种子模块结构图

4.1.2 受端换流阀的基本工作原理及数学模型

为了得到相应的多电平正弦输出电压，MMC 的上、下桥臂电压需满足一定的关系，以 a 相桥臂为研究对象（如不作特殊声明，本节都是以 a 相桥臂为研究对象），设上、下桥臂电流及上、下桥臂的输出电压分别记为 i_{pa}、i_{na}、u_{pa}、u_{na}，其参考方向如图 4 - 2 所示，根据基尔霍夫电压定律有

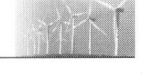

$$u_{\text{pa}} = \frac{U_{\text{dc}}}{2} - \hat{e}_{\text{a}}\cos(\omega t + \theta) - Ri_{\text{pa}} - L\frac{di_{\text{pa}}}{dt} \tag{4-1}$$

$$u_{\text{na}} = \frac{U_{\text{dc}}}{2} + \hat{e}_{\text{a}}\cos(\omega t + \theta) - Ri_{\text{na}} - L\frac{di_{\text{na}}}{dt} \tag{4-2}$$

式中 R——桥臂的等效电阻；

L——桥臂电感；

$\hat{e}_{\text{a}}\cos(\omega t + \theta)$ ——a 相桥臂输出点与参考点 O 之间的电压。

根据基尔霍夫电流定律有

$$i_{\text{pa}} - i_{\text{na}} = i_{\text{a}} \tag{4-3}$$

式中 i_{a}——变流器 a 相输出电流。

再定义上、下桥臂电流之和为

$$\frac{i_{\text{pa}} + i_{\text{na}}}{2} = i_{\text{cir\_a}} \tag{4-4}$$

由于电流之和代表了 a 相上、下桥臂的共模电流，此电流不会流到输出端，只会在三相桥臂之间或直流侧之间流动，本书将其统称为桥臂环流，所以有

$$i_{\text{pa}} = \frac{1}{2}i_{\text{a}} + i_{\text{cir\_a}} \tag{4-5}$$

$$i_{\text{pa}} = -\frac{1}{2}i_{\text{a}} + i_{\text{cir\_a}} \tag{4-6}$$

把式（4-5）和式（4-6）代入式（4-1）和式（4-2）可得

$$u_{\text{pa}} = \frac{U_{\text{dc}}}{2} - \hat{e}_{\text{a}}\cos(\omega t + \theta) - \frac{R}{2}i_{\text{a}} - \frac{L}{2}\frac{di_{\text{a}}}{dt} - Ri_{\text{cir\_a}} - L\frac{di_{\text{cir\_a}}}{dt} \tag{4-7}$$

$$u_{\text{na}} = \frac{U_{\text{dc}}}{2} + \hat{e}_{\text{a}}\cos(\omega t + \theta) + \frac{R}{2}i_{\text{a}} + \frac{L}{2}\frac{di_{\text{a}}}{dt} - Ri_{\text{cir\_a}} - L\frac{di_{\text{cir\_a}}}{dt} \tag{4-8}$$

式（4-7）和式（4-8）可以分为三部分：第一部分为直流量 $\dfrac{U_{\text{dc}}}{2}$，也就是上、下桥臂都贡献一半的直流电压，这样模块的输出电压刚好与直流侧电压平衡，在不考虑电容电压波动的情况下，可以使每个子模块的电压都近似为 $\dfrac{U_{\text{dc}}}{N}$；第二部分为 $\hat{e}_{\text{a}}\cos(\omega t + \theta) + \dfrac{R}{2}i_{\text{a}} + \dfrac{L}{2}\dfrac{di_{\text{a}}}{dt}$，表征了 a 相桥臂的输出电压，可以把 $\dfrac{R}{2}i_{\text{a}} + \dfrac{L}{2}\dfrac{di_{\text{a}}}{dt}$ 看作 a 相桥臂输出内阻抗 $(R+L)/2$ 上电压的补偿量；第三部分 $Ri_{\text{cir\_a}} + L\dfrac{di_{\text{cir\_a}}}{dt}$ 对应环流控制量，组成了环流的动态方程。因此可以把上、下桥臂的参考电压取为

$$u_{\text{pa\_ref}} = \frac{U_{\text{dc}}}{2} - e_{\text{a}} - u_{\text{cir\_a}} \tag{4-9}$$

$$u_{\text{na\_ref}} = \frac{U_{\text{dc}}}{2} + e_{\text{a}} - u_{\text{cir\_a}} \tag{4-10}$$

式中 e_{a}——主调制波量，由主控制器得到；

$u_{\text{cir\_a}}$——环流控制分量电压，由环流控制器得到，也称为附加控制量。

$u_{\text{cir\_a}}$ 与桥臂环流的关系可以表示为

$$u_{\text{cir\_a}} = Ri_{\text{cir\_a}} + L\,\frac{\mathrm{d}i_{\text{cir\_a}}}{\mathrm{d}t} \tag{4-11}$$

在稳态情况下，令 a 相输出电压的调制比为 m_a，环流控制分量调制比为 $m_{\text{cir\_a}}$，它们分别为

$$m_a = \hat{e}_a \Big/ \frac{U_{\text{dc}}}{2} \tag{4-12}$$

$$m_{\text{cir\_a}} = u_{\text{cir\_a}} \Big/ \frac{U_{\text{dc}}}{2} \tag{4-13}$$

则稳态时上桥臂的输出电压为

$$u_{\text{pa}} = \frac{U_{\text{dc}}}{2}\big[1 - m_a \cos(\omega t + \theta) - m_{\text{cir\_a}}\big] \tag{4-14}$$

$$u_{\text{na}} = \frac{U_{\text{dc}}}{2}\big[1 + m_a \cos(\omega t + \theta) - m_{\text{cir\_a}}\big] \tag{4-15}$$

得到式（4-14）和式（4-15）上、下桥臂的参考电压后，需要特定的调制方式使桥臂电压输出期望值。MMC 的调制技术主要可以分为 PWM 和阶梯波调制（Staircase Modulation，SM）两种方式。目前提出的 PWM 控制方案有载波移相、载波层叠、空间矢量 PWM 等。PWM 调制跟踪性能好，实现简单，当电平数低时可以明显改善电流波形输出质量。但是随着电平数增多，PWM 方式的结构会变得非常复杂，系统计算量急剧增大，所以 PWM 调制并不适合电平数非常多的 MMC 柔性直流输电场合[8-9]。阶梯波调制可以分为特定谐波消去阶梯波调制（Selective Harmonic Elimination Staircase Modulation，SHESM）和最近电平逼近调制（Nearest Level Modulation，NLM）等[8-10]。其中 SHESM 是通过事先对不同调制波幅值的基波和谐波解析表达式的离线计算，计算出一组开关角，完成对正弦调制波的跟踪并消除指定次的低次谐波，该方法能有效地消除谐波，但动态性能差，计算量大。NLM 就是使用最接近电压参考值的电平去逼近正弦调制波，有动态性能好、易于实现等优点，因此在柔性直流输电场合，由于每个桥臂的子模块都很多，一般采用 NLM 策略[1]。

4.1.3　受端换流阀的简化模型

由于 MMC 子模块数众多，若对每一个子模块进行分析，其模型将会变得非常复杂，因此可以在 MMC 子模块电容电压均衡和波动的情况下对其模型进行简化。在子模块的开关频率足够高，子模块参数一致的条件下，可以近似认为一个桥臂上的所有电容电压变化的规律一致，因此可以将一个桥臂上的 N 个子模块等效为一个子模块，等效子模块的输出电压应与原来的一致。设等效后的子模块电容为 C_{arm}，子模块电容电压为 u_{arm}，根据等效前后子模块电容上的能量相等可得

$$\frac{1}{2}C_{\text{arm}}u_{\text{arm}}^2 = \frac{1}{2}C\sum_{j=1}^{N}u_{\text{pa\_SM\_}j}^2 \tag{4-16}$$

式中　$u_{\text{pa\_SM\_}j}$——上桥臂第 j 个子模块的电压。

对式（4-16）两边同时求导可得

$$C_{\text{arm}}u_{\text{arm}}\frac{\mathrm{d}u_{\text{arm}}}{\mathrm{d}t} = C\sum_{j=1}^{N}u_{\text{pa\_SM\_}j}\frac{\mathrm{d}u_{\text{pa\_SM\_}j}}{\mathrm{d}t} \tag{4-17}$$

由于子模块均压控制的作用，可认为每个子模块的电容电压大小相等，因此单个子模块电容电压可以表示为

$$u_{\mathrm{pa\_SM}\_j} = \frac{\sum\limits_{j=1}^{N} u_{\mathrm{pa\_SM}\_j}}{N} \tag{4-18}$$

把式（4-18）代入式（4-17）可得

$$C_{\mathrm{arm}} u_{\mathrm{arm}} \frac{\mathrm{d} u_{\mathrm{arm}}}{\mathrm{d}t} = \frac{C}{N} \sum\limits_{j=1}^{N} u_{\mathrm{pa\_SM}\_j} \frac{\mathrm{d} \sum\limits_{j=1}^{N} u_{\mathrm{pa\_SM}\_j}}{\mathrm{d}t} \tag{4-19}$$

通过对式（4-19）左右两边的对比观察可知，等效电容容量的大小为原来电容的 $1/N$，电容电压大小为原来电容电压之和，可以表示为

$$C_{\mathrm{arm}} = \frac{C}{N} \tag{4-20}$$

$$u_{\mathrm{arm}} = \sum\limits_{j=1}^{N} u_{\mathrm{pa\_SM}\_j} \tag{4-21}$$

若等效之前第 j 个子模块的占空比取为 d_j，则等效之前桥臂输出电压可表示为 $\sum\limits_{j=1}^{N} d_j u_{\mathrm{pa\_SM}\_j}$。由于等效之后桥臂输出电压可表示为 $d_{\mathrm{arm}} \sum\limits_{j=1}^{N} u_{\mathrm{pa\_SM}\_j}$，根据等效前后输出电压相等可得

$$d_{\mathrm{arm}} = \frac{\sum\limits_{j=1}^{N} d_j}{N} \tag{4-22}$$

即等效后子模块的占空比为原来子模块占空比的算术平均值。

4.1.4　受端换流阀的子模块电容电压数学模型及变化规律

得到 MMC 的简化模型后，就可以利用它对子模块电容电压的大小及变化规律进行分析，以找出电容电压与桥臂上某些状态变量的内在联系。根据电容的充放电公式可将等效后上、下桥臂的电容电压表示为

$$U_{\mathrm{arm\_pa}} = \frac{1}{C_{\mathrm{arm}}} \int d_{\mathrm{arm\_pa}} i_{\mathrm{pa}} \, \mathrm{d}t \tag{4-23}$$

$$U_{\mathrm{arm\_na}} = \frac{1}{C_{\mathrm{arm}}} \int d_{\mathrm{arm\_na}} i_{\mathrm{na}} \mathrm{d}t \tag{4-24}$$

根据式（4-9）、式（4-10）及式（4-22），等效模型中上、下桥臂的占空比可以分别表示为

$$d_{\mathrm{arm\_pa}} = \frac{1}{2}\left(1 - \frac{2e_{\mathrm{a}}}{U_{\mathrm{dc}}} - m_{\mathrm{cir\_a}}\right) \tag{4-25}$$

$$d_{\mathrm{arm\_na}} = \frac{1}{2}\left(1 + \frac{2e_{\mathrm{a}}}{U_{\mathrm{dc}}} - m_{\mathrm{cir\_a}}\right) \tag{4-26}$$

把式（4-25）和式（4-26）与电流表达式（4-5）和式（4-6）代入式（4-23）和式（4-24），可得到上、下桥臂等效电压和与电压差的状态空间方程为

$$\frac{\mathrm{d}(U_{\mathrm{arm\_pa}} + U_{\mathrm{arm\_na}})}{\mathrm{d}t} = \frac{N}{C}\left[i_{\mathrm{cir\_a}} - \frac{e_{\mathrm{a}}}{U_{\mathrm{dc}}}i_{\mathrm{a}} - m_{\mathrm{cir\_a}}i_{\mathrm{cir\_a}}\right] \tag{4-27}$$

$$\frac{\mathrm{d}(U_{\mathrm{arm\_pa}} - U_{\mathrm{arm\_na}})}{\mathrm{d}t} = \frac{N}{C}\left[\frac{1}{2}i_{\mathrm{a}} - \frac{2e_{\mathrm{a}}}{U_{\mathrm{dc}}}i_{\mathrm{cir\_a}} - \frac{1}{2}m_{\mathrm{cir\_a}}i_{\mathrm{a}}\right] \tag{4-28}$$

由式（4-27）和式（4-28）可知，桥臂环流、输出电流和调制波共同影响了桥臂电压的状态，由于输出电流和调制波与系统的外部控制有关，因此不能通过输出电流进行桥臂电压的控制，只能通过对变流器内部环流的控制来改变子模块电压的大小。对于式（4-27），易知上、下桥臂的整体电压可由环流直接控制，去除耦合项 $-\dfrac{e_{\mathrm{a}}}{U_{\mathrm{dc}}}i_{\mathrm{a}} - m_{\mathrm{cir\_a}}i_{\mathrm{cir\_a}}$ 后，整体电压和桥臂环流之间表现为积分环节，因此可以通过环流的直接控制来改变上、下桥臂的整体电压。对于式（4-28），去除耦合项 $\dfrac{1}{2}i_{\mathrm{a}} - \dfrac{1}{2}m_{\mathrm{cir\_a}}i_{\mathrm{a}}$ 后，剩下的第二项为 $\dfrac{2e_{\mathrm{a}}}{U_{\mathrm{dc}}}$ 与 $i_{\mathrm{cir\_a}}$ 的积，因此桥臂环流和桥臂调制电压共同决定了上、下桥臂不平衡的电压的大小，若在环流上注入一个与调制电压相位一致的一次环流，则 $\dfrac{2e_{\mathrm{a}}}{U_{\mathrm{dc}}}i_{\mathrm{cir\_a}}$ 中会出现一个直流分量，在上桥臂与下桥臂电压不均时，可以利用其均衡上、下桥臂电压，使上桥臂和下桥臂的电压保持均衡[6]。

以上得到了电容电压与桥臂环流之间的动态模型，下面对 MMC 工作于稳态时电容电压的波动情况进行分析。令输出电流的大小为

$$i_{\mathrm{a}} = \hat{i}_{\mathrm{a}}\cos(\omega t + \varphi) \tag{4-29}$$

把式（4-5）、式（4-6）、式（4-14）、式（4-15）和式（4-29）代入式（4-23）和式（4-24），可得

$$
\begin{aligned}
U_{\mathrm{arm\_pa}} = \frac{N}{C}\int\Big[&\frac{1}{4}\hat{i}_{\mathrm{a}}\cos(\omega t + \varphi) - \frac{1}{2}m_{\mathrm{a}}i_{\mathrm{cir\_a}}\cos(\omega t + \theta) - \\
&\frac{1}{4}m_{\mathrm{cir\_a}}\hat{i}_{\mathrm{a}}\cos(\omega t + \varphi) - \frac{1}{8}m_{\mathrm{a}}\hat{i}_{\mathrm{a}}\cos(2\omega t + \varphi + \theta) - \\
&\frac{1}{8}m_{\mathrm{a}}\hat{i}_{\mathrm{a}}\cos(\varphi - \theta) + \frac{1}{2}i_{\mathrm{cir\_a}} - \frac{1}{2}m_{\mathrm{cir\_a}}i_{\mathrm{cir\_a}}\Big]\mathrm{d}t
\end{aligned}
$$
$$\tag{4-30}$$

$$
\begin{aligned}
U_{\mathrm{arm\_na}} = \frac{N}{C}\int\Big[&-\frac{1}{4}\hat{i}_{\mathrm{a}}\cos(\omega t + \varphi) + \frac{1}{2}m_{\mathrm{a}}i_{\mathrm{cir\_a}}\cos(\omega t + \theta) + \\
&\frac{1}{4}m_{\mathrm{cir\_a}}\hat{i}_{\mathrm{a}}\cos(\omega t + \varphi) - \frac{1}{8}m_{\mathrm{a}}\hat{i}_{\mathrm{a}}\cos(2\omega t + \varphi + \theta) - \\
&\frac{1}{8}m_{\mathrm{a}}\hat{i}_{\mathrm{a}}\cos(\varphi - \theta) + \frac{1}{2}i_{\mathrm{cir\_a}} - \frac{1}{2}m_{\mathrm{cir\_a}}i_{\mathrm{cir\_a}}\Big]\mathrm{d}t
\end{aligned}
$$
$$\tag{4-31}$$

设桥臂环流由直流分量和交流分量组成，其表达式为

$$i_{\mathrm{cir\_a}} = i_{\mathrm{cir\_a\_dc}} + i_{\mathrm{cir\_a\_ac}} \tag{4-32}$$

式中　$i_{\mathrm{cir\_a\_dc}}$、$i_{\mathrm{cir\_a\_ac}}$——a 相环流的直流分量与交流分量。

在稳态情况下，式（4-30）和式（4-31）中的积分项都不能出现直流分量，否则电容会一直充电或者放电，导致电容电压的不稳定。因此式（4-30）和式（4-31）中的环流直流分量需要去平衡积分项中的其他直流分量，一般而言，由于桥臂电感和电阻都较

小，环流控制分量的调制比要远小于主控制器输出电压的调制比，因此在式（4-31）中忽略其影响，此时环流的直流分量可以近似表示为

$$i_{\mathrm{cir\_a\_dc}} \approx \frac{1}{4} m_a \hat{i}_a \cos(\varphi - \theta) \tag{4-33}$$

观察式（4-30）和式（4-31）可以发现，其积分多项式的形式一样，只是有些项的符号不同，因此可以把两式分别相加减，得到稳态时上、下桥臂电压和与上、下桥臂电压差的电压波动量为

$$U_{\mathrm{arm\_pa}} + U_{\mathrm{arm\_na}} = \frac{N}{C} \int \Big[i_{\mathrm{cir\_a}} - \frac{1}{4} m_a \hat{i}_a \cos(2\omega t + \varphi + \theta) -$$
$$\frac{1}{4} m_a \tilde{i}_a \cos(\varphi - \theta) - m_{\mathrm{cir\_a}} i_{\mathrm{cir\_a\_ac}} \Big] \mathrm{d}t$$
$$\tag{4-34}$$

$$U_{\mathrm{arm\_pa}} - U_{\mathrm{arm\_na}} = \frac{N}{C} \int \Big[\frac{1}{2} \hat{i}_a \cos(\omega t + \varphi) - i_{\mathrm{cir\_a}} m_a \cos(\omega t + \theta) -$$
$$\frac{1}{2} m_{\mathrm{cir\_a}} \hat{i}_a \cos(\omega t + \varphi) \Big] \mathrm{d}t$$
$$\tag{4-35}$$

从式（4-34）和式（4-35）可以看出上、下桥臂电压和会出现以二次分量为主的波动，其波动大小取决于调制比和负载电流幅值的大小，并与其成正比关系；与上、下桥臂电压和波动不同，上、下桥臂电压差的波动以一次分量为主，也与负载电流的大小成正比。

4.1.5 受端换流阀子模块电容电压的仿真分析

为了对本节的电容电压分析的结果进行验证，在 Matlab/Simulink 中搭建了每个桥臂含有 30 个子模块的单相 MMC 换流器模型，其具体参数见表 4-1。换流器的期望输出电压设为 8100V，输出负载电阻为 20Ω，仿真中只给定输出电压的调制波，不加入环流控制器及其他电压控制器，得到上、下桥臂第一个子模块电容电压的波形图如图 4-4（a）所示，从图中可以看出 0.8~0.9s 时，子模块电容电压的直流量为 595V，纹波分量为 50V。从中可以看出虽然子模块电压可以保持稳定，但电容电压的平均值比额定的 600V 略低，因为桥臂电阻上会有部分电压降。对上桥臂的第一个子模块的电容电压进行傅里叶分析，结果如图 4-4（b）所示，从图中可以看出，子模块电容电压中包含直流分量、一次基频波动分量和二次波动分量，其中二次波动的幅值低于基频波动。图 4-4（c）和图 4-4（d）所示分别为上、下桥臂第一个子模块的电压和与电压差的波形图，由图可见，电压和表现为二倍频波动，电压差表现为基频波动。

表 4-1 31 电平单相 MMC 参数表

参 数	数 值	参 数	数 值
直流侧电压 U_{dc}/V	18000	子模块电容 C/μF	4700
额定频率/Hz	50	桥臂电感 L/mH	30
子模块个数 N	30	桥臂电阻 R/Ω	0.5
子模块额定工作电压 U_{c}/V	600	控制周期 T_{s}/s	2×10^{-4}

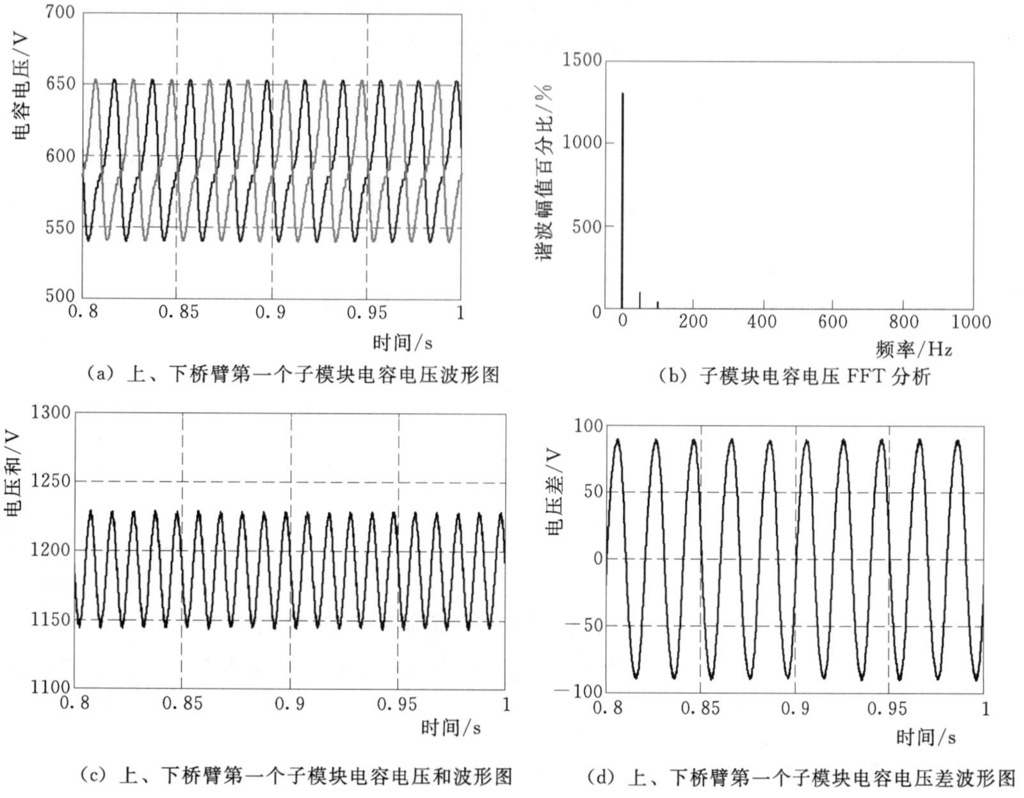

（a）上、下桥臂第一个子模块电容电压波形图

（b）子模块电容电压 FFT 分析

（c）上、下桥臂第一个子模块电容电压和波形图

（d）上、下桥臂第一个子模块电容电压差波形图

图 4-4　子模块电容电压仿真结果图

4.2　基于内模的受端换流阀变流控制

MMC-HVDC 系统中一般有控制直流母线电压和无功功率、控制有功功率和无功功率、控制交流母线电压和无功功率等几种控制方式。对于受端换流阀需要控制直流母线电压和向电网输出的无功功率。本书采用 PI 外环和内模的电流内环相结合的双闭环控制策略，如图 4-5 所示[4]。其中，外环控制器根据直流电压以及无功功率参考值计算出 dq 轴电流参考值，内环电流控制器通过内模控制器（Internal Model Control，IMC）调节换流阀的输出电压使 $\alpha\beta$ 轴电流快速跟踪其参考值。电流环采用内模控制器是由于内模控制具有结构简单、跟踪调控性能好、鲁棒性强、在线调节参数少等优点，广泛应用于多变量、强耦合、非线性系统的控制中[11]。外环控制器和内环电流控制器称为主控制器，其主要控制 MMC 换流阀的三相输出电压 e_a、e_b、e_c（也称为主控制器输出电压），进而控制换流阀的直流母线电压以及输出的无功功率。图 4-5 中的 U_{cir_a} 为 a 相的环流控制分量参考电压值，b 相和 c 相的参考值与 a 相类似，故没有画出。U_{cir_a} 对应 MMC 的内部特性；通过调节环流参考电压的大小可以控制控制 MMC 内部环流的大小，进而可以实现上、下桥臂电压和的控制和上、下桥臂电压差的控制，并降低子模块的电压波动。

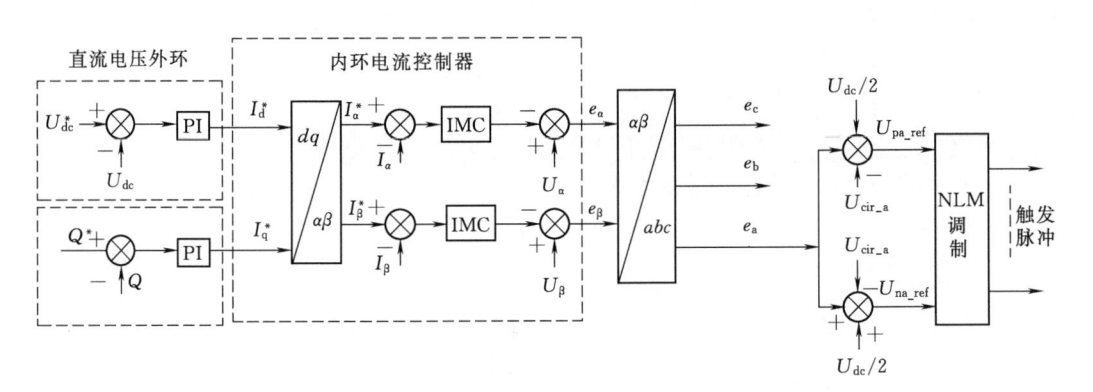

图 4-5 受端换流阀的变流控制整体框图

4.2.1 内模控制基本原理

从图 4-5 可以看出，电流内环控制器的设计是以内模控制为基础的，由于内环电流控制器的电流参考值是在 $\alpha\beta$ 轴上的分量，可以根据内模控制的基本原理来分析 MMC 在 $\alpha\beta$ 静止坐标系的模型。

从图 4-2 等效出 MMC 与电网连接的外部等效模型如图 4-6 所示，U_k 为三相电网电压（$k=a$，b，c），i_k 为三相网侧电流，e_k 为 MMC 输出等效电压，也称为内部电动势，其中 $e_k=0.5(u_{pk}-u_{nk})$，u_{pk}、u_{nk} 为上下桥臂输出电压。值得注意是，图 4-6 中的 R 和 L_s 不仅包含了换流站与电网之间的等效电阻和电感，还包括 MMC 内部桥臂等效电阻和电感的一半。

从图 4-6 可以得到

$$L_s \frac{\mathrm{d}i_k}{\mathrm{d}t} = e_k - Ri_k - U_k \qquad (4-36)$$

从 MMC 外部的等效模型可以认为 MMC 型换流阀与传统 VSC 换流阀类似，因此可以将传统 VSC 数学模型的分析及控制策略移植到对 MMC 的分析中，这也是 MMC 主控制器的设计基础[1]。

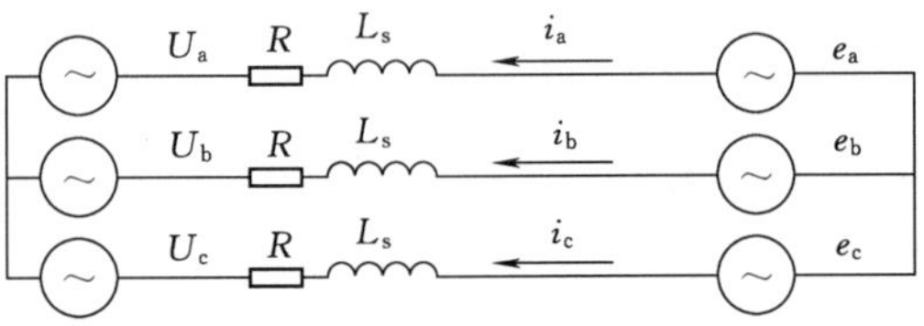

将式（4-36）经 Clark 等幅变换得

图 4-6 MMC 的外部等效模型

$$\begin{cases} L_s \dfrac{\mathrm{d}I_\alpha}{\mathrm{d}t} = e_\alpha - RI_\alpha - U_\alpha \\[2mm] L_s \dfrac{\mathrm{d}I_\beta}{\mathrm{d}t} = e_\beta - RI_\beta - U_\beta \end{cases} \qquad (4-37)$$

式中　U_α、I_α、U_β、I_β——电网电压和电流的 α、β 轴分量；

　　　e_α、e_β——换流器端 α、β 轴电压分量。

内模控制是一种基于过程数学模型进行控制器设计的新型控制方式，图 4-7（a）给出了内模控制的基本模型。

图 4-7（a）中 $G(s)$ 为被控对象，$M(s)$ 为被控对象的内模，$C(s)$ 为反馈控制器，

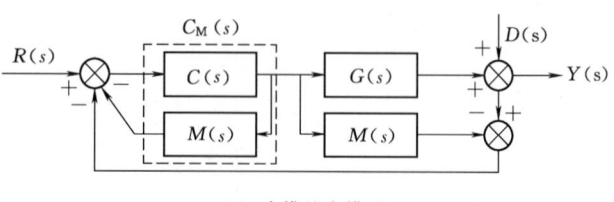

（a）内模基本模型

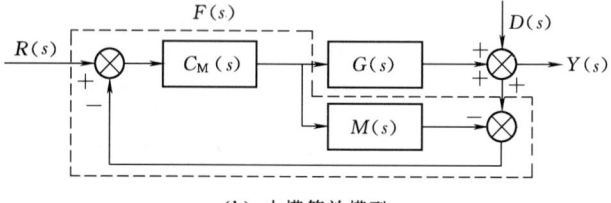

（b）内模等效模型

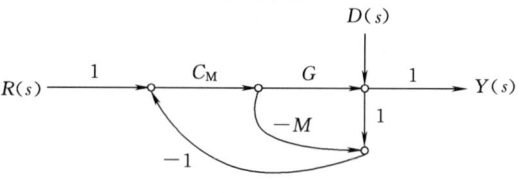

（c）内模控制信号流图

图 4-7　内模控制模型图及信号流图

$D(s)$ 为干扰项。内模控制就在传统反馈控制的基础上引入预测模型 $M(s)$ 构成内模控制器 $C_M(s)$，并将 $C_M(s)$ 与内模等效设计成反馈控制器 $F(s)$，如图 4-7（b）所示，于是有

$$C_M(s) = \frac{C(s)}{1 + C(s)M(s)} \tag{4-38}$$

$$F(s) = \frac{C_M(s)}{1 - C_M(s)M(s)} \tag{4-39}$$

变形可得图 4-7（c）所示的信号流图，根据梅森公式可得

$$Y(s) = \frac{C_M(s)G(s)R(s) + (1 - C_M M)D(s)}{1 + C_M(s)[G(s) - M(s)]} \tag{4-40}$$

由式（4-40）可知，$G(s) = M(s)$ 时，若 $1 - C_M(s)M(s) = 0$，即 $C_M = M^{-1}(s)$，此时模型与对象完全匹配，则输出 $Y(s) = R$，系统输出不受任何干扰影响，仅与输入有关，系统的鲁棒性非常强，此时的内模控制器为理想状态的控制器。由于上述匹配系统对模型误差非常敏感，对于实际系统而言很难实现。为此在工程实践中，内模控制器设计常采用以理想控制器进行参数设计，引入合适参数的滤波器矫正的方式实现，通过这种方式可以提高系统的动态品质和鲁棒性。采用上述以滤波器矫正的方式进行内模控制器设计，可取 $M(s) = G(s)$，$C_M(s) = M^{-1}(s)$，并引入低通滤波器 $L(s)$，此时有

$$\begin{cases} C'_M(s) = C_M(s)L(s) = M^{-1}(s)L(s) \\ F'(s) = C'_M / [1 - C'_M(s)M(s)] = M^{-1}L(s) / [1 - L(s)] \end{cases} \tag{4-41}$$

对于文中 $\alpha\beta$ 静止坐标下的 MMC 电流控制模型，由式（4-37）可得

$$\begin{bmatrix} I_\alpha \\ I_\beta \end{bmatrix} = \begin{bmatrix} \dfrac{1}{L_s s + R} & 0 \\ 0 & \dfrac{1}{L_s s + R} \end{bmatrix} \begin{bmatrix} e_\alpha - U_\alpha \\ e_\beta - U_\beta \end{bmatrix} \tag{4-42}$$

此时 $G(s) = 1/(L_s s + R)$，由上述分析知 $M(s) = 1/(L_s s + R)$，$C_M = (L_s s + R)$。

设 $L(s) = (n\lambda s + 1)/(\lambda s + 1)^n$，其中 $1/\lambda$ 为滤波器的截止频率，在 $\alpha\beta$ 静止坐标系下输入正弦量信号，所选择的滤波器应使内模控制器跟随正弦量，设输入量为 $R(s) = \omega/(s^2 + \omega^2)$，则

$$sE(s) = \frac{sR(s)}{1 + F'(s)G(s)} = s[1 - L(s)]R(s)$$

$$= s \frac{(\lambda s + 1)^n - (n\lambda s + 1)}{(\lambda s + 1)^n} \frac{\omega}{s^2 + \omega^2} \tag{4-43}$$

由式（4-43）可以看出，$E(s)$ 在零点处有唯一极点，在 s 右半平面及虚轴解析，利用拉普拉斯变换终值定理易得，当 $n \geqslant 2$ 时，系统稳态误差为

$$\lim_{s \to 0} sE(s) = 0 \tag{4-44}$$

为降低系统的复杂程度，选取 $n=2$，此时有

$$F'(s) = \frac{(2\lambda s + 1)(L_0 s + R)}{\lambda^2 s^2} \tag{4-45}$$

4.2.2 受端换流阀的电流内环设计及参数整定

对于 MMC 控制系统采用最近电平逼近调制策略，结合式（4-36）和式（4-42）以 α 轴为例进行分析，考虑到电流采样延时和最近电平逼近调制 PWM 调制的小惯性特性，设计电流内环控制结构如图 4-8 所示，β 轴及逆变侧亦可作相同分析。

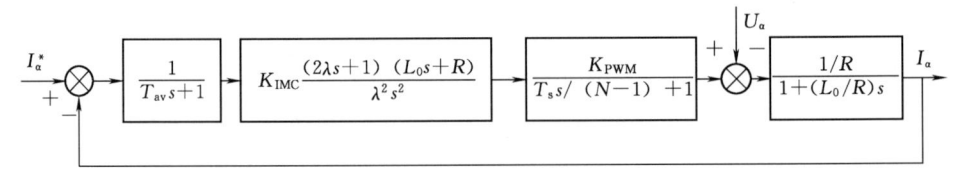

图 4-8 内模控制电流内环结构图

T_{av}—电流采样周期；T_s—系统控制周期；K_{IMC}—内模控制器增益调节因子

将图 4-8 简化可得电流内环开环传递函数为

$$W_1(s) = \frac{K_{IMC} K_{PWM}(2\lambda s + 1)}{\lambda^2 s^2 (T_{av} s + 1)(T_s s + 1)} \tag{4-46}$$

MMC 系统采用载波移相调制成最近电平逼近时，$K_{PWM} = 1$，由于 MMC 能在较低的开关频率下实现较高开关频率效果，选取 $T_{av} = T_s/3$，对于其他电平数 MMC 系统，可以根据实际进行调整。

式（4-46）可简化为

$$W_I(s) = \frac{K_{IMC}(2\lambda s + 1)}{2\lambda^2 s^2 (T_s s/3 + 1)(T_s s + 1)} \tag{4-47}$$

将式（4-47）中两个小惯性环节进行工程近似处理可简化为典型 II 型系统，即

$$W_I(s) \approx \frac{K_{IMC}(2\lambda s + 1)}{2\lambda^2 s^2 (4/3 T_s s + 1)} \tag{4-48}$$

对式（4-48）采用 Mrmin 准则进行参数整定，设中频段带宽为 h，一般从工程实际出发，综合考虑系统响应的跟随和抗干扰性能[12]，常取 $h=10$。

由 Mrmin 准则可知

$$\left. \begin{array}{l} h = \dfrac{2\lambda}{4T_s/3} \\[3mm] \dfrac{K_{IMC}}{2\lambda^2} = \dfrac{h+1}{2h^2(4T_s/3)^2} \end{array} \right\} \tag{4-49}$$

将 $h=10$ 带入式（4-49），经化简得

$$\left. \begin{array}{l} \lambda = \dfrac{20T_s}{3} \\[3mm] K_{IMC} = \dfrac{11}{4} \end{array} \right\} \tag{4-50}$$

对于其他电平数及电流采样延时时间的 MMC 控制系统，可以根据式（4-49）和式（4-50）进行推导。

4.2.3　受端换流阀的主控制器设计

受端换流阀的换流器的作用是稳定母线电压和控制向网侧输送的无功功率，采用双闭环控制方案，电流的内环设计如下。

为简化书写，令

$$\left. \begin{array}{l} E_{i\alpha} = I_\alpha^* - I_\alpha \\ E_{i\beta} = I_\beta^* - I_\beta \end{array} \right\} \tag{4-51}$$

则由式（4-42）和式（4-45）可得电流内模内环表达式为

$$\left. \begin{array}{l} e_\alpha = U_\alpha + \dfrac{K_{IMC}}{\lambda}\left[2L_s E_{i\alpha} + \dfrac{2\lambda R + L_0}{\lambda}\int E_{i\alpha}dt + \dfrac{R}{\lambda}\int\left(\int E_{i\alpha}dt\right) \right] \\[4mm] e_\beta = U_\beta + \dfrac{K_{IMC}}{\lambda}\left[2L_s E_{i\beta} + \dfrac{2\lambda R + L_0}{\lambda}\int E_{i\beta}dt + \dfrac{R}{\lambda}\int\left(\int E_{i\beta}dt\right) \right] \end{array} \right\} \tag{4-52}$$

式中第一项为补偿项，用来补偿干扰，第二项为状态变量内模调节项。

由直流电压与交流电流的关系和瞬时功率理论，设计直流电压和无功功率外环表达式为

$$\left. \begin{array}{l} I_d^* = K_{pUdc}(U_{dc}^* - U_{dc}) + K_{iUdc}\int(U_{dc}^* - U_{dc})dt \\[3mm] I_q^* = K_{pQ}(Q^* - Q) + K_{iQ}\int(Q^* - Q)dt \end{array} \right\} \tag{4-53}$$

式（4-50）中电压和无功外环输出经过反 Clark 变换后作为内环输入，如图 4-9 所示。

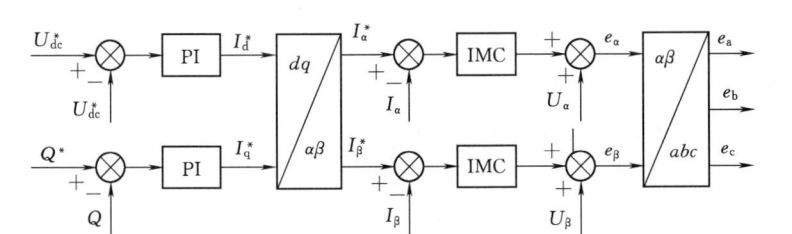

图 4-9 主控器控制结构框图

4.3 受端换流阀的子模块电容电压平衡控制

应用 MMC 换流阀的柔性直流输电场合，子模块电容电压的稳定对 MMC 的工作性能会产生直接的影响。一般而言，子模块电容电压的平衡控制包括子模块电容电压平均值控制、桥臂内子模块电容电压均压控制。子模块电容电压平均值控制包括上、下桥臂整体电容电压控制和上、下桥臂电压均衡控制，上、下桥臂整体电容电压控制的作用是保证 a、b、c 三相能量的平衡，上、下桥臂电压均衡控制的作用是保证每相上、下桥臂间能量的均衡。桥臂内子模块电容电压均压控制是保证一个桥臂内所有子模块的电容电压的均衡。通过子模块电容电压平均值控制和桥臂内子模块电容电压均压控制可以保证三相中所有子模块电容电压的均衡。如果子模块参数完全一致，并不考虑桥臂电阻的影响，即使不加入除桥臂间的均压控制以外的其他控制，在稳态时每个子模块的电容电压可以达到 U_{dc}/N。但实际上，桥臂上的等效电阻不能忽略，上、下桥臂的子模块电容和电感参数很难做到完全相等，总会有一些误差存在，若不对这些误差进行控制，子模块电容电压不会与 U_{dc}/N 的额定值相等，不能使 MMC 达到理想的输出电压，因此有必要对 MMC 子模块电容电压平均值进行控制[1]。

4.3.1 上、下桥臂整体电容电压控制器设计

1. 内环控制器设计

由式（4-27）的分析可知，通过对环流的直流分量的控制，可以改变上、下桥臂子模块整体的电容电压，通过环流中的一次基频分量的控制，可以改变上、下桥臂之间不均衡的电压。根据代数原理可知，只有当上、下桥臂电压和与电压差分别确定时，上、下桥臂电压才会有唯一的确定值。因此对于子模块电压平均值的控制需要两个控制器分别对上、下桥臂整体电压和不均衡电压进行控制。由于两个控制器分别对应与环流的直流分量和基频分量，两个控制器之间不会相互影响。对于上、下桥臂整体电压控制器的设计，根据式（4-11）可知，环流控制电压与环流输出之间表现为一阶惯性环节，其数学模型与 PWM 整流器电流内环的数学模型[12]类似，仿照 PWM 整流器电压的控制方法，采用以上、下桥臂整体电容电压为外环、以桥臂环流为内环的控制策略。利用内环提高环流的响应速度，利用电压外环增强系统抗负载扰动的能力。其中电流内环的控制框图如图4-10所示。

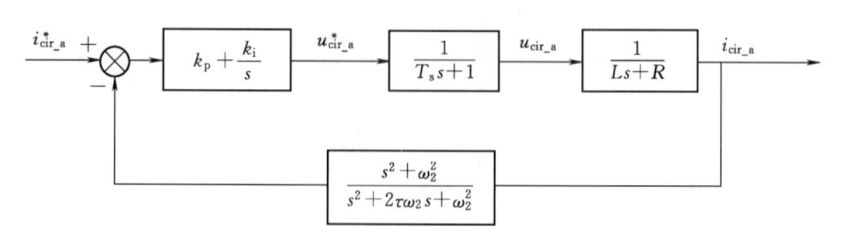

图 4-10　环流内环的控制框图

k_p、k_i—电流调节器的比例和积分系数；T_s—系统的控制周期，表示
数字控制器中存在的控制周期延时；ω_2—陷波器的二倍频角频率 200π；
τ—与陷波器品质因数有关的参数

值得注意的是由于环流中存在二倍频的波动分量，在环流反馈通道加入了二阶陷波器进行滤波来消除二倍频分量对环流控制的影响；τ 与频率响应曲线的凹陷深度和宽度有关，τ 越大，ω_2 频率响应曲线在谐振频率处的凹陷深度越浅，滤波器的滤波效果越差，但在 ω_2 的凹陷的宽度会增加，也就是说滤波频率的宽度会加宽。陷波器的频率特性如图 4-11 所示。从图 4-11 可以看出，陷波器在二倍频处的幅值增益迅速下降，可以对二倍频分量达到理想的滤波效果，并且在二倍频处的相角延迟刚好为零，但在二倍频两边相位角的突变量较大。

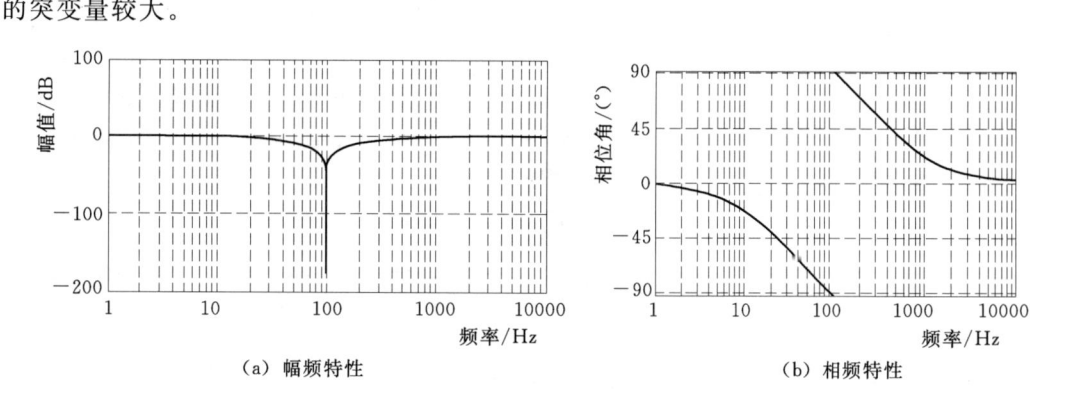

（a）幅频特性　　　　　　　　　（b）相频特性

图 4-11　陷波器的频率特性图

2. 外环控制器设计

对电流内环的控制器设计之后，再对整体电压控制的外环控制器进行设计。电压外环的给定值可设为子模块电容电压额定值之和，对于反馈值，通过对电容电压数学模型及变化规律分析可知，其存在二倍频的波动，若不对其进行处理，会使电流内环的给定值出现二倍频的分量，因此需在电压和的反馈回路上增加一个二倍频分量的陷波器。图 4-12 所示为上、下桥臂整体电压控制的外环控制器的控制框图，其中 $G(s)$ 为上文设计的环流内环的闭环传递函数，陷波器的频率 ω_2 取为二倍频的角频率。

4.3.2　上、下桥臂电压均衡控制器设计

对上、下桥臂电压均衡控制是为了保证每一相上、下桥臂电压的均衡，从式（4-28）可以看出，只要环流交流分量的次数与期望输出电压的次数不一致，式（4-28）中状态

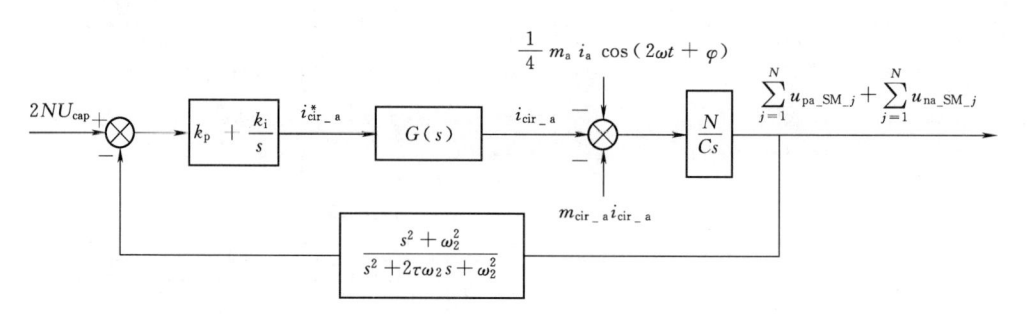

图 4 - 12　上、下桥臂整体电压控制的外环控制器的控制框图

方程的右边就无法生成一个直流量。由于期望输出电压一般为一次分量，环流主要表现为二次分量和其他偶次分量，即在上、下桥臂参数一致的情况下，MMC 上、下桥臂电压一般不会出现不均衡的情况。若 MMC 上、下桥臂的参数不对称，如子模块电容容量或上、下桥臂电感出现不对称的情况，若不对子模块的电容电压进行控制，上、下桥臂子模块电容电压将会变得不均衡。下面分上、下桥臂电感不对称和电容不对称两种情况进行分析。

设上、下桥臂电感值不一样，如图 4 - 13（a）所示，上桥臂电感为 L_1，下桥臂电感为 L_2，由于电感参数的不一致，因此输出电流在上、下桥臂之间不能均分，桥臂上会出现在桥臂内部流动的一次环流，根据前文的分析可知，一次环流会造成上、下桥臂能量的不均分，一次上、下桥臂电压会出现偏差，造成输出电压的偏置。

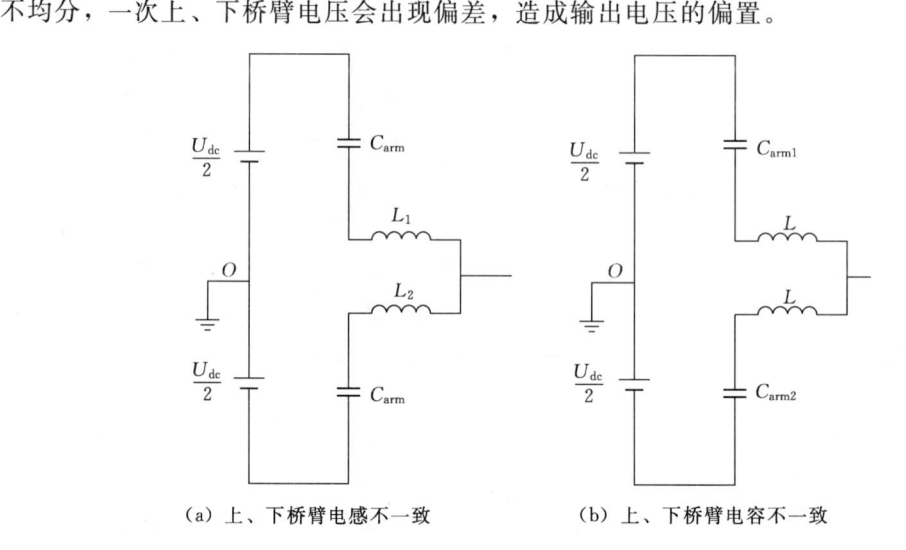

　　（a）上、下桥臂电感不一致　　　　　　（b）上、下桥臂电容不一致

图 4 - 13　上、下桥臂等效电路图

同理，如图 4 - 13（b）所示，当上、下桥臂子模块电容容量不一致时，上、下桥臂等效电容的变化大小也会变得不一致，桥臂上也会产生一次环流，从而会使上、下桥臂电容电压变得不平衡，因此需要通过上、下桥臂电压均衡控制器来维持上、下桥臂子模块电容电压相等。

从上文分析可知，对于上、下桥臂不平衡电压的控制，可以通过在桥臂环流上注入一次环流，从而使式（4 - 28）右边产生一个直流分量来平衡上、下桥臂能量。根据需要的

一次环流，利用环流模型直接计算一次环流控制分量的大小，这样还可以省去在直流分量、二次分量中的环流中提取一次分量的滤波器，简化控制系统的复杂程度。上、下桥臂电压差控制器的结构图如图 4-14 所示。图 4-14 中陷波器的陷波频率 ω_1 取为一倍频即 100π，$\arg(e_a)$ 为调制波的相位角函数。

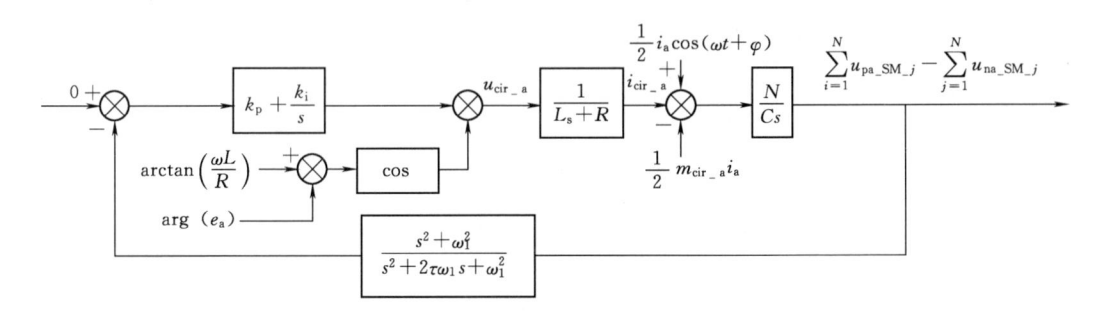

图 4-14　上、下桥臂电压均衡控制器框图

4.3.3　桥臂内子模块电容电压均压控制

由于 MMC 采用多个子模块级联的形式，通过上、下桥臂的整体电容电压控制器和电压均衡控制器的控制设计，使上、下桥臂子模块电压和保持稳定后的下一个问题是如何保证整体的能量在每个子模块之间平均分配，也就是 MMC 的桥臂内子模块均压控制问题，而均压控制又与 MMC 采用的调制方式息息相关，基于最近电平逼近调制只需通过选择投入的子模块数来逼近给定电压，特别适合于子模块数很多的柔性直流输电 MMC 的调制。对于最近电平逼近调制方法，目前主要的均压方法是根据子模块电容电压大小的排序情况和桥臂电流方向，利用子模块的冗余度，当桥臂电流为充电电流时选择电容电压低的子模块投入，当桥臂电流为放电电流时选择电容电压高的子模块投入，以此来达到电容电压的平衡。该方法称为传统均压方法，需要在每个控制周期都对子模块电容电压进行排序，还会造成子模块的频繁切换，对开关频率和损耗还具有很大的优化空间，因此许多文献对基于最近电平逼近的均压优化方法进行了研究，主要分为以下类型：

（1）第一类为基于子模块间的最大电压偏差量（$u_{max}-u_{min}$）的优化均压策略。基于最大电压偏差的优化均压算法为了减少子模块的频繁切换，引入子模块最大电压偏差来表示子模块电压均衡的程度，当桥臂子模块的最大电压偏差在设置值范围之内时，尽量保持子模块原来的状态不变，只有当电压偏差超过设置值时，才按传统的均压算法对子模块的状态进行切换，其原理如图 4-15 所示[13-15]。

（2）第二类为基于子模块虚拟电容电压优化均压算法。基于虚拟电容电压优化均压算法通过对子模块的虚拟电压进行排序，为了使子模块具有一定的保持当前状态的能力，根据桥臂电流是充电还是放电的极性，在充电电流时，对投入子模块的电压减去一个偏移量，让其排序时继续保持低的电压水平，从而减少开关状态的切换。反之在桥臂电流为放电电流时，对投入子模块的电压需加上一个偏移量来取得减少开关动作的目的，其原理图如图 4-16 所示[16 17]。

以上两类均压算法都可以明显地降低开关频率，并且开关频率和开关损耗都会随着电

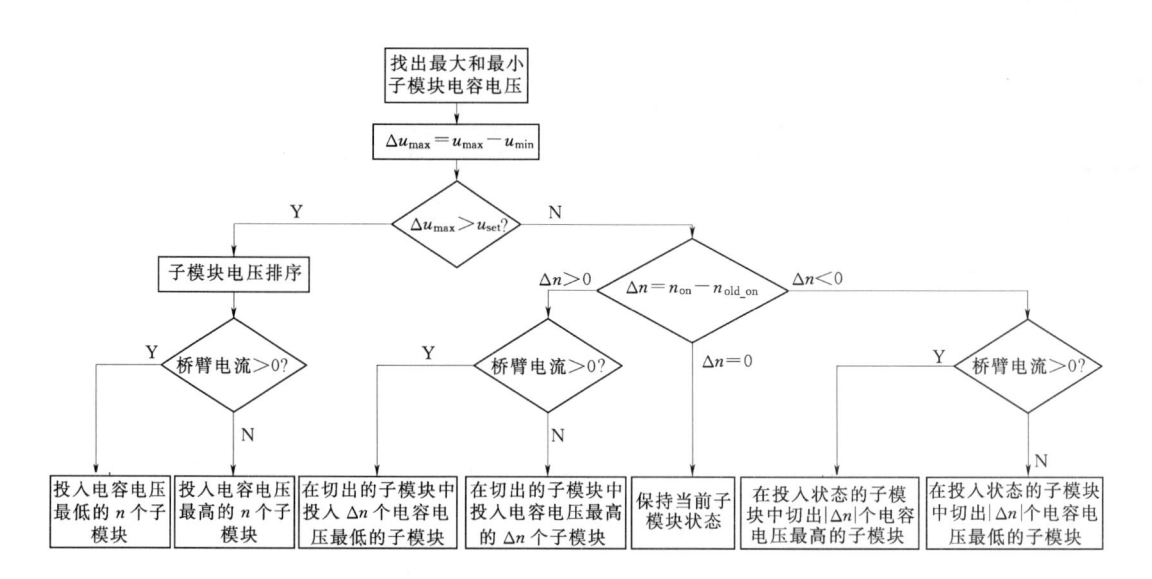

图 4-15 基于最大电压偏差均压算法流程图

容电压最大偏差量和虚拟电容电压偏移
量的增大而下降。

4.3.4 仿真分析

为了对子模块电容电压稳定方法进
行验证，先在受端换流阀子模块电容电压
的仿真分析的仿真平台上的子模块电容上
并联一个 500Ω 的电阻，使其消耗掉电容
上的部分能量，从而对上、下桥臂整体电
容电压的控制方法进行验证，在 0.7s 时
刻投入上、下桥臂整体电压控制器，得到
的仿真结果如图 4-17 所示，图 4-17
（a）给出了上、下桥臂第一个子模块电容

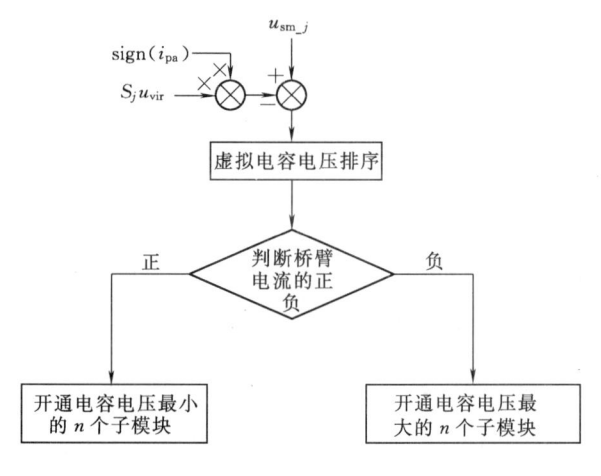

图 4-16 基于虚拟电容电压优化均压算法流程图

电压的波形，从图中可以看出 0.6～0.7s 时，子模块的电容电压的直流量为 595V，0.7～
0.8s 时的直流量为 600V，在投入上、下桥臂整体电容电压控制器之前，由于并联于电容上
的电阻和桥臂电阻的影响，子模块电容电压比额定值 600V 要低，在 0.7s 整体电容电压控制
器投入，电压迅速上升并达到稳态。图 4-17（b）给出了控制器内环和外环的反馈值，并进
行了标幺化，其中电压和的基值为 36000V，环流的基值为 90A，可以看出环流在上、下桥
臂整体电压控制器投入后，从原来的 87A 上升到 90A，以此来使电容电压达到额定值。

为了对上、下桥臂电压均衡控制方法进行验证，在受端换流阀子模块电容电压的仿真
模型中改变上、下桥臂的子模块电容容量，使其工作于上、下桥臂硬件参数不对称的工况
下。其中上桥臂电容容量为 $5100\mu F$，下桥臂子模块电容容量为 $4400\mu F$。在 0.7s 后投入
上、下桥臂电压均衡控制器，得到的仿真结果如图 4-18 所示。图 4-18（a）表示上、下
桥臂第一个子模块电容电压的波形图，从图中可以看出，在 0.7s 之前，上、下桥臂电压

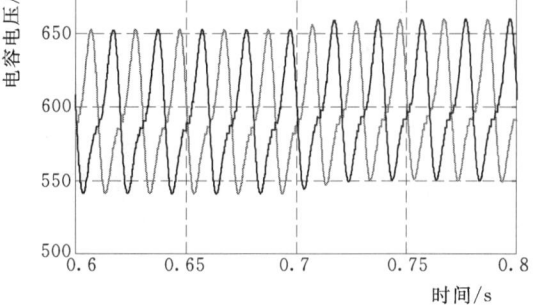
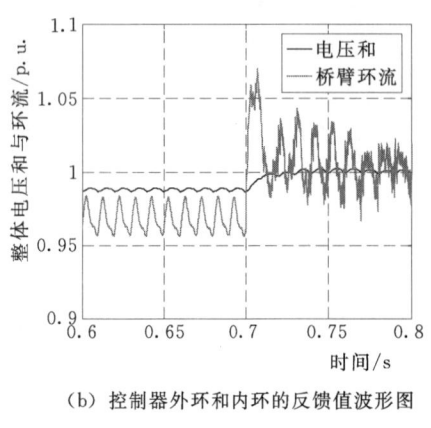

（a）上、下桥臂第一个子模块波形图　　　　　（b）控制器外环和内环的反馈值波形图

图 4-17　桥臂整体电压控制仿真结果

不均衡，上桥臂的电容电压比下桥臂的高约 10V，并且从图 4-18（b）所示的桥臂环流波形图及图 4-18（c）和图 4-18（d）所示的 FFT 分析结果可以看出，在上、下桥臂电压均衡控制器投入之前，桥臂环流上出现了比较大的基频分量，此分量造成了上、下桥臂电压的不均衡，当电压均衡控制器投入后，上、下桥臂电容电压达到均衡，一次环流大大降低，但由于上、下桥臂电容的不对称，还是会有一小部分一次环流存在。

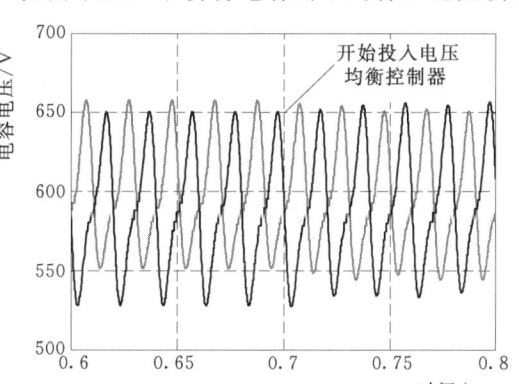
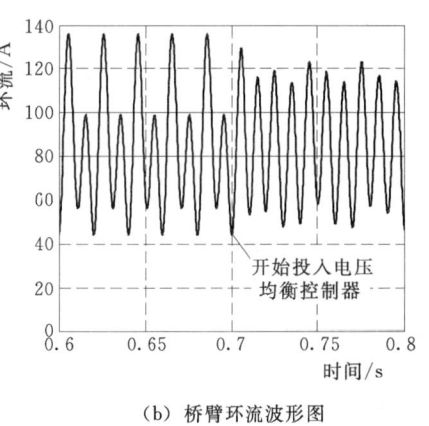
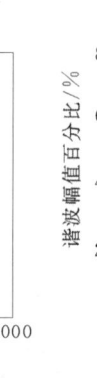

（a）上、下桥臂第一个子模块电容电压波形图　　　　　（b）桥臂环流波形图

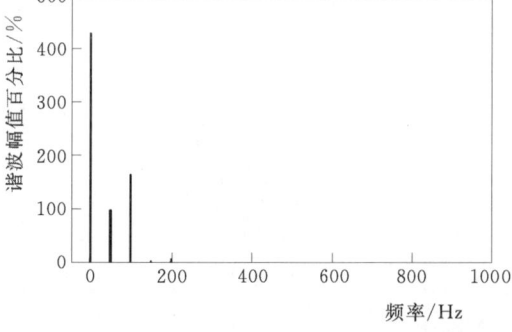
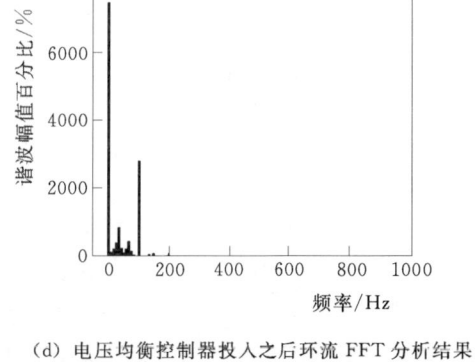
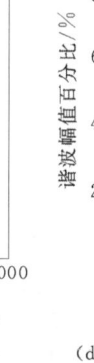

（c）电压均衡控制器投入之前环流 FFT 分析结果　　（d）电压均衡控制器投入之后环流 FFT 分析结果

图 4-18　上、下桥臂电压均衡控制仿真结果

4.3.5　实验平台的搭建及实验验证

对模块化多电平变换器进行实验研究，是验证理论是否正确的有效手段。由于 MMC 变换器电压等级高，功率容量大，很难在实验室实现，因此在实验室中搭建了小功率降额实验平台。

4.3.5.1　模块化多电平变流器实验平台设计

1.模块化多电平变换器实验平台的构成

实验室搭建了九电平的单相 MMC 实验平台，上、下桥臂各有 8 个子模块，单相 MMC 的另一个电压输出点由直流母线上电容器的中点引出。MMC 平台的直流电源通过 PWM 整流器提供，MMC 变换器的负载采用可调电阻，方便模拟不同的工况。实验平台的原理和实物如图4-19所示。

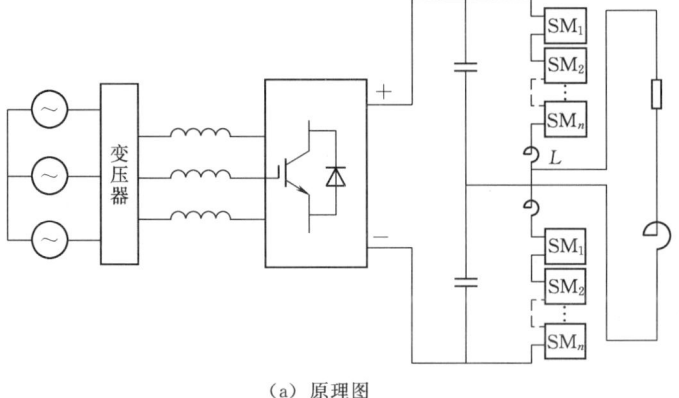

（a）原理图

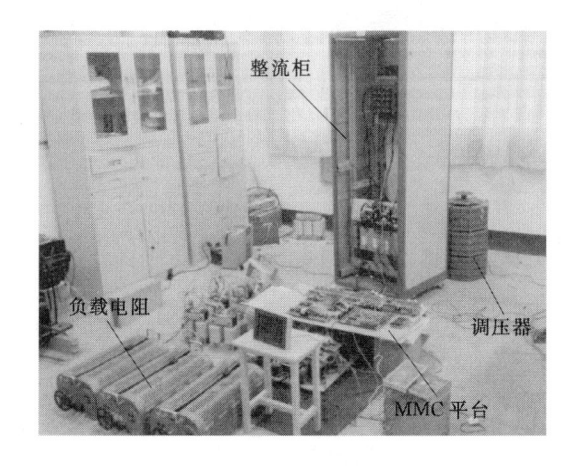

（b）实物图

图 4-19　MMC 实验平台实物图

2.主电路参数选择

因为是针对最近电平逼近算法，所以对每相桥臂的子模块个数要求较多，考虑电路的实际情况，采用上、下桥臂各含八个子模块的单相九电平 MMC，由于实验室条件和安全

91

的限制，每个子模块的工作电压取为 50V，直流母线电压通过 PWM 整流器得到直流 400V 提供给 MMC。对于主电路的参数，主要包括子模块电容、桥臂电感、IGBT 及其驱动模块的参数。

子模块电容作为充当子模块直流电源的储能元件，其电压波动的大小对输出电压及电流的谐波大小会产生直接影响，依据文献[18]可知，满足电压波动百分比为 δ 时的电容大小应为

$$C_{\min} = \frac{2P}{U_{\text{cap}}^2 \delta m \omega N} \sqrt{\left[1 - \left(\frac{m\cos\varphi}{2} \right)^2 \right]^3} \qquad (4-54)$$

式中　P——单相的视在功率。

取 $P=5\text{kW}$，$U_{\text{cap}}=50\text{V}$，$\delta=20\%$，$N=8$，$\omega=100\pi$，$m=0.9$，可得到 $C_{\min}=6300\mu\text{F}$，考虑裕量取 $C_{\min}=6800\mu\text{F}$。

桥臂电感的主要作用是抑制环流和直流侧短路电流，根据文献[19]可知，当桥臂环流峰值为 $I_{\text{cir\_ac}}$ 时的桥臂电感应取为

$$L = \frac{1}{8\omega^2 C U_{\text{cap}}} \left(\frac{P}{3I_{\text{cir\_ac}} + U_{\text{dc}}} \right) \qquad (4-55)$$

取 $I_{\text{cir\_ac}}=2\text{A}$，可以得 $L=4.6\text{mH}$。

图 4-20　子模块及主电路硬件实物图

对于 IGBT 功率管及驱动模块，为了降低设计难度，选择塞米控公司（SEMIKRON）的 SKM100GB12T4 半桥模块，额定电流为 100A，额定电压为 1200V，驱动模块采用该公司的专用驱动核 SKYPER 32 R，门极驱动电阻取为 10Ω。虽然 IGBT 额定电压 1200V 虽然远远超过了工作电压 50V，但对控制算法的实验验证不会产生任何影响，并且选用电压等级高的 IGBT 可以方便以后提高实验平台的电压等级。子模块及主电路的实物图如图 4-20 所示。

3. 控制电路硬件设计

控制电路的主要功能是进行子模块电压和桥臂电流的采样；然后输出每个子模块需要的驱动信号，由于 TI 公司 C2000 系列的 DSP 一般只具有 16 个片内 AD 采样通道和 12 路的 PWM 脉冲输出通道，采用 DSP 实现 32 路 PWM 脉冲难度较大，因此采用 DSP+FPGA 的方式，利用 DSP 计算能力强的特点，在 DSP 中完成算法运算，利用 FPGA 管脚编程方便的特点，在 FPGA 中产生 IGBT 的脉冲信号。MMC 控制系统硬件的结构图如图 4-21 所示。

由于本系统具有 16 个子模块，所以需采样 16 路子模块电压信号。实验平台采用霍尔型电压传感器 HNV025A 实现主电到弱电的转换，考虑到采样时间的一致性，子模块电容电压全部用片外 AD 实现，所以本系统配备了三个六路的 AD 采样芯片 ADS8556，可完成 18 路子模块电容电压的同时采样。对于桥臂电流、直流侧电压、

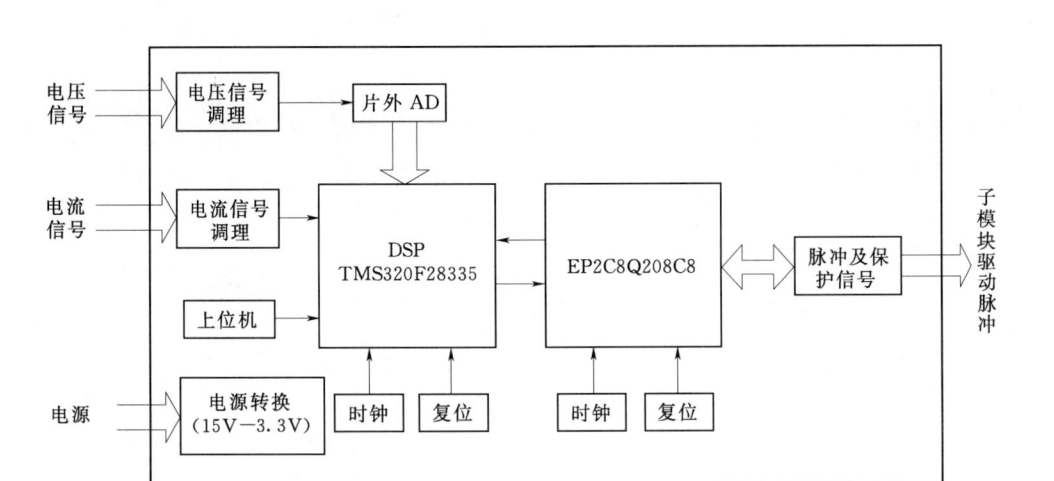

图 4-21 控制系统硬件结构框图

模拟量输入的采样；在 DSP 自带的片内 AD 中完成。片外 AD 和片内 AD 的信号调理电路如图4-22 所示。

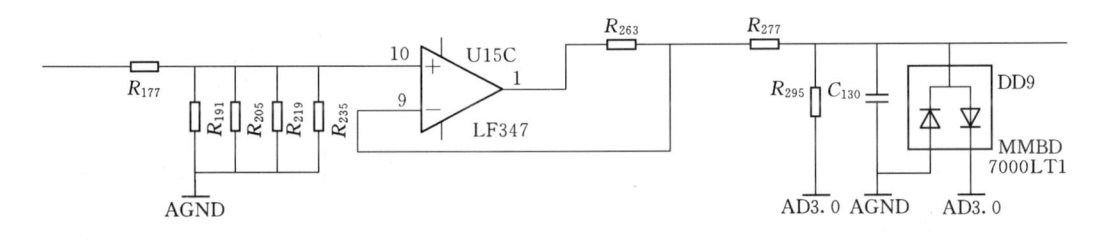

图 4-22 电压和电流采样电路

本实验平台的 IGBT 驱动信号多达 32 路，采用 FPGA 扩展的 32 路 3.3V 的脉冲信号通过电平转换器 SN74LVC4245A 转换为 5V 的脉冲信号，再经过光耦 HCPL4504 的隔离，电平转换为 15V，再经过反相器 CD40106 的整形，送入 SKYPER 32 R 驱动核。值得注意的是，本驱动电路设置了一个驱动保护电路，即若驱动模块出现故障信号，由BAV70 构成的或门会迅速将上、下桥臂的驱动脉冲变为低电平，实现 IGBT 的即时关断。驱动信号的处理及保护电路如图 4-23（a）所示。为了增加系统的安全性，本平台还配置了硬件过流保护电路，采用 LM393 构成的电流比较器，当电流信号的幅值高于设定值时，比较器状态翻转，输出低电平的触发信号给 FPGA 和 DSP，封锁子模块的脉冲信号输出。过流保护电路如图 4-23（b）所示。

最后可以得到控制电路硬件实物图，如图 4-24 所示，图中把控制电路的弱电通过金属挡板与主电路的强电在结构上分开，可以降低控制系统受到的干扰。子模块电容电压的采样通过三块带霍尔电压传感器的采样板送入控制板中的 DSP。控制板中 FPGA 发出的脉冲信号通过三路排线接入驱动转接板，把 5V 的 PWM 信号变为 15V 后再分别送入每个子模块。

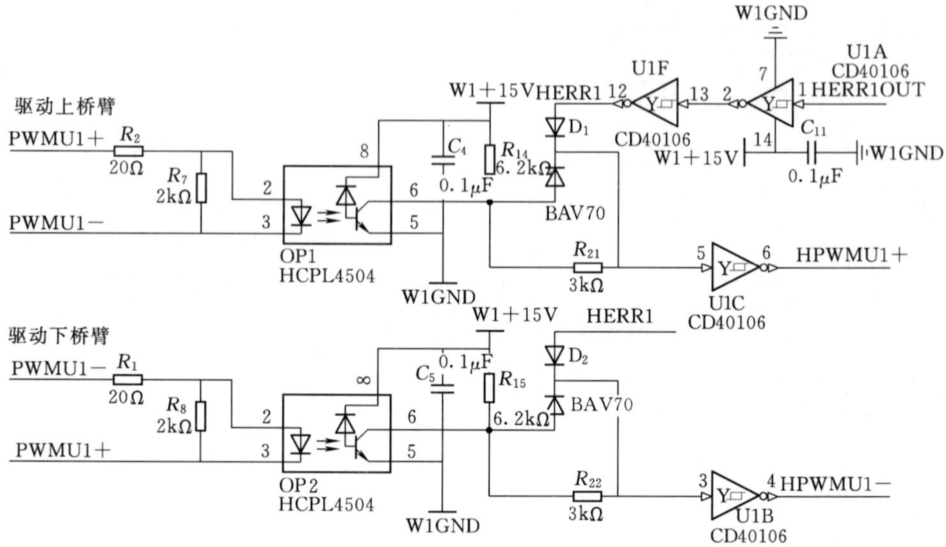

（a）驱动信号的处理及保护电路

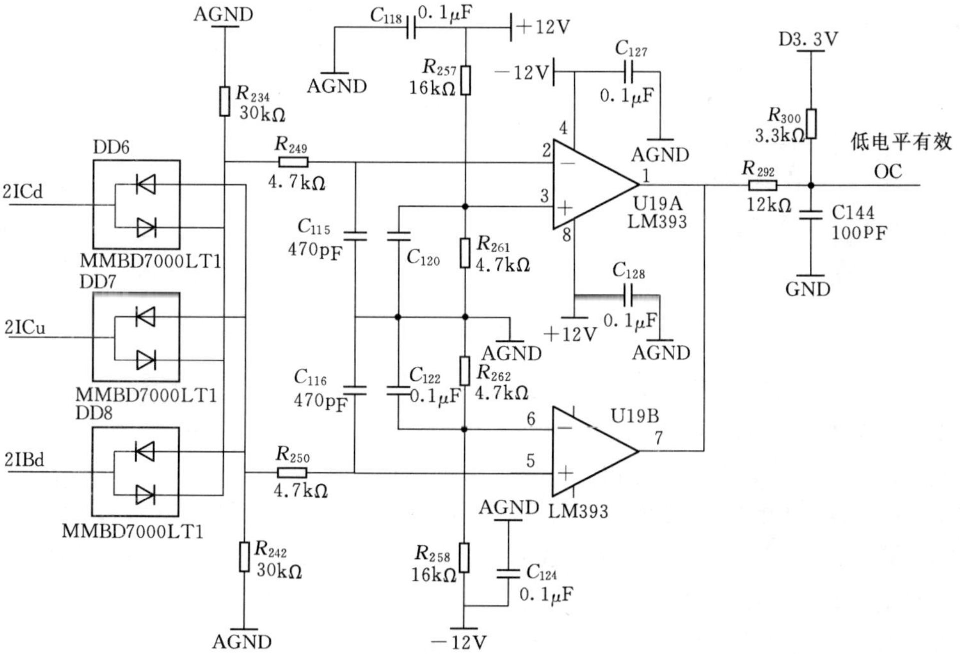

（b）过流保护电路

图 4-23 驱动保护及过流保护电路

4. 实验平台软件设计

实验平台的软件设计包括 DSP 和 FPGA 的软件设计，DSP 负责运算，得到上、下桥臂的调制波或子模块的开关信号后送入 FPGA，由 FPGA 负责对脉冲进行扩展和子模块的保护。

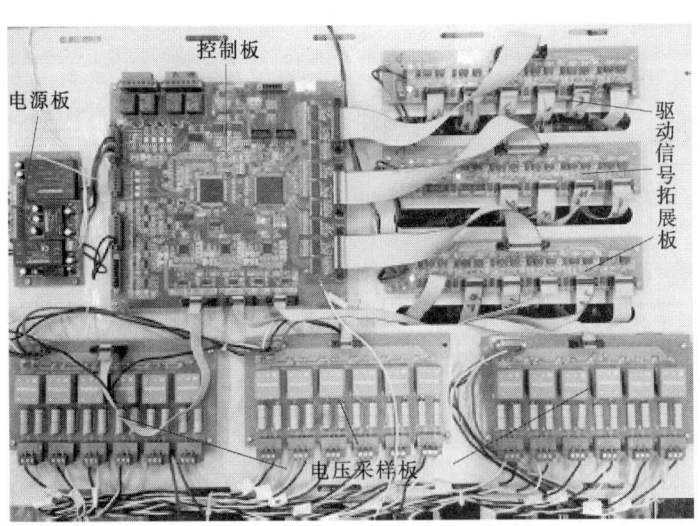

图 4-24 控制电路硬件实物图

DSP 和 FPGA 的软件设计程序流程，如图 4-25 所示。DSP 的软件框架主要由在每个 Epwm 中断执行一次的主程序、只在上电后执行一次的初始化程序及与上位机通信的 1ms CPUTimer0 中断程序构成。初始化程序对系统时钟、中断、GPIO 口等进行配置，Epwm 中断包含 AD 数据采样及处理、子模块电压控制算法、均压控制算法等，输出桥臂的调制波或子模块需要的开关信号给 FPGA。1ms 的 CPUTimer0 中断通过 modelbus 通信协议与上位交换数据。FPGA 的主要任务是扩展脉冲，对 DSP 传输过来的信号进行读取，将开关信号产生死区时间后分配给每个子模块，同时驱动板或 DSP 输出的故障信号可以随时对脉冲输出进行封锁。

4.3.5.2 模块化多电平变流器电容电压控制实验

1. 上、下桥臂整体电容电压控制实验

为了验证上、下桥臂整体电容电压控制器的有效性，利用实验室搭建的九电平逆变器实验平台，每个子模块的额定工作电压为 50V，并将调制比取为 0.9，首先 MMC 逆变器的输出不接负载电阻，使其处于空载状态，采用最近电平逼近调制和传统的均压方法，得到 MMC 逆变器的空载输出电压波形如图 4-26 所示，从图中可以看出，逆变器输出电压的电平数刚好为 9。然后使逆变器外接 11.2Ω 的负载电阻，采用 4.3.1 节所述的上、下桥臂整体电容电压控制器，对逆变器进行稳态性能的仿真，得到负载时子模块电容电压波形图和桥臂电流波形图如图 4-27 所示。图 4-27（a）所示为 MMC 工作时电容电压波形图，电容电压测量是通过测量霍尔电压传感器的输出得到的，由于示波器通道的限制，只采样了上桥臂的 4 个子模块电容电压（10mV 对应 0.264V）。图 4-27（b）所示为负载时 MMC 的输出电流和上、下桥臂电流波形图，输出电流中的谐波是由于 MMC 输出电平数较低产生的。

为了对上、下桥臂整体电容电压控制器进行动态性能的仿真，在某个时刻，将电压外环中每个电容电压的给定值由 50V 变为 60V，得到上下桥臂电流和电容电压的波形图如

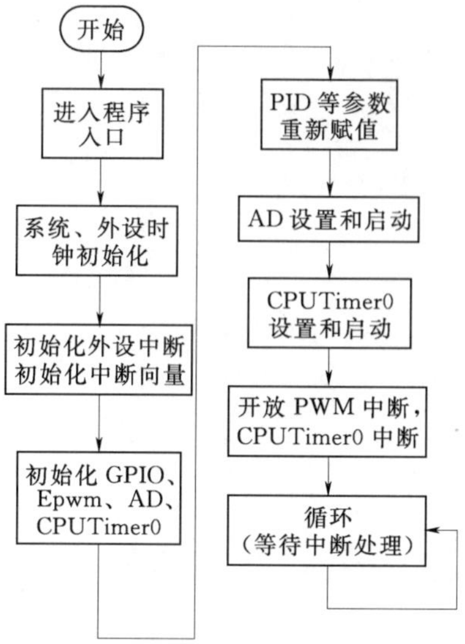

```
开始
  ↓
进入程序
入口
  ↓
系统、外设时
钟初始化
  ↓
初始化外设中断
初始化中断向量
  ↓
初始化 GPIO、
Epwm、AD、
CPUTimer0
```

```
PID 等参数
重新赋值
  ↓
AD 设置和启动
  ↓
CPUTimer0
设置和启动
  ↓
开放 PWM 中断，
CPUTimer0 中断
  ↓
循环
（等待中断处理）
```

（a）主程序流程图

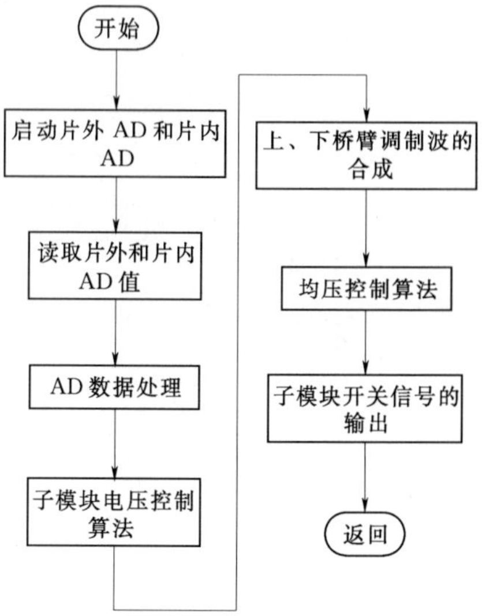

```
开始
  ↓
启动片外 AD 和片内
AD
  ↓
读取片外和片内
AD 值
  ↓
AD 数据处理
  ↓
子模块电压控制
算法
```

```
上、下桥臂调制波的
合成
  ↓
均压控制算法
  ↓
子模块开关信号的
输出
  ↓
返回
```

（b）Epwm 中断程序流程图

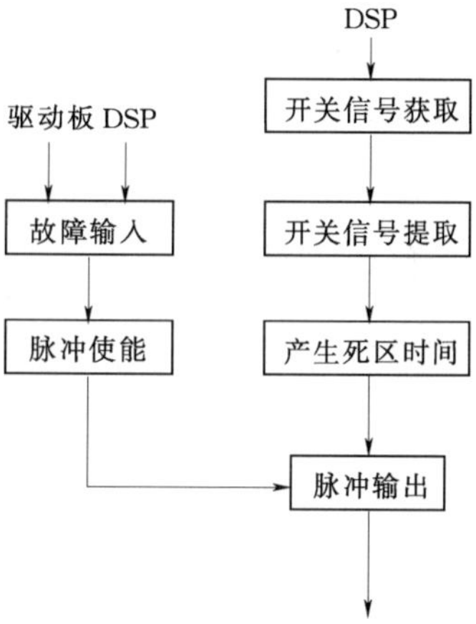

```
驱动板 DSP

故障输入
  ↓
脉冲使能
```

```
DSP
  ↓
开关信号获取
  ↓
开关信号提取
  ↓
产生死区时间
  ↓
脉冲输出
```

（c）FPGA 程序流程图

图 4-25　程序流程图

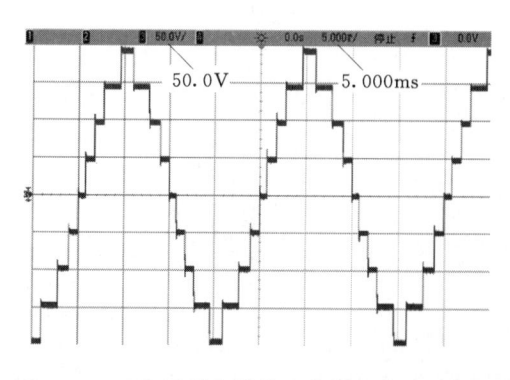

图 4-26　MMC 逆变器的空载输出电压波形图

图 4-28 所示。从图 4-28 中可以看出，当电压参考值变大后，子模块电容电压开始上升，因为调制比和负载电阻不变，所以上、下桥臂电流会随着电压的上升而上升。图 4-28（a）和图 4-28（b）中利用了示波器自带的波形计算功能，将上、下桥臂电压和电流分别进行了相加运算，从图 4-28（a）中电压相加的结果可以看出，上、下桥臂电容电压和存在二倍频波动，并且电压和随着电容电压的升高而上升。图 4-28（b）中通过对上、下桥臂电

流的相加得到桥臂环流，可以看出，环流的直流分量在参考值变化后也上升，代表了桥臂上有功功率的增加。

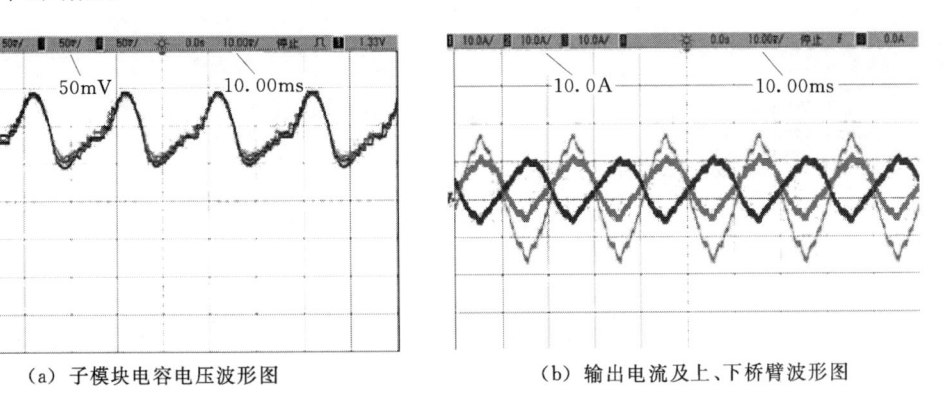

（a）子模块电容电压波形图　　　　　　（b）输出电流及上、下桥臂波形图

图 4-27　MMC 外接负载时输出电压波形图

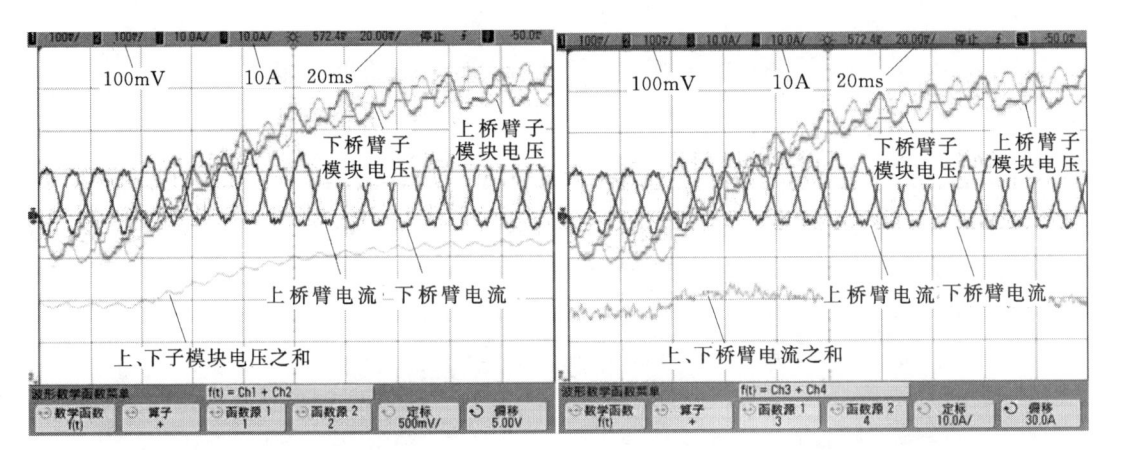

（a）子模块电容电压和动态变化波形图　　　　　（b）电压和与桥臂环流关系图

图 4-28　上、下桥臂整体电容电压控制器动态性能实验

2. 上、下桥臂整体电容电压控制实验

在上、下桥臂电容电压均衡控制中，一般需要将上、下桥臂电压差设为 0 以保证上、下桥臂电容电压相等，为了验证上、下桥臂电容电压均衡控制器的有效性，首先将上、下桥桥臂每个电容电压差设为 20V，然后在某个时刻复位为 0，得到的仿真结果如图 4-29 所示。图 4-29（a）给出了上、下桥臂子模块电容电压，上、下桥臂电流，以及通过示波器自带的运算功能得到的上、下桥臂电压差的波形图。从图 4-29（a）中可以看出，在电压参考值设为 0 以后，上、下桥臂电压开始变得一致，上、下桥臂电压差出现的基频波动越来越明显。图 4-29（b）给出了桥臂环流的波形图，可以明显地看出，当上、下桥臂电容存在电压差时，桥臂环流中会出现明显的基频成分，当上、下桥臂电容电压均衡后，一次环流也基本消失。

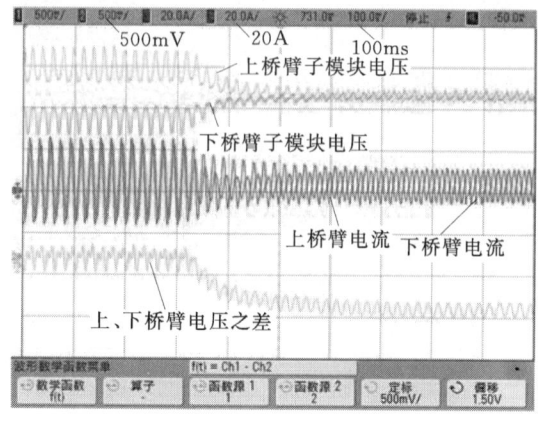

（a）上、下桥臂电容电压差动态变化波形图

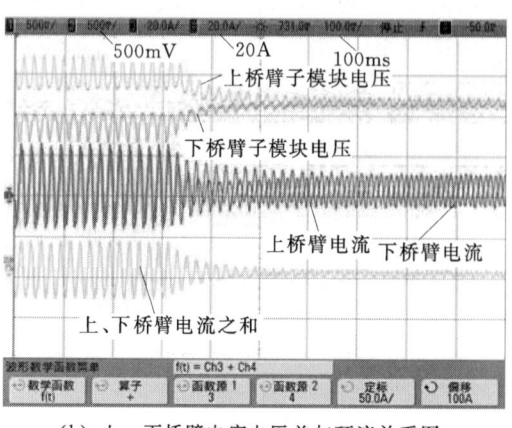

（b）上、下桥臂电容电压差与环流关系图

图 4 - 29　上、下桥臂电容电压均衡控制实验结果图

4.4　受端换流阀的子模块电容电压波动抑制方法

4.4.1　基于桥臂瞬时功率平衡的子模块电压波动抑制方法

从受端换流阀的子模块电容电压数学模型及变化规律的分析可知，子模块电容电压在稳态时存在不可避免的波动，这会使电容的耐压值增加，在波动值过大时还会影响多电平的输出特性，因此若能对其进行抑制，可以优化 MMC 的运行工况。从式（4 - 30）和式（4 - 31）可以看出，上、下桥臂电容电压存在基频和二倍频的波动，并且上、下桥臂间的基频波动幅值大小相同，相位相反，二倍频波动的幅值大小相同，相位也相同。二倍频波动与输出电流的幅值和调制比有关，由于输出电流和电压与 MMC 换流站的外部状态有关，不能通过改变输出电流或调制电压的方式降低电容电压的波动，但是桥臂环流在换流器内部流动，不会在三相交流侧输出，因此可以利用控制环流的方式降低子模块电压的波动[5]。通过式（4 - 34）可以看出，当环流的交流分量大小给定为式（4 - 54）时，上下桥臂的二次波动分量很容易消除。但是这不仅需要实时观测输出电压的调制比和输出电流的幅值，还需要实时观测输出电压和电流的相位，增加了控制系统的复杂程度。

$$i_{\text{cir\_a}} = \frac{1}{4} m_a \hat{i}_a \cos(\varphi - \theta) + \frac{1}{4} m_a \hat{i}_a \cos(2\omega t + \varphi + \theta) \tag{4 - 56}$$

从前面的分析可知，该二次环流的交流分量是由期望输出交流电压的调制比和电流瞬时值的乘积得到，因此可以认为该二次环流与 MMC 的瞬时功率有关。对 A 相桥臂的输入和输出功率进行分析，其交流侧功率为

$$P_{\text{a\_ac}} = e_a i_a \tag{4 - 57}$$

而对于直流侧，其输入或输出功率为

$$P_{\text{a\_dc}} = U_{\text{dc}} i_{\text{cir\_a}} \tag{4 - 58}$$

交流侧与直流侧的功率差为

$$P_{a\_ac} - P_{a\_dc} = e_a i_a - U_{dc} i_{cir\_a} \qquad (4-59)$$

根据功率守恒的原理可知，在考虑输出电压的内阻抗之后，交流侧与直流侧的功率差将会转变为存储于子模块电容的能量，这部分能量将会引起上、下桥臂子模块电容电压的二倍频波动，与式（4-54）的二倍频波动对应，因此若使交流侧与直流侧的功率差为零，可以抵消掉交流侧和直流侧不平衡的功率，从而消除电容电压的二倍频波动。此时，环流的参考值可以表示为

$$i_{cir\_a}^* = \frac{e_a i_a}{U_{dc}} \qquad (4-60)$$

若以式（4-60）为参考值进行环流注入，则只需知道调制电压和输出电流的大小，而无需对电压和电流的相位进行计算。得到环流的参考值后，就可以利用环流控制器对其进行控制。传统 PI 控制器由于在交流频率处开环增益的限制，导致其无法对交流分量进行无差跟踪，若要使用 PI 控制器对交流环流进行控制，需把交流分量通过坐标变换转换成直流分量，经过 PI 控制后再转换为交流分量进行控制，这增加了控制系统的复杂程度，所以这里把传统 PI 控制器和谐振控制器相结合，来增大谐振频率处的开环增益，从而实现二倍频交流分量的直接控制。理想谐振控制器仅在谐振点处增益接近无穷大，当系统频率发生较小的偏离，就无法实现环流的无静差跟踪。所以这里采用准比例积分谐振控制器，其传递函数为

$$G(s) = k_p + \frac{k_i}{s} + \frac{2k_r s}{s^2 + 2\omega_c s + \omega_0^2} \qquad (4-61)$$

式中　k_p——比例增益系数；

　　　　k_i——积分增益系数；

　　　　k_r——谐振项系数；

　　　　ω_c——截止频率。

通过设置 ω_c 可以扩大谐振控制器带宽，降低对于信号频率变化敏感程度。二倍频电压波动抑制的控制框图如图 4-30 所示。

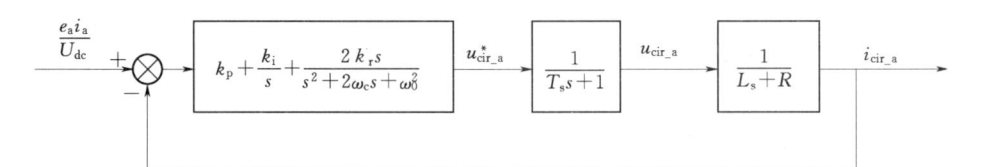

图 4-30　电容电压波动抑制算法框图

4.4.2　抑制电容电压二倍频波动的环流和固有环流的对比分析

从前面的分析可知，如果要降低子模块电容电压的二倍频波动，需要注入一定的二次环流来平衡交流和直流侧不平衡的功率，而桥臂上的环流在不加入控制算法时，由于电容电压的波动也会产生二次环流，本书称此环流为固有环流，两种环流均为二倍频性质，下面对这两种环流进行对比分析。

抑制电压波动的二倍频环流的大小在 4.4.1 已经得出，下面对固有环流的大小进行计算。由于固有环流是由于电容电压波动引起上、下桥臂输出电压的波动加在桥臂电感上产生的，易知上下桥臂的输出电压和为

$$u_{\mathrm{pa}} + u_{\mathrm{na}} = \frac{d_{\mathrm{arm\_pa}}}{C_{\mathrm{arm}}} \int d_{\mathrm{arm\_pa}} i_{\mathrm{pa}} \mathrm{d}t + \frac{d_{\mathrm{arm\_na}}}{C_{\mathrm{arm}}} \int d_{\mathrm{arm\_na}} i_{\mathrm{na}} \mathrm{d}t \tag{4-62}$$

对式 (4-62) 进行化简可得

$$u_{\mathrm{pa}} + u_{\mathrm{na}} = \frac{N}{2C} \int i_{\mathrm{cir\_a}} - \frac{m_{\mathrm{a}} \hat{i}_{\mathrm{a}}}{2} \cos(\omega t + \varphi) \cos(\omega t + \theta) \mathrm{d}t$$
$$+ \frac{N}{2C} m_{\mathrm{a}} \cos(\omega t + \theta) \int - \frac{\hat{i}_{\mathrm{a}}}{2} \cos(\omega t + \varphi) + m_{\mathrm{a}} i_{\mathrm{cir\_a}} \cos(\omega t + \theta) \mathrm{d}t$$

$$\tag{4-63}$$

一般情况下，环流的交流分量要比输出电流小，并考虑到式 (4-63) 中的二倍频波动的主要成分，得到上、下桥臂输出电压的二倍频波动分量可近似表示为

$$u_{\mathrm{a\_leg\_2}} \approx \frac{N}{C} \left[- \frac{3 m_{\mathrm{a}} \hat{i}_{\mathrm{a}}}{16\omega} \sin(2\omega t + \varphi + \theta) + \frac{m_{\mathrm{a}}^3 \hat{i}_{\mathrm{a}}}{16\omega} \cos(\varphi - \theta) \sin(2\omega t + 2\theta) \right] \tag{4-64}$$

此二倍频波动分量将会通过上、下桥臂电感产生二次固有环流，由于第二项与第一项相比要小，忽略第二项的影响，可知二次固有环流的大小为

$$i_{\mathrm{cir\_ac\_2}} \approx - \frac{3 N m_{\mathrm{a}} \hat{i}_{\mathrm{a}}}{64 C L \omega^2} \cos(2\omega t + \varphi + \theta) \tag{4-65}$$

对比式 (4-56) 和式 (4-65) 可以看出，降低子模块电压二倍频波动的环流分量与固有环流分量都与调制比和输出电流的幅值成正比，并且其相位刚好相差 $180°$。固有环流除与上、下桥臂的功率有关外，还与电容容量、桥臂电感、输出电压的角频率及子模块个数有关，其本质是通过电容电压与调制波的共同作用，造成直流侧电压的波动加在桥臂电感上，从而产生固有环流，而抑制电容电压波动的二次环流则是为了平衡输入与输出功率。

4.4.3　抑制子模块电容电压二倍频波动环流对受端换流阀损耗的影响

由于抑制子模块电容电压波动的二次环流会增加变流器损耗，因此需要对在注入二次环流下 MMC 的损耗进行分析。下面分别对不进行电容电压波动抑制和进行波动抑制时桥臂电流有效值进行分析。当内部环流只含有直流分量时，桥臂电流由直流分量和输出电流的一半组成，因此桥臂电流有效值为

$$I_{\mathrm{prms}} = I_{\mathrm{nrms}} = I_{\mathrm{dc}} \sqrt{\frac{k^2}{18} + \frac{1}{9}} \tag{4-66}$$

其中 k 为电流调制系数，定义为

$$k = \frac{I_{\mathrm{a}}/2}{I_{\mathrm{dc}}/3} \tag{4-67}$$

当根据式 (4-54) 进行电容电压波动的抑制控制环流时，同理桥臂电流有效值为

$$I'_{\mathrm{prms}} = I'_{\mathrm{nrms}} = I_{\mathrm{dc}} \sqrt{\frac{k^2}{18} + \frac{1}{9} + \frac{m^2 k^2}{72}} \tag{4-68}$$

若设环流中只含直流分量时的桥臂电流有效值为基值 1，则由式（4-54）整定内部环流时的桥臂电流有效值可以标幺化为

$$I''_{\text{prms}} = I''_{\text{nrms}} = \frac{I'_{\text{prms}}}{I_{\text{prms}}} = \sqrt{1 + \frac{m^2}{4 + 2m^2 \cos\varphi}} \qquad (4-69)$$

图 4-31 所示为 MMC 桥臂电流有效值与功率因数角 φ 和电压调制比 m 的关系（此处 $0.5 < m < 1.0$，因为在实际工程中为了确保 MMC 投入足够多的电平，减小输出电压的谐波畸变率，一般 $m > 0.5$）。从图中可以看出在变流器运行在单位功率因数，且 $k = 0.5$ 时，桥臂电流有效值最小，为 1.02，环流损耗增加很少；当功率因数变小，无功功率输出增加，此时电容电压波动会随之急剧增大。为了抑制由此产生的电容电压波动，所需二次环流增加，随之桥臂电流有效值也会增大。但总体来说，电流有效值增加有限，由此引起的环流损耗较小。

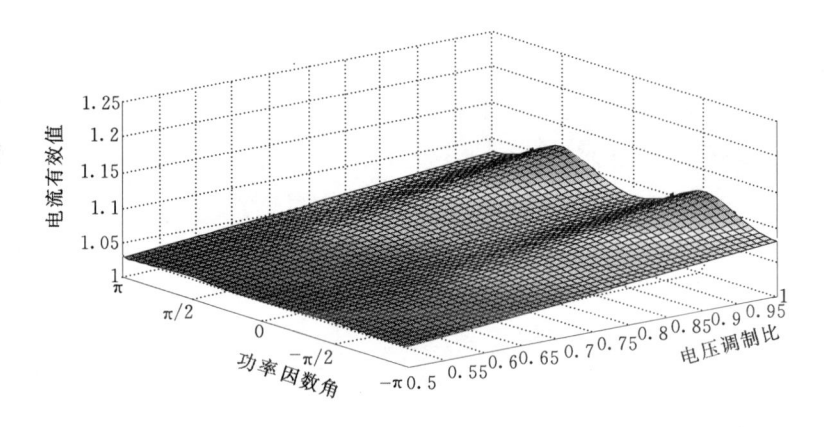

图 4-31 MMC 桥臂电流有效值与功率因数角、电压调制比的关系图

4.4.4 仿真分析

为了验证基于桥臂瞬时功率平衡的子模块电容电压波动抑制算法，在搭建的仿真平台上进行仿真验证，仿真工况分为两种。第一种：先不对桥臂环流进行抑制，在 0.7s 后投入基于桥臂瞬时功率的电容电压波动抑制器，得到的仿真结果如图 4-32 所示。图 4-32（a）所示为上、下桥臂第一个子模块电容电压波形，从图中可以看出，在电容电压波动抑制器投入之前，子模块电容电压波动的幅值约为 50V，控制器投入之后，降低到大约30V。图 4-32（b）所示为桥臂环流波形图，桥臂环流二次分量的幅值也由原来的约 25A 上升到约 80A，并且从图中还可以看出，桥臂环流的二次分量在电压波动控制器投入之前和之后相位基本相反，从而验证了式（4-63）。第二种：先对桥臂环流的交流分量进行抑制，在 0.7s 后投入基于桥臂瞬时功率的电容电压波动抑制器，得到的结果如图 4-33 所示。从图 4-33（a）中可以看出，当对环流的交流分量进行完全抑制时，子模块电容电压的波动大小与不抑制环流时相比有所减少，但减少有限，与图 4-32（a）相比，电容电压波动幅值大约减少 7.5V。

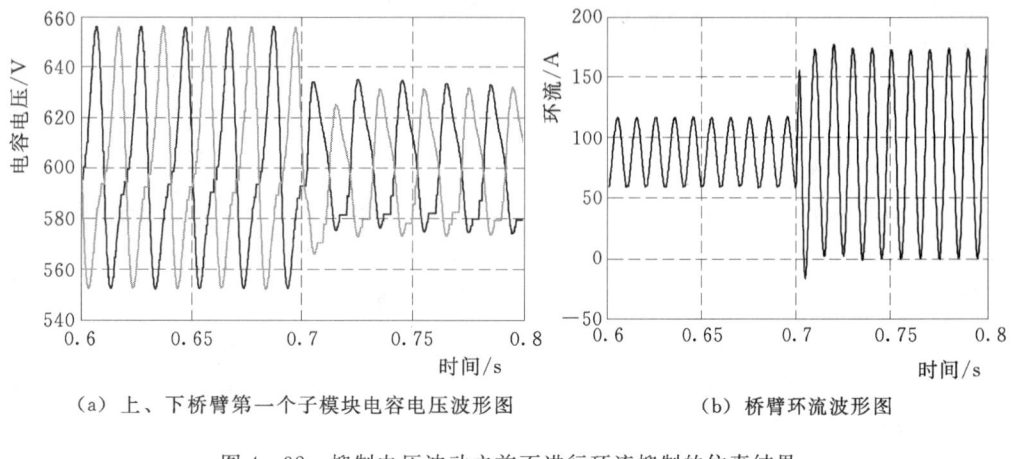

（a）上、下桥臂第一个子模块电容电压波形图　　　　（b）桥臂环流波形图

图 4-32　抑制电压波动之前不进行环流抑制的仿真结果

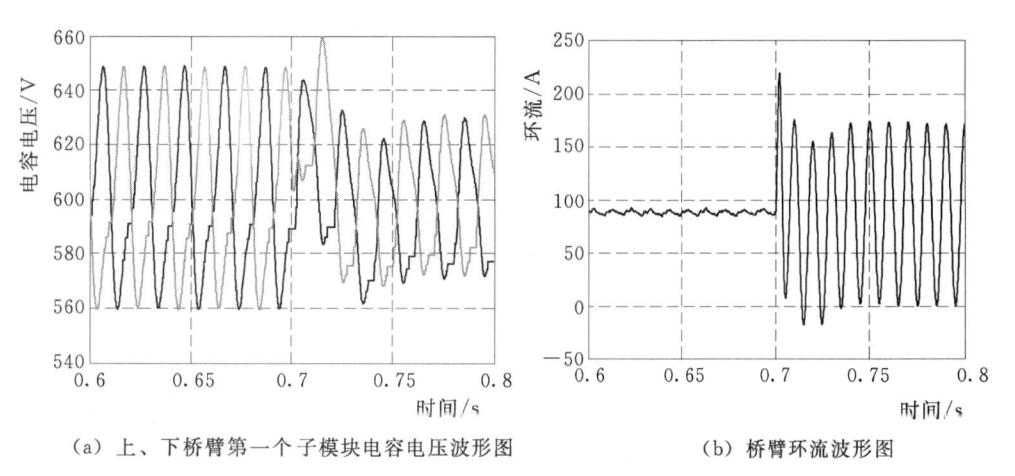

（a）上、下桥臂第一个子模块电容电压波形图　　　　（b）桥臂环流波形图

图 4-33　抑制电压波动之前进行环流抑制的仿真结果

4.4.5　子模块电容电压波动抑制实验

为了验证本书所述子模块电容电压波动抑制方法的正确性，在搭建的实验平台上，在保持负载电阻为 11.2Ω 和调制比为 0.9 不变的情况下，比较不对环流进行控制时、抑制环流为零时和注入环流消除二倍频波动时的电容电压波形，得到的结果如图 4-34 所示。从图 4-34（a）可以看出，霍尔电压传感器输出的电容电压的波动峰—峰值大约为 100mV（10mV 对应实际 0.264V），同时桥臂电流中出现了二倍频的环流。当对环流的交流分量进行完全抑制时，子模块电容电压的波动没有出现明显的降低，但桥臂电流中交流分量的正弦性变得更好，如图 4-34（b）所示。当按照基于桥臂瞬时功率平衡的子模块电压被动抑制方法进行电容电压波动的抑制时，电压波动的峰—峰值与图 4-34（a）和图 4-34（b）相比减少了大约 40%，同时桥臂电流中出现了平衡桥臂二次功率波动的二次环流，如图 4-34（c）所示，同时可以看出上下桥臂电流的幅值并没有出现显著增大，说明此时注入环流带来的桥臂损耗没有明显增加。

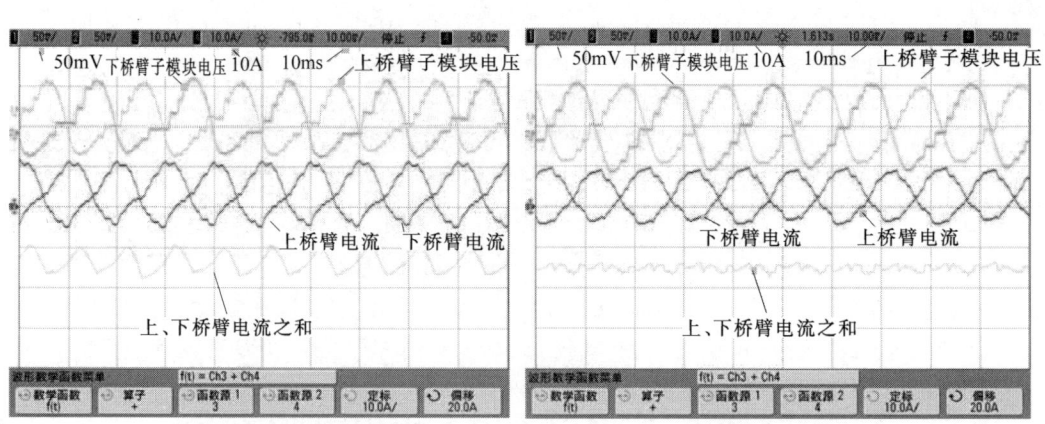

（a）不抑制环流时实验波形　　　　　　　　（b）抑制环流时实验波形

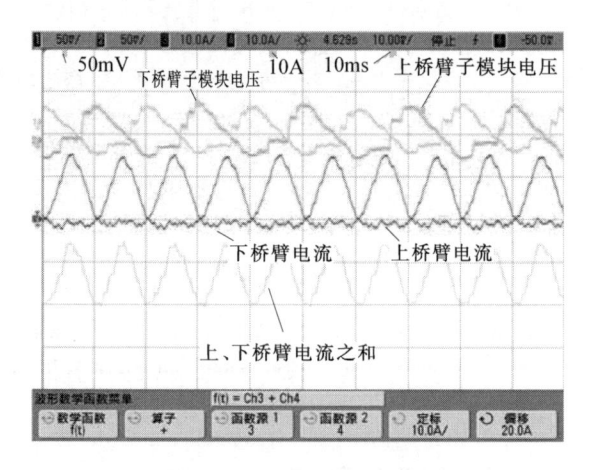

（c）抑制电容电压波动时实验波形

图 4-34　电容电压波动抑制实验结果

参 考 文 献

［1］　廖武．模块化多电平变换器（MMC）运行与控制若干关键技术研究［D］．长沙：湖南大学，2016.

［2］　赵成勇．柔性直流输电建模和仿真技术［M］．北京：中国电力出版社，2014.

［3］　Wu Liao, Sheng Huang, Yanchao Chu, Shoudao Huang. The Control Method of Modular Multi-level Converter based on Low and High Frequency Circulating Current［C］//Transportation Electrification Asia-Pacific（ITEC Asia-Pacific）．北京：2014 IEEE Transportation electrification Conference and Expo：1.

［4］　褚衍超，黄守道，孔凡蓬，等．基于内模控制器的 MMC-HVDC 稳态控制［J］．电网技术，2015，39（8）：2223-2229.

［5］　黄守道，彭也伦，廖武．模块化多电平型变流器电容电压波动及其抑制策略研究［J］．电工技术学报，2015，30（7）：62-71.

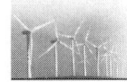

［6］ Wu Liao，Shoudao Huang，Sheng Huang，et al. A Simplified Method for Controlling the Modular Multi-level Converter Energy based on Modified Carrier Phase-Shift Modulation［C］//17th International Conference on Electrical Machines and Systems（ICEMS）. Hangzhou：2014，10：2454-2459.

［7］ Marquardt R. Modular Multilevel Converter Topologies with DC-short Circuit Current Limitation［C］//2011 IEEE 8th International Conference on Power Electronics and ECCE Asia（ICPE & EC-CE）.2011，Jeju：1425-1431.

［8］ 孙世贤，田杰. 适合MMC型直流输电的灵活逼近调制策略［J］. 中国电机工程学报，2012，32（28）：62-67.

［9］ Prafullachandra M. Meshram，Vijay B. Borghate. A Simplified Nearest Level Control（NLC）Volt-age Balancing Method for Modular Multilevel Converter（MMC）［J］. IEEE Trans on Power Elec-tron，2015，30（1）：450-462.

［10］ 宋平岗，李云丰，王立娜. 无锁相环模块化多电平换流器直接功率控制器设计［J］. 高电压技术，2014，40（11）：3500-3505.

［11］ 丁茂桃. 基于LCL滤波的PWM整流器研究［D］. 重庆：重庆大学，2011.

［12］ 张崇巍，张兴. PWM整流器及其控制［M］. 北京：机械工业出版社，2005.

［13］ 辛业春，王朝斌，李国庆，等. 模块化多电平换流器子模块电容电压平衡改进控制方法［J］. 电网技术，2014，38（5）：1291-1296.

［14］ 屠卿瑞，徐政，郑翔，等. 一种优化的模块化多电平换流器电压均衡控制方法［J］. 电工技术学报，2011，26（5）：15-20.

［15］ Jiangchao Qin，Maryam Saeedifard. Reduced Switching-Frequency Voltage-Balancing Strategies for Modular Multilevel HVDC Converters［J］. IEEE Trans on Power Delivery，2013，28（4）：2403-2410.

［16］ Rosheila Darus，Josep Pou，Georgios Konstantinou. A Modified Voltage Balancing Algorithm for the Modular Multilevel Converter：Evaluation for Staircase and Phase-Disposition PWM［J］. IEEE Trans on Power Electronics，2015，30（8）：4119-4127.

［17］ Lee H J，Jung J J，Sul S K. A Switching Frequency Reduction and a Mitigation of Voltage Fluctua-tion of Modular Multilevel Converter for HVDC［C］. Energy Conversion Congress and Exposition. IEEE，2014.

［18］ Cunico L M，Lambert G，Dacol R P，et al. Parameters Design for Modular Multilevel Converter（MMC）［C］//2013 Brazilian Power Electronics Conference. Brazilian：2013，10：264-270.

［19］ Tu Q，Xu Z，Huang H，et al. Parameter Design Principle of the Arm Inductor in Modular Multi-level Converter Based HVDC［C］// International Conference on Power System Technology. Han-gzhou：2010，10：1-6.

第5章 受端换流阀的开关频率和损耗分析

柔性直流输电中 MMC 换流阀的开关频率和开关损耗必须是建立在特定的均压算法的基础上，不同的均压算法会产生不同的开关频率，进而产生不同的损耗。通常在柔性直流输电系统中采用最近电平逼近调制策略，而最近电平逼近调制下的均压策略，有传统均压算法以及两类改进的均压算法（基于最大电压偏差优化均压算法[1-3]、基于虚拟电容电压优化均压算法[4-5]）。传统均压算法均压效果很好，但大量增加了子模块的开关率，降低了 MMC 换流阀的效率，所以为了提高柔性直流输电系统的效率，一般采用两类改进的均压算法。两类均压算法都可以明显降低开关频率，并且开关频率和开关损耗都会随着电容电压的最大偏差（对应于第一类）和虚拟电容电压偏移量（对应于第二类）的增大而下降，付出的代价是子模块均压效果的减弱。电容电压允许偏差越大，则开关频率会越低；电容电压允许偏差越小，则开关频率会越高。由于子模块电容电压的均衡度与开关频率存在矛盾，因此深入研究子模块开关频率及损耗与电容电压均衡度之间的关系，可以对 MMC 优化均压算法的工程应用提供理论指导。本章针对此种情况，对两类采用改进均压方法 MMC 的平均开关频率和开关损耗进行深入研究[6-7]。

5.1 受端换流阀子模块的开关动作机理分析

由于在最近电平逼近调制算法下，子模块的开关脉冲信号不是与频率固定的三角载波比较产生的，因此其开关频率变得不固定，并且开关动作不仅受到输出电压的影响，还会受到均压控制算法的限制。对最近电平逼近下的开关动作机理进行分析，是研究优化均压算法下开关频率和开关损耗的基础。

5.1.1 传统均压算法的均压控制开关过程分析

影响 MMC 开关动作的因素可分为以下两类：

第一类为由于 MMC 输出电压变化需要增加或减少子模块投入的个数，这个过程会造成子模块的状态发生变化，产生子模块的开关动作，可称为必要的开关动作[8]。在一个工频周期内，必要的开关动作总次数为

$$n_{\text{nec}} = 2\text{round}\left(\frac{\dfrac{U_{\text{dc}}}{2} + \hat{e}_{\text{a}}}{U_{\text{cap}}}\right) \tag{5-1}$$

式中 round——取整函数；

U_{cap}——额定电容电压。

第二类为由于子模块电容均压控制的需要，在投入子模块个数不变数时，按均压的要求来交换投入的子模块，可称为附加开关动作[9]，易知附加开关动作必为 2 的倍数。其变化机理受到了均压算法的影响，其过程也相对复杂，对其进行研究可以为优化均压算法提供理论基础。因此本节重点对附加开关动作进行分析，以 a 相上桥臂为例，假设上桥臂子模块个数为四个，每个子模块的参数一致，桥臂电流为充电电流，在第 k 个控制周期开始时，电容电压按降序排列后的排序顺序为 SM_4、SM_3、SM_2、SM_1，由于桥臂电流对投入状态子模块的充电作用，在第 k 个控制周期结束时，对于投入的子模块，其电容电压根据充放电公式为

$$u_{cap}[k+1] = u_{cap}[k] + \frac{1}{C}\int_{kT_s}^{(k+1)T_s} i_{pa}\, dt \qquad (5-2)$$

式中 $u_{cap}[k]$——第 k 个控制周期电容电压；

T_s——系统的控制周期。

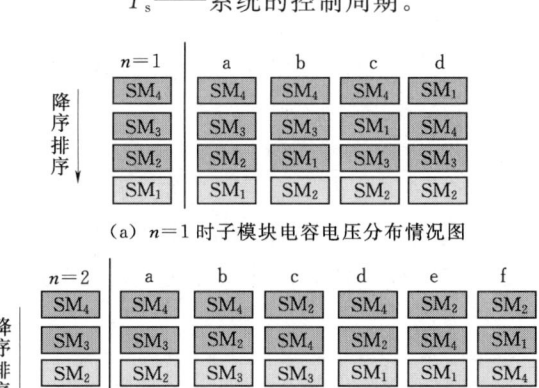

（a）$n=1$ 时子模块电容电压分布情况图

（b）$n=2$ 时子模块电容电压分布情况图

（c）$n=3$ 时子模块电容电压分布情况图

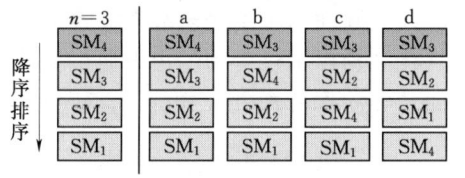

□ 投入 ■ 切出

图 5-1 一个控制周期内子模块状态交换示意图

根据投入子模块充电后电容电压的情况，在下个控制周期开始时，会发生子模块的交换。具体交换的情况如图 5-1 所示，当投入子模块个数 $n=1$ 时，在 $k+1$ 周期开始时，子模块电容电压的情况可为如图 5-1（a）所示的 a、b、c、d 四种情况，其中情况 a 下不需要子模块的交换，情况 b、c、d 下交换个数为 2，当 $n=3$，由互补对称性可知，其子模块交换个数情况与 $n=1$ 时的相同，如图 5-1（c）所示。当 $n=2$ 时，在 $k+1$ 周期开始时，子模块电容电压的情况如图 5-1（b）所示的 a、b、c、d、e、f 等 6 情况，其中情况 a 下不需要子模块的交换，情况 b、c、d、e 下交换个数为 2，情况 f 交换个数最大，即所有子模块状态都要发生交换[8]。

从以上分析可以看出，在传统均压方法下，子模块的状态切换非常复杂，子模块交换个数与桥臂电流、调制比、电容容量等参数有关，并且子模块状态交换个数情况有多种可能，最小为零，最大与调制波的值直接相关，即

$$n_{add\_max} = \begin{cases} 2n_{pa} & \left(\text{round}\ \dfrac{\frac{U_{dc}}{2} - e_a - u_{cir\_a}}{U_{cap}} \leqslant \dfrac{N}{2} \right) \\[4mm] 2(N - n_{pa}) & \left(\text{round}\ \dfrac{\frac{U_{dc}}{2} - e_a - u_{cir\_a}}{U_{cap}} > \dfrac{N}{2} \right) \end{cases} \qquad (5-3)$$

5.1.2 改进均压算法的开关过程分析

传统排序均压控制算法存在的问题：①在每个均压控制周期，都需要对所有子模块电容电压进行排序，当子模块个数增多时，排序运算量会急剧增加；②由于每个均压控制周期都对子模块电容电压排序和判断投入与否，这就造成了同一子模块电压在微小变动后，有可能存在不必要的反复投切现象，增大子模块的开关频率和损耗。因此本节研究基于最大电压偏差的优化均压算法和基于虚拟电容电压优化均压算法，对其开关动作机理进行分析，以期找到其开关动作规律，为解决开关频率和开关损耗计算提供理论基础。

1. 基于最大电压偏差的开关过程分析

基于最大电压偏差均压算法的流程图（图4-15），下面对其开关过程进行分析。假设桥臂电流为充电电流，桥臂总子模块数为6，当投入子模块个数分别为2、3、5时，子模块状态交换过程如图5-2所示。当子模块投入个数为2时，若电容电压的最大偏差刚好超过最大电压偏差设定值u_{set}，如图5-2（a）最左边的子模块所示，此时控制系统会选择电容电压最小的2个子模块投入。在接下来的h个控制周期，除必要的开关动作外，各个子模块会保持原来的脉冲状态。投入的2个子模块中最高电压的子模块SM_2电压升高到最大，切除状态中的最小电压子模块SM_3会变为最小。在最高值与最低值之差达到设定值u_{set}后，就会进行下一次的子模块均压调整。电容放电时的情况也与之类似，当投入子模块个数为3和5时，子模块的开关过程如图5-2（b）和图5-2（c）所示。

从图5-2的开关过程可以看出，此种均压算法的开关过程相对简单，投入的n个子模块会一直保持之前的开关状态，直到其电容电压上升或降低到设定的最大电压偏差值为止，子模块才进行下一次开关状态的切换，也就是说开关状态的切换集中在某个时间点附近。

2. 基于虚拟电容电压优化均压算法开关过程分析

基于虚拟电容电压优化均压算法流程图如图4-16所示，下面对其开关过程进行分析。假设桥臂电流为充电电流，桥臂总子模块数为6，当子模块投入个数为1时，易知这个子模块投入后到下一次子模块状态交换的过程中，电容电压的上升值应约为u_{vir}（u_{vir}表示虚拟电容电压优化均压算法中的偏移量值）。下面对投入子模块数分别为2、3、5情况下，均压算法的开关过程进行具体分析。如图5-3（a）最左边子模块状态所示，当子模块投入个数为2时，电容电压按虚拟值降序排列的情况为SM_6、SM_5、SM_4、SM_3、SM_2、SM_1。假设此时投入状态的子模块2的虚拟电压刚好超过切出状态的子模块3的实际电压，则子模块3和子模块2要进行一次状态的交换。交换之后，子模块2参与排序的电压由原来的虚拟电压变换为实际子模块电压，因此参与排序的子模块电压会升高u_{vir}，而子模块3的参与排序的电容电压则变为实际电压减去u_{vir}。在接下来的几个周期，子模块1和子模块3的电压会继续充电上升，当子模块1的虚拟电压超过子模块4时，又会发生一次子模块状态的交换。同理，子模块1的参与排序的电压使用了实际电压值，会升高u_{vir}，子模块4的参与排序电压降低u_{vir}，之后子模块3、4投入，电压继续上升，直到子模块3的

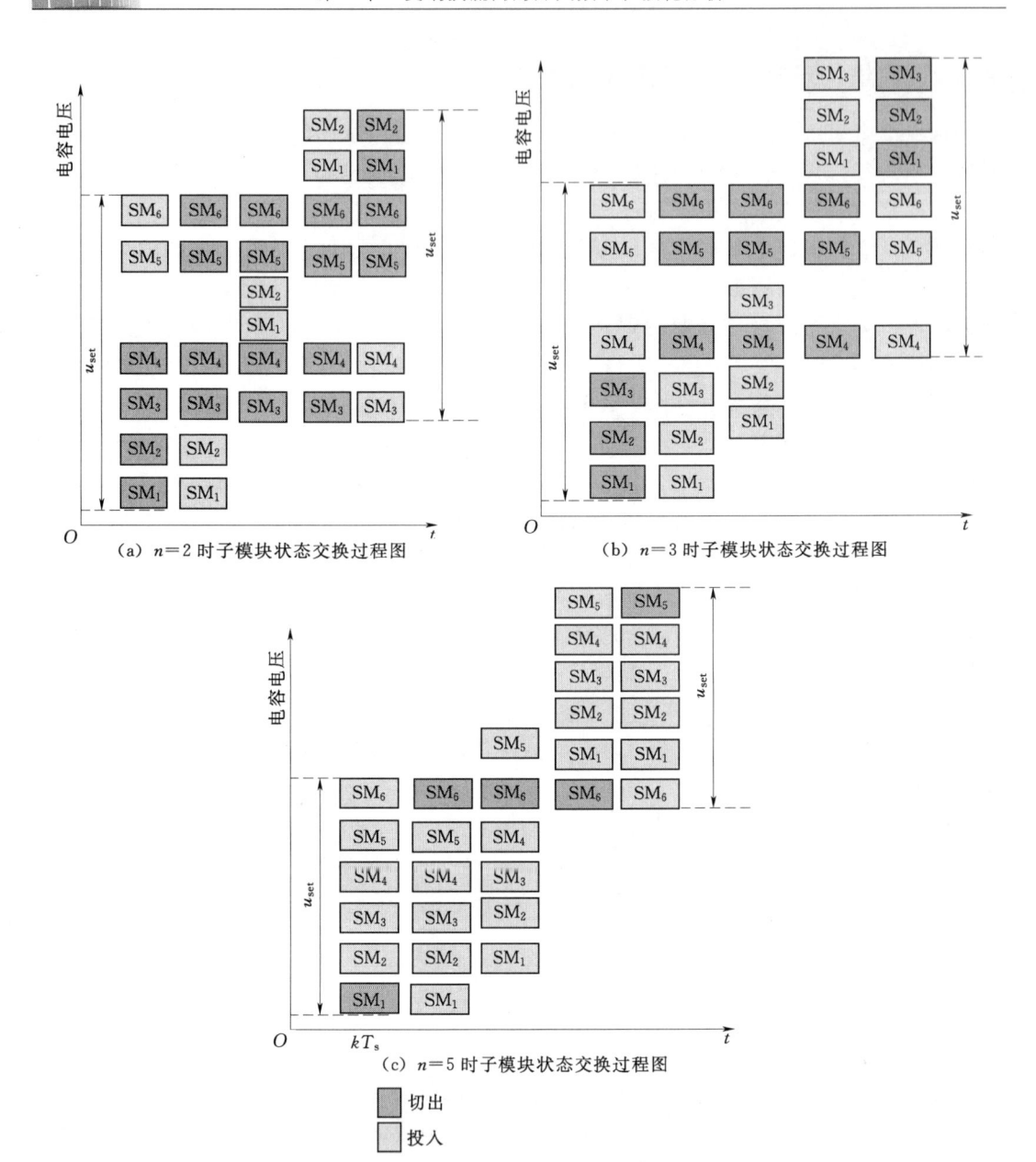

（a）$n=2$ 时子模块状态交换过程图

（b）$n=3$ 时子模块状态交换过程图

（c）$n=5$ 时子模块状态交换过程图

切出

投入

图 5-2　基于最大电压偏差均压算法子模块状态交换过程图

排序电压超过子模块 5 时，再次完成子模块状态的交换。从图 5-3（a）可以看出，从第一次子模块 3 与子模块 2 交换变为投入，到第二次子模块 3 与子模块 5 交换变为切出，子模块 3 需要经过子模块 1 和子模块 4 发生 2 次比较切换后，才会发生状态的另一次变化。子模块 3 在此过程中的电压上升值 u_{raise} 应为 u_{vir} 加上最开始子模块 3 与子模块 5 的电压差。

当子模块投入个数为 3 时，子模块的变化状态如图 5-3（b）所示。从最开始的子模块 3 和子模块 4 电压发生比较，投入子模块 4 后，到子模块 4 再次退出到切出状态，这中间要经过子模块 2 和子模块 5、子模块 1 和子模块 6、子模块 3 和子模块 4 的比较，子模块 4 的电压上升值 $u_{raise} \approx 2u_{vir}$。

当子模块投入个数为 4 时，子模块的变化状态如图 5-3（c）所示。从最开始的子模块 5 和子模块 4 电压发生比较投入子模块 5 后，到子模块 5 再次退出到切出状态，这中间要经过子模块 3 和子模块 6、子模块 2 和子模块 4、子模块 3 和子模块 1、子模块 2 和子模块 5 的比较，子模块 5 的电压上升值 $u_{raise} \approx 3u_{vir}$。

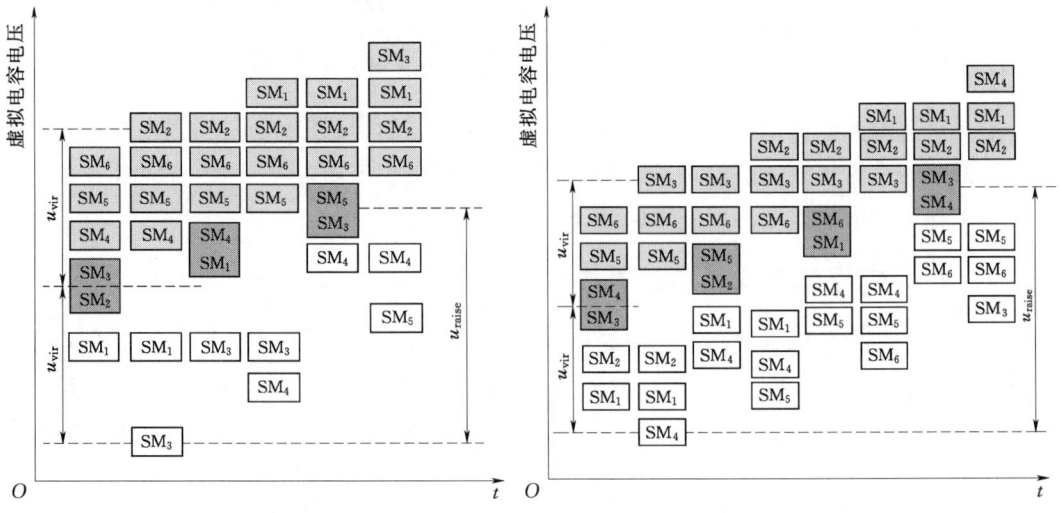

（a）$n=2$ 时子模块状态交换过程图　　　（b）$n=3$ 时子模块状态交换过程图

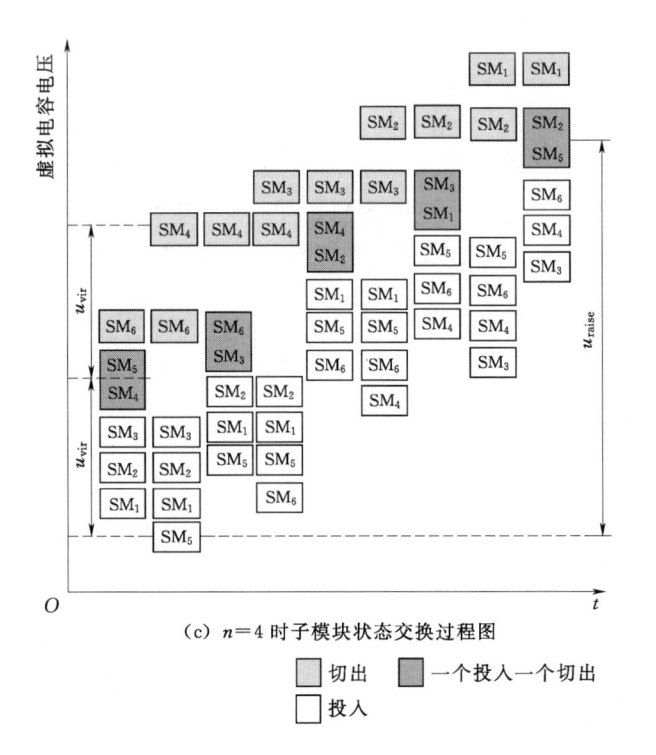

（c）$n=4$ 时子模块状态交换过程图

切出　　一个投入一个切出
投入

图 5-3　基于虚拟电容电压优化均压算法的子模块状态交换过程图

从以上分析可以看出，与基于最大电压偏差优化均压算法相比，此种均压算法下的开关切换动作比较分散，子模块是逐个投入与切出，并且子模块投入后的电压上升值与当前的子模块投入个数有关，而基于最大电压偏差优化均压算法的子模块是一组子模块同时投入或切出，投入后电压上升值固定为最大电压偏差的设定值。

5.2　基于最大电压偏差优化均压算法的受端换流阀开关频率和损耗计算

最大电压偏差优化均压算法的子模块的开关频率不固定，因此对于开关频率的计算是以平均开关频率为基础。下面对基于最大电压偏差优化均压算法的开关频率和损耗进行计算，为工程实际中最大电压偏差值的选择提供理论参考。

5.2.1　最大电压偏差优化均压算法的开关频率计算

根据 5.1.2 的分析可知，对于图 5 - 2 所示的基于最大电压偏差优化均压算法，u_{set} 的取值影响着器件的开关频率，当 u_{set} 取值过小时，优化的均压方法起不到减少开关动作的作用，过小的 u_{set} 会使此方向趋向于传统方法。而当 u_{set} 取值过大时，附加开关动作次数将会等于 0。所以对此方法的开关频率进行分析时，需结合 u_{set} 的取值范围。根据传统均压方法的原理可知，即使在每个控制周期都依据排序交换子模块，子模块的最大电压与最小电压差也不会为零，而是与控制周期、电容量、桥臂电流大小相关，可表示为

$$\Delta u_1 = \frac{1}{C}\int_{kT_{\text{s}}}^{(k+1)T_{\text{s}}} \mid i_{\text{pa}} \mid \mathrm{d}t \tag{5-4}$$

若 u_{set} 取值小于式（5-4）的最大值，虽然也可以得到减少开关频率的效果，但在一个周期内，开关动作的机理会变得不一致，所以本书的分析建立在 u_{set} 大于式（5-4）的最大值基础之上。为了计算方便，假设 MMC 的 a 相上桥臂调制电压的初相角为 0，输出电流的初相角为 φ，根据 MMC 能量守恒的原理，可知 a 相上桥臂电流为

$$i_{\text{pa}} = \frac{1}{2}\hat{i}_{\text{a}}\cos(\omega t + \varphi) + \frac{m}{4}\hat{i}_{\text{a}}\cos\varphi \tag{5-5}$$

所以，输出电流达到最大峰值时，桥臂电流的绝对值最大，为

$$\Delta u_1 = \frac{1}{2C}\hat{i}_a\left(1 + \frac{m}{4}\cos\varphi\right)T_{\text{s}} \tag{5-6}$$

下面分析 u_{set} 过大时的情况，若 u_{set} 过大，由于必要的开关动作也加入了均压的控制，所以过大的 u_{set} 会使附加开关动作变为 0，此时子模块的开关频率接近于基频。假设 MMC 工作于逆变状态，子模块电容电压在一个工频周期内的变化量最大为

$$\Delta u_2 = \frac{1}{C}\int_0^{\theta_1} i_{\text{pa}}\mathrm{d}\theta + \frac{1}{C}\int_{\theta_2}^{2\pi} i_{\text{pa}}\mathrm{d}\theta \tag{5-7}$$

式中　θ_1、θ_2——i_{pa} 的过零点。

根据式（5-5）易知

$$\theta_1 = \pi - \arccos\left(\frac{m}{2}\cos\varphi\right) - \varphi \tag{5-8}$$

$$\theta_2 = \pi + \arccos\left(\frac{m}{2}\cos\varphi\right) - \varphi \qquad (5-9)$$

所以式（5-7）可表示为

$$\Delta u_2 = \frac{\hat{i}_a}{\omega C}\left\{\sqrt{1 - \frac{m^2\cos\varphi^2}{4}} + \frac{m}{4}\cos\varphi\left[2\pi - 2\arccos\left(\frac{m}{2}\cos\varphi\right)\right]\right\} \qquad (5-10)$$

因此，当 $u_{set} > \Delta u_2$ 时，桥臂在一个工频周期的开关次数可以按照式（5-1）计算。

仍以 a 相上桥臂为研究对象，假设在某一时刻，电容电压刚好超过最大电压偏差，桥臂按普通均压方法投入电压最小的 n 个子模块后，在接下来的几个控制周期，除必要的开关动作外，各个子模块会保持原来的脉冲状态，直到投入的子模块电压上升到近似 u_{set} 为止，才会进入下一次的子模块交换，子模块切换个数可按式（5-3）计算。

对于投入的子模块，其电容电压的增量可表示为其桥臂电流与时间轴积分的面积，如图5-4中的阴影部分所示，每一个阴影面积相等，表示一次控制过程。并且在发生一次子模块投入交换后，电容电压的增量可近似认为 u_{set}，也就是说完成一次交换需要的时间为

$$\Delta t = \frac{Cu_{set}}{|\bar{i}_{pa}|} \qquad (5-11)$$

式中 $\bar{i}_{pa}$——Δt 时间内桥臂电流的平均值。

由于两次开关动作对应一个开关周期，所以在此段时间内，桥臂上 N 个器件的平均开关频率为

$$f_{ave} = \frac{n_{add}}{2\Delta t} \qquad (5-12)$$

因此在一个工频周期内，桥臂上子模块总开关次数为

$$n_{total} \approx \frac{1}{Cu_{set}}\int_0^T n_{add}\,|\,i_{pa}\,|\,dt + n_{nec} \qquad (5-13)$$

式中 T——工频周期。

由于均压控制的作用，桥臂上的总开关次数会平均分配到每个子模块，所以每个子模块的平均开关频率为

$$f_{sm\_ave} = \frac{n_{total}}{2NT} \qquad (5-14)$$

要计算子模块的平均开关频率，主要应对式（5-13）的积分进行计算。由于 u_{cir_a} 在调制波中的比例很小，可以忽略其影响。同时，n_{add} 和桥臂电流 i_{pa} 均为分段函数，需根据 i_{pa} 的过零点 t_1、t_2 与 $T/4$、$3T/4$ 的大小来计算，则过零点的时间 t_1、t_2 分别为

$$t_1 = \frac{T}{2\pi}\left[\pi - \arccos\left(\frac{m}{2}\cos\varphi\right) - \varphi\right] \qquad (5-15)$$

$$t_2 = \frac{T}{2\pi}\left[\pi + \arccos\left(\frac{m}{2}\cos\varphi\right) - \varphi\right] \qquad (5-16)$$

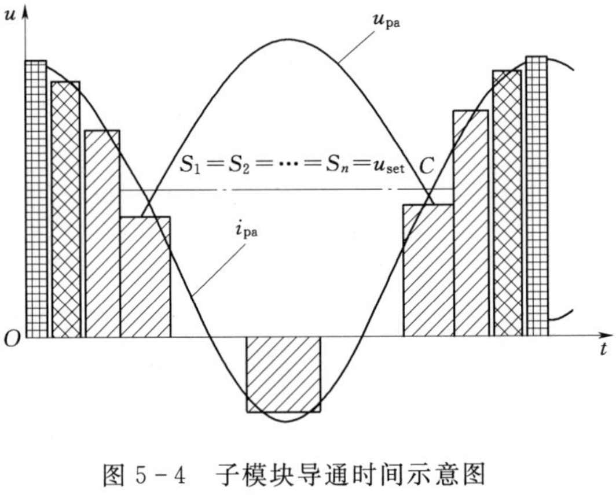

图 5-4　子模块导通时间示意图

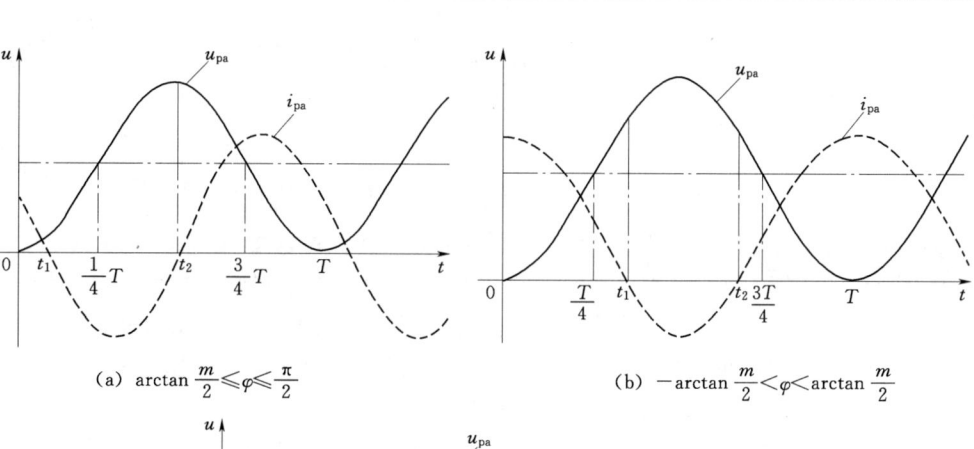

(a) $\arctan \dfrac{m}{2} \leqslant \varphi \leqslant \dfrac{\pi}{2}$　　　　(b) $-\arctan \dfrac{m}{2} < \varphi < \arctan \dfrac{m}{2}$

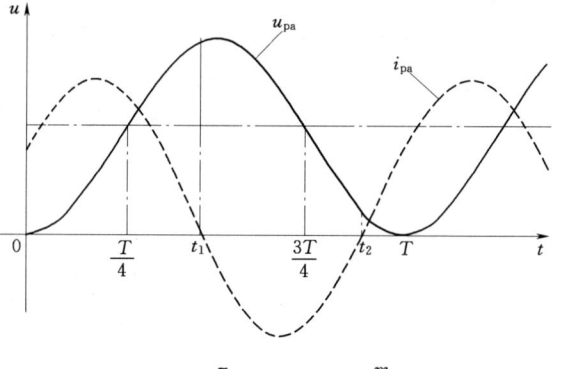

(c) $-\dfrac{\pi}{2} \leqslant \varphi \leqslant -\arctan \dfrac{m}{2}$

图 5-5　桥臂电流与调制波关系图

由图 5-5 可知，根据逆变状态 MMC 功率因素的状态，在 MMC 输出感性无功时，过零点 t_1 会出现 $t_1 < T/4$ 的情况，此时式（5-13）的积分区间为 $\left[0,\ t_1\right]$，$\left[t_1,\ \dfrac{T}{4}\right]$，$\left[\dfrac{T}{4},\ t_2\right]$，$\left[t_2,\ \dfrac{3T}{4}\right]$，$\left[\dfrac{3T}{4},\ T\right]$，此时可算出

$$f_{\mathrm{sm\_ave}} = \frac{\hat{i}_{\mathrm{a}}}{16\pi C u_{\mathrm{set}}}\left\{8\sqrt{1-\frac{m^2\cos^2\varphi}{4}} + m^3\sin\varphi\cos^2\varphi - m^3\sin2\varphi\cos\varphi - \right.$$
$$\left. 4m\sin\varphi + m\cos\varphi\left[4\varphi - 4\arccos\left(\frac{m}{2}\cos\varphi\right)\right]\right\} + \frac{m}{T}$$

$$(5-17)$$

同理，在 MMC 输出容性无功时，会出现 $t_2 > 3T/4$ 的情况，此时式（5-13）的积分区间为 $\left[0,\ \dfrac{T}{4}\right]$，$\left[\dfrac{T}{4},\ t_1\right]$，$\left[t_1,\ \dfrac{3T}{4}\right]$，$\left[\dfrac{3T}{4},\ t_2\right]$，$\left[t_2,\ T\right]$，此时可算出

$$f_{\mathrm{sm\_ave}} = \frac{\hat{i}_{\mathrm{a}}}{16\pi C u_{\mathrm{set}}}\left\{8\sqrt{1-\frac{m^2\cos^2\varphi}{4}} - m^3\sin\varphi\cos^2\varphi + m^3\sin2\varphi\cos\varphi + \right.$$
$$\left. 4m\sin\varphi - m\cos\varphi\left[4\varphi + 4\arccos\left(\frac{m}{2}\cos\varphi\right)\right]\right\} + \frac{m}{T}$$

$$(5-18)$$

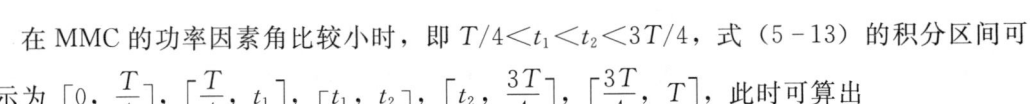

在 MMC 的功率因素角比较小时，即 $T/4 < t_1 < t_2 < 3T/4$，式（5-13）的积分区间可表示为 $\left[0, \dfrac{T}{4}\right]$，$\left[\dfrac{T}{4}, t_1\right]$，$[t_1, t_2]$，$\left[t_2, \dfrac{3T}{4}\right]$，$\left[\dfrac{3T}{4}, T\right]$，此时可算出

$$f_{sm\_ave} = \frac{\hat{i}_a}{16\pi C u_{set}} \left\{ \sqrt{1 - \frac{m^2 \cos\varphi^2}{4}} \left(8 + 2m^2 \cos 2\varphi - 2m^2 \cos^2\varphi + 2m^2\right) + \right.$$
$$\left. m\cos\varphi \left[2\pi - 8\arccos\left(\frac{m}{2}\cos\varphi\right) - 4m\right] \right\} + \frac{m}{T}$$

$$(5-19)$$

5.2.2 最大电压偏差优化均压算法的开关损耗计算

MMC 中子模块的损耗主要可以分为两类：①第一类为通态损耗 P_{on}，主要为 IGBT 和其反并联的二极管导通的损耗；②第二类为开关损耗，主要为 IGBT 的开通损耗、关断损耗以及二极管的反向恢复损耗，每次的损耗能量分别为 E_{sw_on}，E_{sw_off} 和 E_{fwd}。根据前文的分析，设必要开关动作和附加开关动作的损耗功率分别为 P_{sw_nec} 和 P_{sw_add}。由于允许电容电压偏差后，附加开关动作机理与传统方法完全不同，所以重点对此类开关损耗进行计算。运用二次曲线拟合的方法每个开关过程的损耗可以表示为桥臂电流的函数，即

$$E_{sw\_on} = k_1\left(a_1 i_{pa}^2 + b_1 |i_{pa}| + c_1\right) \qquad (5-20)$$

$$E_{sw\_off} = k_2\left(a_2 i_{pa}^2 + b_2 |i_{pa}| + c_2\right) \qquad (5-21)$$

$$E_{fwd} = k_3\left(a_3 i_{pa}^2 + b_3 |i_{pa}| + c_3\right) \qquad (5-22)$$

式中　a_i、b_i、c_i——二次拟合的系数；

　　k_1、k_2、k_3——考虑温度影响后的修正系数。

子模块在发生一次附加开关动作时，开关损耗情况见表 5-1。

表 5-1　开关损耗说明表

开关过程	电流方向	开　通	关　断	损耗类型
切出变投入	正	VD_1	VT_2	E_{sw_off}
	负	VT_1	VD_2	$E_{sw\_on} + E_{fwd}$
投入变切出	正	VT_2	VD_1	$E_{sw\_on} + E_{fwd}$
	负	VD_2	VT_1	E_{sw_off}

从表 5-1 可以看出，对于相同的桥臂电流方向，切出变投入状态和投入变切出状态的子模块的开关损耗和为一次开通损耗，一次关断损耗及一次二极管反向恢复损耗，附加开关动作正好对应投入子模块和切出子模块的一次状态交换，因此，发生一次子模块状态的交换，对应的损耗能量为

$$E = E_{sw\_on} + E_{sw\_off} + E_{fwd} \qquad (5-23)$$

文献［9］和文献［10］都对导通损耗进行了详细计算。当允许电容电压偏差后，在 MMC 工况没有发生变化的前提下，在一个工频周期内子模块的投入情况和桥臂电流都不会产生明显变化，其通态损耗与电容电压一致情况下的损耗相同，本书不对通态损耗进行

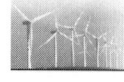

详细分析。而必要开关损耗可以通过文献 [10] 的方法计算。这里主要对附加开关损耗进行分析。对于最大电压偏差下附加开关损耗的计算，可以仿照开关频率的计算方法对附加开关损耗进行计算。在子模块发生一次交换的时间里，桥臂上 N 个器件的附加开关损耗功率为

$$P_{\mathrm{sw\_ave}} = \frac{n_{\mathrm{add}}(E_{\mathrm{sw\_on}} + E_{\mathrm{sw\_off}} + E_{\mathrm{D\_FWD}}) \mid \bar{i}_{\mathrm{pa}} \mid}{2Cu_{\mathrm{set}}} \tag{5-24}$$

运用面积等效法，可知在一个工频周期内，桥臂上子模块总附加开关损耗功率为

$$P_{\mathrm{sw\_add}} \approx \frac{1}{T} \int_0^T \frac{n_{\mathrm{add}}(a_{\mathrm{sm}} i_{\mathrm{pa}}^2 + b_{\mathrm{sm}} \mid \bar{i}_{\mathrm{pa}} \mid + c_{\mathrm{sm}}) \mid \bar{i}_{\mathrm{pa}} \mid}{2Cu_{\mathrm{set}}} \, \mathrm{d}t \tag{5-25}$$

其中

$$a_{\mathrm{sm}} = a_1 k_1 + a_2 k_2 + a_3 k_3 \tag{5-26}$$

$$b_{\mathrm{sm}} = b_1 k_1 + b_2 k_2 + b_3 k_3 \tag{5-27}$$

$$c_{\mathrm{sm}} = c_1 k_1 + c_2 k_2 + c_3 k_3 \tag{5-28}$$

与分析开关频率的方法类似，根据 MMC 不同的功率因素情况，可得

$$P_{\mathrm{sw\_add}} \approx \begin{cases} \dfrac{N}{2TCu_{\mathrm{set}}} A & \left(\arctan \dfrac{m}{2} \leqslant \varphi \leqslant \dfrac{\pi}{2} \right) \\[3mm] \dfrac{N}{2TCu_{\mathrm{set}}} B & \left(-\arctan \dfrac{m}{2} < \varphi < \arctan \dfrac{m}{2} \right) \\[3mm] \dfrac{N}{2TCu_{\mathrm{set}}} C & \left(-\dfrac{\pi}{2} \leqslant \varphi \leqslant -\arctan \dfrac{m}{2} \right) \end{cases} \tag{5-29}$$

其中

$$A = \int_0^{t_1} XW \, \mathrm{d}t + \int_{t_1}^{T/4} XZ \, \mathrm{d}t + \int_{T/4}^{t_2} YZ \, \mathrm{d}t + \int_{t_2}^{3T/4} YW \, \mathrm{d}t + \int_{3T/4}^T XW \, \mathrm{d}t \tag{5-30}$$

$$B = \int_0^{T/4} XW \, \mathrm{d}t + \int_{T/4}^{t_1} XZ \, \mathrm{d}t + \int_{t_1}^{t_2} YZ \, \mathrm{d}t + \int_{t_2}^{3T/4} YW \, \mathrm{d}t + \int_{3T/4}^T XW \, \mathrm{d}t \tag{5-31}$$

$$C = \int_0^{T/4} XW \, \mathrm{d}t + \int_{T/4}^{t_1} YW \, \mathrm{d}t + \int_{t_1}^{3T/4} YZ \, \mathrm{d}t + \int_{3T/4}^{t_2} XZ \, \mathrm{d}t + \int_{t_2}^T XW \, \mathrm{d}t \tag{5-32}$$

$$X = 1 - m\cos(\omega t) \tag{5-33}$$

$$Y = 1 + m\cos(\omega t) \tag{5-34}$$

$$W = a\bar{i}_{\mathrm{pa}}^3 + b\bar{i}_{\mathrm{pa}}^2 + c\bar{i}_{\mathrm{pa}} \tag{5-35}$$

$$Z = -a\bar{i}_{\mathrm{pa}}^3 + b\bar{i}_{\mathrm{pa}}^2 - c\bar{i}_{\mathrm{pa}} \tag{5-36}$$

对式（5-17）～式（5-19）和式（5-25）进行分析可以得出 MMC 开关频率与开关损耗与子模块电容容量及电压偏差成反比，与 MMC 工作时的调制比、功率因数也成递减的函数关系。其原因如下：

（1）因为电容电压偏差越大，子模块发生一次全交换的时间就越长，导致开关频率越小。

（2）当调制比越小，调制波就会越接近 $\dfrac{U_{\mathrm{dc}}}{2}$，从上文的分析可知，每次交换的子模块个数就会越多，因此开关频率越大。

（3）当功率因数越大，桥臂电流峰值处对应的调制波越接近调制波的最大和最小值，即在交换时间最短处，其交换个数也越小，因此开关频率越低。

综上所述，在基于最大电压偏差的优化均压算法下，开关频率、开关损耗与电压差、调制比、功率因数的关系如图 5-6 所示。

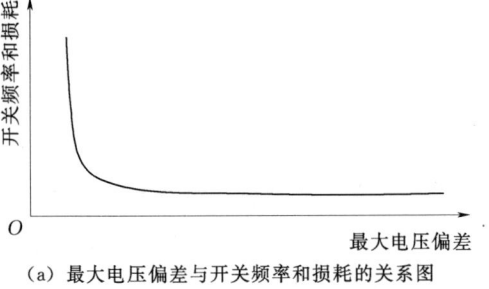

（a）最大电压偏差与开关频率和损耗的关系图

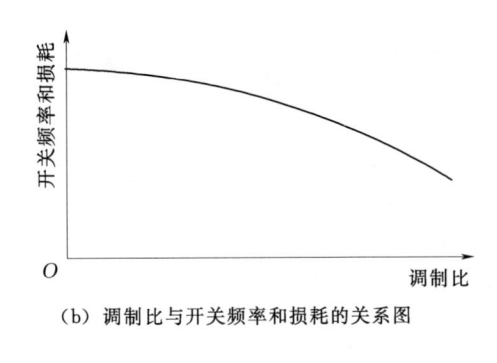

（b）调制比与开关频率和损耗的关系图

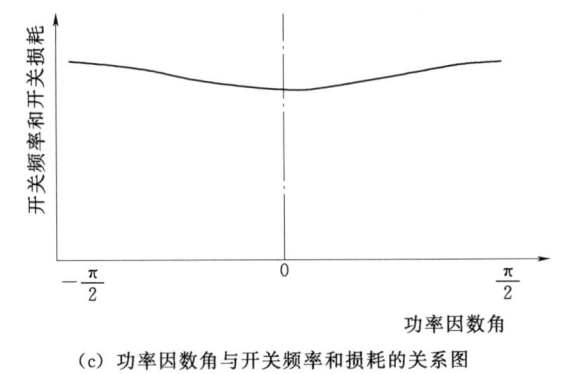

（c）功率因数角与开关频率和损耗的关系图

图 5-6 开关频率和开关损耗变化趋势图

5.2.3 仿真分析

为验证本章所提出的最大电压偏差优化均压算法下的开关频率和开关损耗的计算方法，对每个桥臂含有 45 个子模块的单相 MMC 逆变器利用 Matlab/simulink 进行了仿真分析，仿真参数见表 5-2。

表 5-2 45 电平单相 MMC 参数表

参　数	数　值	参　数	数　值
直流侧电压 U_{dc}/V	27000	子模块电容 $C/\mu F$	4700
额定频率/Hz	50	桥臂电感 L/mH	30
子模块个数 N	45	控制周期 T_s/s	1×10^{-4}
子模块额定工作电压 U_c/V	600		

IGBT 的开关损耗模型根据英飞凌公司的 FF200R12KT4 得到，拟合系数见表 5-3，温度修正系数取为 1。由于附加开关动作和必要开关动作无法分开测量，仿真中得到开关损耗为必要开关损耗和附加开关损耗之和。

表 5-3　开关损耗拟合系数表

开关损耗	a_i ($U_{CC}=600V$)	b_i ($U_{CC}=600V$)	c_i ($U_{CC}=600V$)
开通损耗/mJ	1.0909×10^{-4}	0.0443	2.0333
关断损耗/mJ	-3.5152×10^{-5}	0.1007	1.2567
二极管反向恢复损耗/mJ	-1.5636×10^{-4}	0.1027	1.8967

　　首先，分别取最大电压偏差为 0 或 5V 进行对比仿真，此时逆变器输出接 80Ω 的电阻负载，调制比取为 0.88，得到仿真结果如图 5-7 所示。图 5-7（a）所示为两种情况下，上桥臂最大电容电压与最小电容电压差的波形图。可以看出即使最大电压偏差设为 0 时，电容电压偏差变化也不会为 0，其变化规律为一个控制周期内，桥臂电流对电容充电或放电电压的变化量。图 5-7（b）所示为两种情况下，上桥臂第一个子模块电容电压的波形图，从图中可以看出，当最大电压偏差取为 5V 时，由于均压效果的减弱，电容电压的波动要比正常情况下的稍大，但这并不会影响 MMC 的正常运行。图 5-7（c）所示为每工频周期内，上桥臂所有子模块动作次数和，当电压偏差取为 0 时，每个工频周期不超过 3850 次，每个子模块的平均开关次数约为 2140 次，当电压偏差取为 5V 时，每工频周期开关次数降到约 950 次。图 5-7（d）所示为开关损耗对比图，在电压偏差取为 5V 时，开关损耗由 32J 降为 10J。图 5-7（e）所示为一个工频周期内开关动作次数分布图，可以看出，基于最大电压偏差优化均压算法的子模块开关动作比较集中，动作次数与当前子模块投入个数基本一致。

　　为了验证最大电压偏差与开关频率和开关损耗的关系，此时改变逆变器的工作方式，逆变器的负载为 22mH 串感和 50Ω 电阻（包括桥臂上的等效负载），调制比取为 0.888，设最大电压偏差从 3V 到 30V 每隔 3V 变化一次进行仿真。仿真结果如图 5-8 所示。从图 5-8 可以看出，MMC 的开关频率和开关损耗都与最大电压偏差成反比，相对误差不超过 10%。值得注意的是，频率和损耗的实际值要稍大于理论值，主要原因是推导开关频率和附加开关损耗时，忽略了上桥臂调制波中环流控制分量的影响，并且桥臂中不可避免地存在其他扰动分量的影响。

　　为了验证调制比与开关频率的关系，此时最大电压偏差取为 6V，将调制比变化范围取为 0.3~1，改变逆变器外接负载使功率因数为 1，保持负载电流峰值为 222A，得到的调制比与开关频率和开关损耗的关系如图 5-9 所示。从图 5-9 中可以看出由于高的调制比可以减少附加开关动作，从而开关频率和开关损耗随调制比的增大而变小，当调制比很小时，由于输出电压低，因此 46 个电平得不到充分利用，所以采用近似的积分替代方法的精度将会受到影响，此时误差较大。但当调制比逐渐增大时，由于输出的功率增加，子模块电容电压波动的增大，导致环流控制分量的增加，此时的误差又会再一次增大。

　　为了验证开关频率与负载的功率因素角的关系，设逆变器的调制比为 0.9，最大电压偏差取为 6V。保持负载电流的峰值始终为 200A，改变外接负载的情况，使功率因素角变化范围在 -90°~90° 之间变化，仿真结果如图 5-10 所示。从图 5-10 中可以

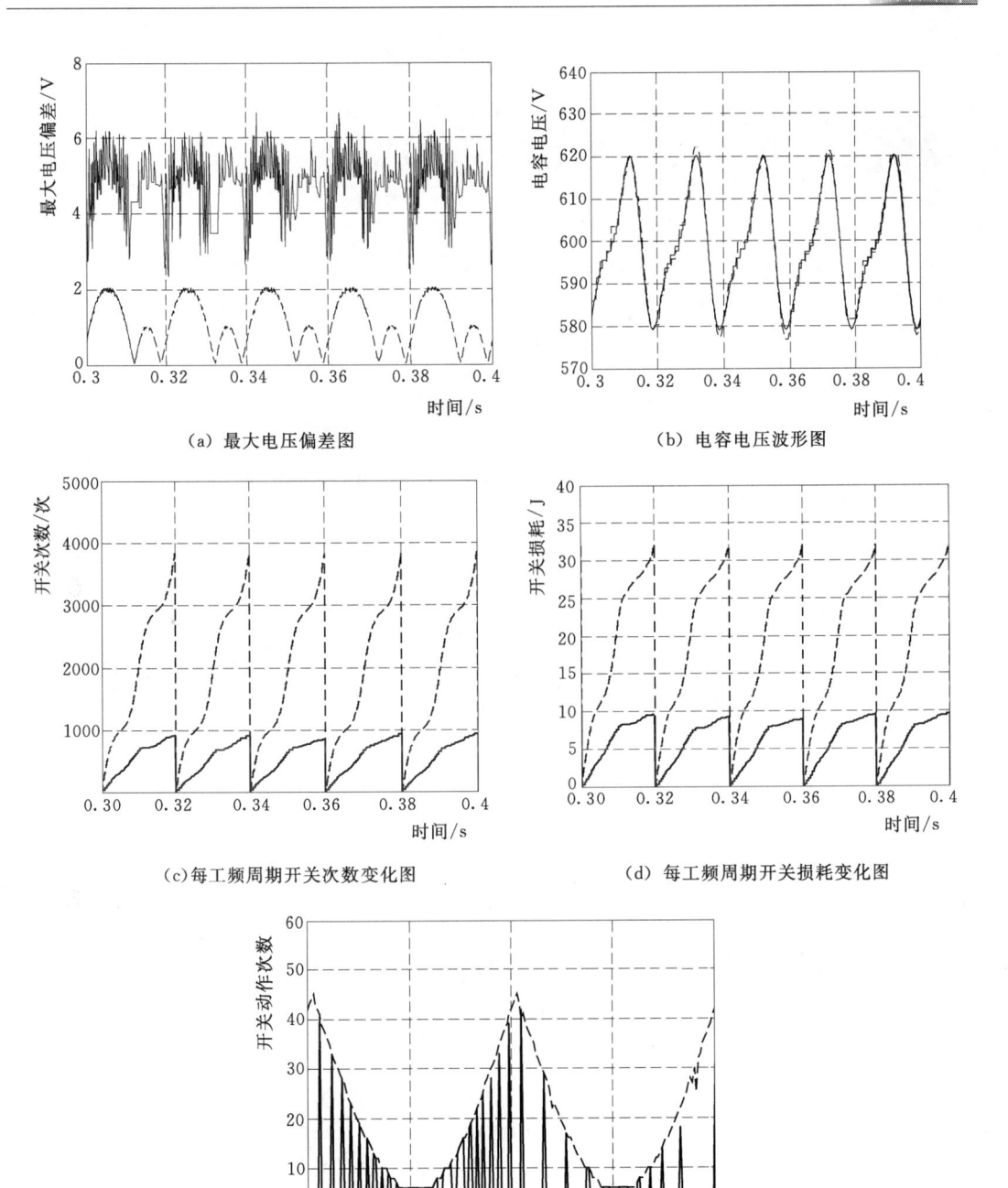

（a）最大电压偏差图 （b）电容电压波形图

（c）每工频周期开关次数变化图 （d）每工频周期开关损耗变化图

（e）一个工频周期内开关动作次数分布图

——— 最大电压偏差为 0 —— 最大电压偏差为 5V

图 5-7 最大电压偏差优化均压算法和传统方法的对比仿真

看出，当逆变器工作在功率因数为 1 时，开关频率和开关损耗最低，在功率因数为 0 时最大。

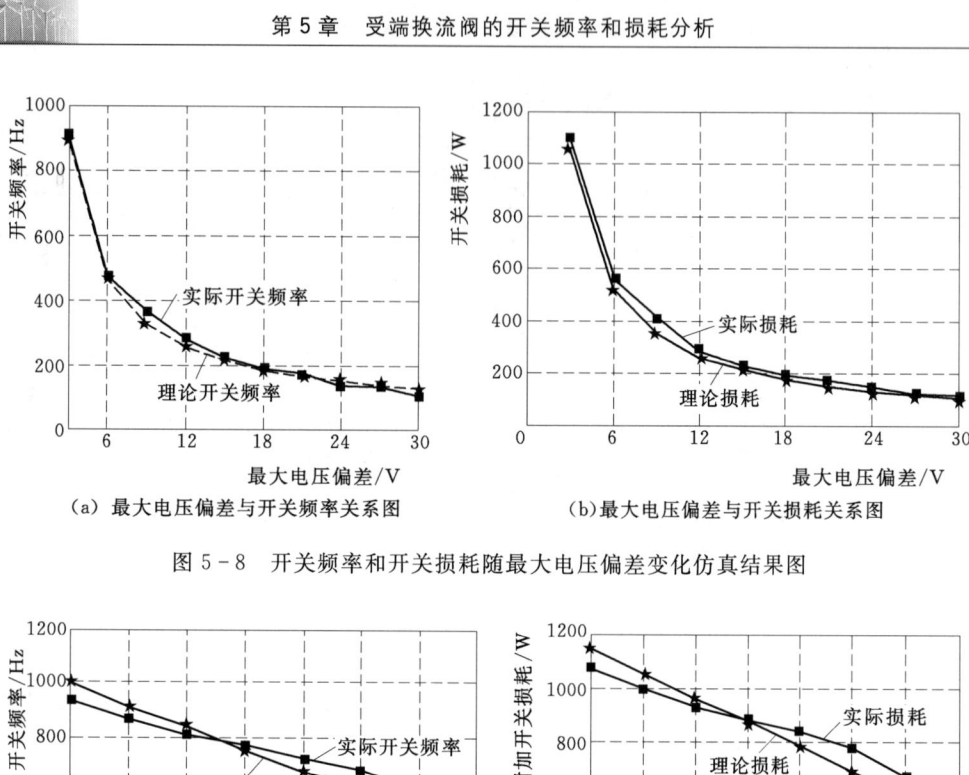

（a）最大电压偏差与开关频率关系图　　　　（b）最大电压偏差与开关损耗关系图

图 5-8　开关频率和开关损耗随最大电压偏差变化仿真结果图

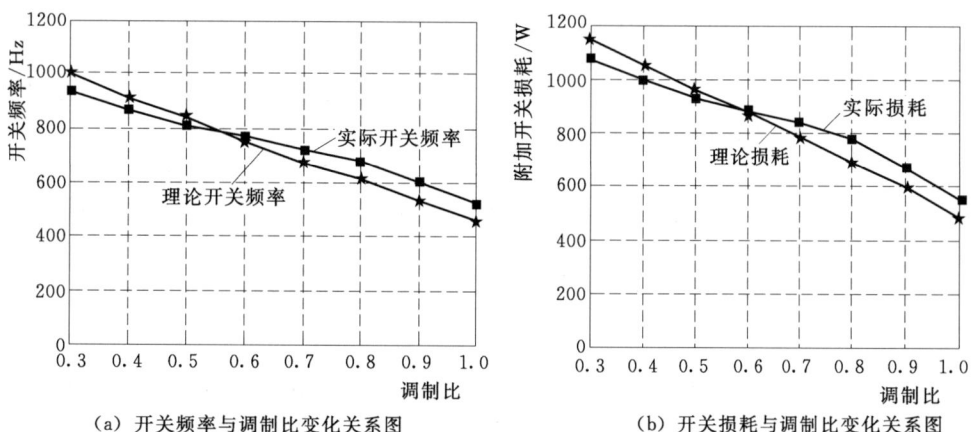

（a）开关频率与调制比变化关系图　　　　（b）开关损耗与调制比变化关系图

图 5-9　开关频率与开关损耗随调制比变化仿真结果图

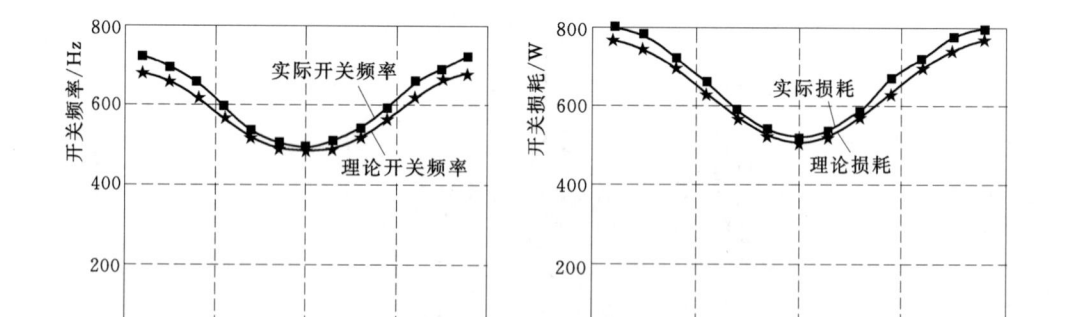

（a）开关频率与功率因数角变化关系图　　　　（b）开关损耗与功率因数角变化关系图

图 5-10　开关频率与开关损耗随功率因数角变化仿真结果图

5.2.4 最大电压偏差优化均压算法下开关频率和损耗实验

在单相九电平实验平台上进行开关频率和损耗的实验，其中 IGBT 模块 SKM100GB12T4 工作在 50V 时损耗的拟合系数见表 5-4。

表 5-4 SKM100GB12T4 损耗拟合系数

能耗/（$T_j=150℃$）	a_i（$U_{CC}=50V$）	b_i（$U_{CC}=50V$）	c_i（$U_{CC}=50V$）
E_{sw_on}/mJ	1.25×10^{-4}	-0.00468	0.5215
E_{sw_off}/mJ	2.94×10^{-6}	0.007058	0.1791
E_{fwd}/mJ	-1.4×10^{-5}	0.004542	0.2239

取负载电阻为 4Ω，调制比为 0.9，控制周期为 1×10^{-4} s，把均压算法改为基于最大电压偏差优化均压算法，并且最大电压偏差变化范围为 1～3V 时得到的实验结果如图 5-11 所示。图 5-11（a）和图 5-11（b）所示为当最大电压偏差取为 1.5V 时，上桥臂的四个子模块电压和桥臂电流的波形图。可以看出，此时四个子模块电容电压的波形不会完全重合，子模块电容电压之间会出现偏差。图 5-11（c）所示为上桥臂第一个子模块的驱动脉冲波形，可以看出，在五个工频周期内子模块的开关次数约为 66 次，代表其平均开关频率约为

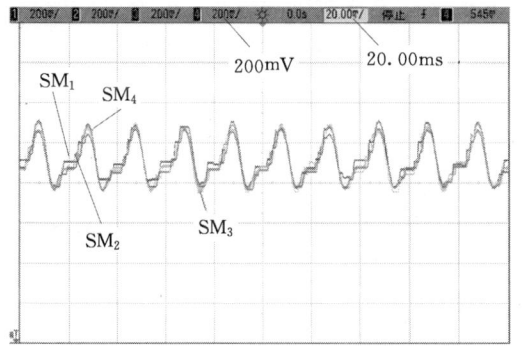
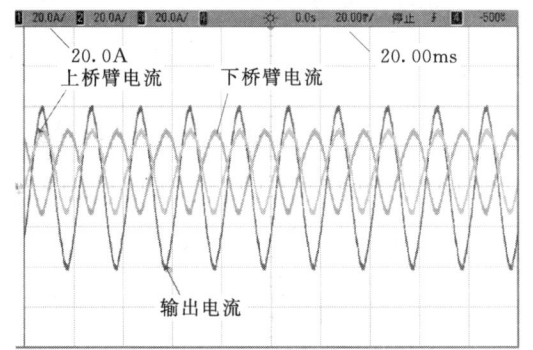

（a）电容电压波形图（2.64V/100mV，最大电压偏差为 1.5V）　（b）桥臂电流和输出电流波形图（最大电压偏差为 1.5V）

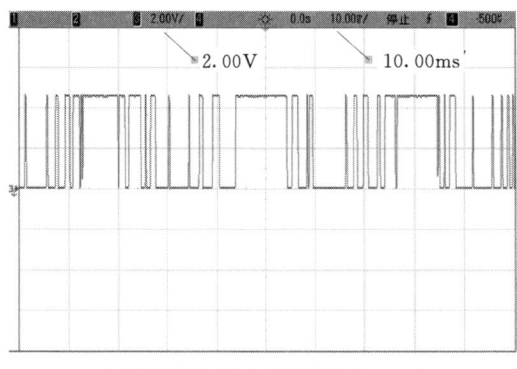
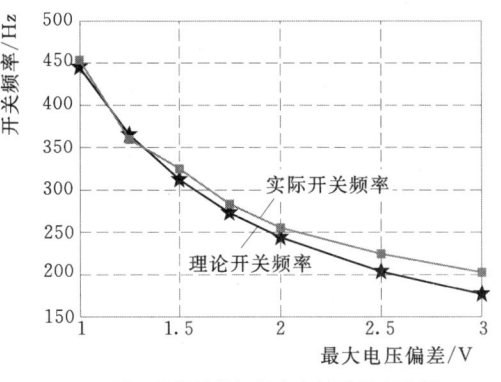
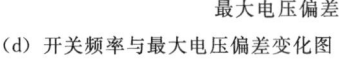

（c）脉冲信号（最大电压偏差为 1.5V）　　　（d）开关频率与最大电压偏差变化图

图 5-11 基于最大电压偏差优化均压算法实验结果

330Hz。图 5 - 11 （d） 所示为当最大电压偏差变化范围为 1～3V 时开关频率的理论计算值和实际测量值之间的关系图，图中实际值和理论值的一致性较好，说明了 5.2.1 提出的计算方法的正确性。实验中的误差影响因素主要包括三个方面：一是由于实验平台电平数的限制，利用积分近似替代的方法会出现误差；二是桥臂电流不是理想的直流分量和正弦基本分量叠加，会出现多次谐波；三是实验的元器件参数的一致性也会对结果产生影响。

对于损耗的测量，可以根据高精度功率分析仪测量输入功率和输出功率进行比较得到，但其中的损耗包含了附加开关损耗、必要开关损耗、导通损耗、电感和电容的损耗等。因为最大电压偏差对 MMC 的性能影响较小，可以认为导通损耗和必要开关损耗不会随最大电压偏差变化而变化，因此当最大电压偏差分别为 1V、1.25V、1.5V、1.75V、2V、2.5V、3V 时，可以近似认为只有附加开关损耗发生了变化。当电压偏差取为 1V 时，输入、输出功率和电压电流情况如图 5 - 12 （a）、 （b） 所示，此时系统的损耗为 273W。图 5 - 12 （c）所示为当最大电压偏差取为 1V 和 3V 时，上桥臂输出电压和电流的 FFT 分析结果，可以看出，最大电压偏差的变化对桥臂电压和电流的影响较小。可以假设当最大电压偏差变化时，仅仅改变了附加开关损耗的大小。图 5 - 12 （d） 所示为电压偏差取为 1.5V、2V、2.5V、3V 时，系统减少的损耗实际值与理论值对比图，可以看出实际值的减少值比理论值要低，但理论值与实际值的相对误差不超过 20％。值得注意的是，减少的附加开关损耗的数值较小，是由于变流器的模块数少的缘故，随着电压偏差的增大，子模块电压波动的增加，导致 MMC 性能的下降，是引起损耗误差的原因。

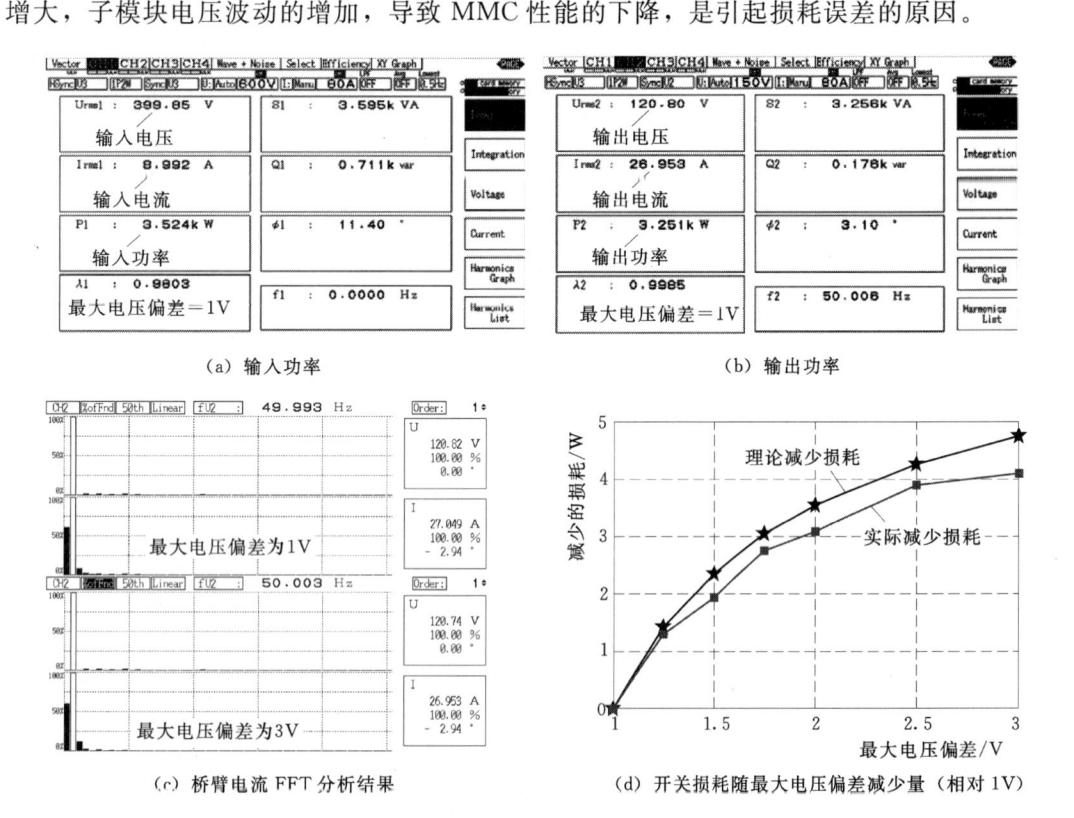

（a）输入功率   （b）输出功率

（c）桥臂电流 FFT 分析结果   （d）开关损耗随最大电压偏差减少量（相对 1V）

图 5 - 12   基于最大电压偏差优化均压算法实验结果

5.3 基于虚拟电容电压优化均压算法的
受端换流阀开关频率和损耗计算

基于虚拟电容电压与基于最大电压偏差的优化均压算法虽然开关动作的机理不同，根据其原理可知，在均压效果上，若最大电压偏差的设置值与虚拟电容电压的偏移量相同，在均压效果上两者将具有相同的最大电压偏差。但多数情况下，最大电压偏差与虚拟电容电压的偏移量不同，此时开关频率和损耗计算较为复杂。

5.3.1 基于虚拟电容电压优化均压算法的开关频率计算

由 5.1.2 对虚拟电容电压下的开关动作过程的分析可以看出，对于投入的子模块，其从投入到切出状态，电容电压需上升的大小与基于最大电压偏差优化均压算法不同，基于最大电压偏差优化均压算法子模块从投入到切出的电容电压上升始终为 u_{set}。在相同的最大电压偏差值和虚拟电容偏移量的情况下，基于虚拟电容电压优化均压算法只有在投入子模块个数为 1 时，投入子模块在电压上升近似为 u_{set} 的时候发生子模块状态的交换，并且子模块电压的上升值与桥臂上子模块投入个数呈正相关的关系。

下面对基于虚拟电容电压优化均压算法下，子模块从投入到切出时电压的上升值进行分析。假设子模块的投入个数为 n_{pa}，当某个切出的子模块切换到投入状态时，其虚拟电压要下降 u_{vir}，而且在其再次从投入状态变为切出状态时，需经历 n_{pa} 次与切出状态的子模块交换，如在稳态时，处于切出状态的 $N-n_{pa}$ 个子模块电容大小分布均匀，从前文的分析可知，在子模块状态发生交换后，切出状态的子模块最高电压与最低电压的差可以近似认为 u_{vir}，因此可以得到投入子模块电压上升值 u_{raise} 为

$$u_{raise} = u_{vir} + \frac{n_{pa}}{N-n_{pa}}u_{vir} \tag{5-37}$$

得到子模块的上升电压之后，就可以根据桥臂电流大小和电容容量计算出投入子模块的保持时间为

$$\Delta t = \frac{Cu_{raise}}{|\bar{i}_{pa}|} \tag{5-38}$$

因此在这段保持时间 Δt 内，桥臂上 N 个子模块的平均开关频率为

$$f_{ave} = \frac{n_{pa}}{\Delta t} \tag{5-39}$$

在一个工频周期内子模块的总开关次数为

$$n_{total} = \int_0^T \frac{2(N-n_{pa})n_{pa}|i_{pa}|}{CNu_{vir}} dt + n_{nec} \tag{5-40}$$

式（5-40）是电流的分段函数，根据桥臂电流的正负，可以表示为

$$n_{total} = \frac{2}{CNu_{vir}}\left[\int_0^{t_1}(N-n_{pa})n_{pa}i_{pa}dt - \int_{t_1}^{t_2}(N-n_{pa})n_{pa}i_{pa}dt + \int_{t_2}^T(N-n_{pa})n_{pa}i_{pa}dt\right] + n_{nec} \tag{5-41}$$

其中 t_1、t_2 是桥臂电流的过零点，由于 n_{pa} 为

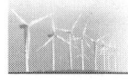

$$n_{pa} = N \frac{1 - m\cos\omega t}{2} \tag{5-42}$$

将 n_{pa} 的表示式和 i_{pa} 的表达式带入式（5-40），可得

$$n_{total} = \frac{2N\hat{i}_a}{Cu_{vir}} \left\{ \left(\frac{1}{2\omega} - \frac{m^2}{4\omega} - \frac{m^2}{8\omega}\cos2\varphi \right) \sqrt{1 - \frac{m^2\cos\varphi^2}{4}} + \frac{m^4}{16\omega}\cos^2\varphi\cos2\varphi \sqrt{1 - \frac{m^2\cos\varphi^2}{4}} - \right.$$

$$\frac{m^2}{24\omega}\cos2\varphi \left[3\sqrt{1 - \frac{m^2\cos\varphi^2}{4}} - 4\sqrt{(1 - \frac{m^2\cos\varphi^2}{4})^3} \right] +$$

$$\left. \frac{2m\cos\varphi - m^3\cos\varphi}{16} \left[\frac{T}{2} - \frac{T}{\pi}\arccos\left(\frac{m}{2}\cos\varphi \right) \right] \right\} + n_{nec}$$

$$\tag{5-43}$$

因此对于桥臂上的每个子模块，其平均开关频率为

$$f_{sm\_ave} = \frac{\hat{i}_a}{2\pi Cu_{vir}} \left\{ \left(\frac{1}{2} - \frac{m^2}{4} - \frac{m^2}{8}\cos2\varphi \right) \sqrt{1 - \frac{m^2\cos\varphi^2}{4}} + \frac{m^4}{16}\cos^2\varphi\cos2\varphi \sqrt{1 - \frac{m^2\cos\varphi^2}{4}} - \right.$$

$$\frac{m^2}{24}\cos2\varphi \left[3\sqrt{1 - \frac{m^2\cos\varphi^2}{4}} - 4\sqrt{\left(1 - \frac{m^2\cos\varphi^2}{4}\right)^3} \right] +$$

$$\left. \frac{2m\cos\varphi - m^3\cos\varphi}{16} \left[\pi - 2\arccos\left(\frac{m}{2}\cos\varphi \right) \right] \right\} + \frac{m}{T}$$

$$\tag{5-44}$$

5.3.2　基于虚拟电容电压优化均压算法的开关损耗计算

虽然基于虚拟电容电压均压算法下子模块的开关状态切换与基于最大电压偏差优化均压算法相比不集中，但是仍可以按照面积等效法对开关损耗进行计算。当桥臂投入 n_{pa} 个子模块时，整个上桥臂的平均开关损耗功率为

$$P_{sw\_ave} = \frac{n_{pa}(N - n_{pa})(E_{sw\_on} + E_{sw\_off} + E_{D\_fwd}) \mid \bar{i}_{pa} \mid}{CNu_{vir}} \tag{5-45}$$

对于整个上桥臂的平均开关损耗功率，可以表示为平均功率在一个工频周期内的积分平均值为

$$P_{sw\_add} \approx \frac{1}{T} \int_0^T \frac{n_{pa}(N - n_{pa})(a_{sm}i_{pa}^2 + b_{sm} \mid \bar{i}_{pa} \mid + c_{sm}) \mid \bar{i}_{pa} \mid}{CNu_{vir}} \, \mathrm{d}t \tag{5-46}$$

通过对式（5-43）和式（5-46）两式进行分析，可以得到开关频率和开关损耗随虚拟电容电压偏移量、调制比、功率因数角的变化趋势图，如图 5-13 所示。

从式（5-41）、式（5-42）和图 5-13 可以看出，在虚拟电容电压优化均压算法下的 MMC 开关频率变化趋势与基于最大电压偏差优化均压算法的相似。开关频率和开关损耗与子模块电容容量及虚拟电压偏差成反比，与 MMC 换流阀的调制比、功率因数也成递减的函数关系。其原因如下：

（1）虚拟电容电压对子模块开关频率的影响与基于最大电压偏差优化均压算法的类似。因为电容电压偏差越大，子模块从投入到切出发生一次交换的时间就越长，导致开关频率越小。

（2）调制比对开关频率的影响虽然与基于最大电压偏差优化均压算法的结果相同，但是其机理不同。因为当调制波越大时，子模块的导通时间会越长，导致其开关频率越低，

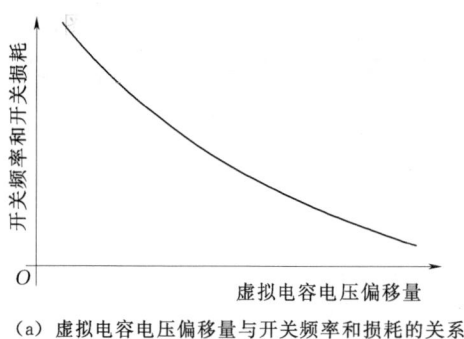

（a）虚拟电容电压偏移量与开关频率和损耗的关系图

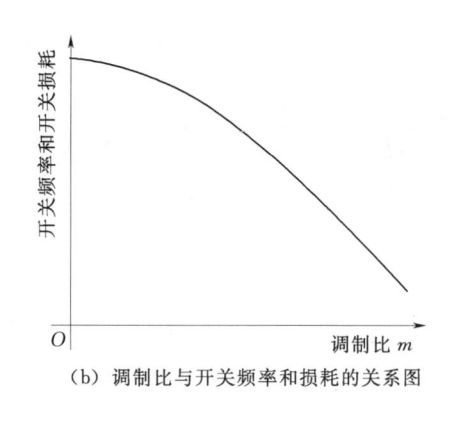

（b）调制比与开关频率和损耗的关系图

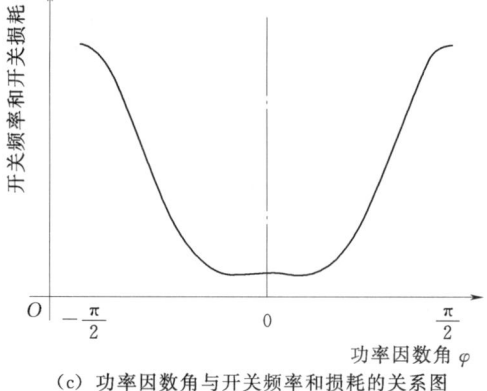

（c）功率因数角与开关频率和损耗的关系图

图 5-13　虚拟电容电压优化均压算法下开关频率和开关损耗变化趋势图

但调制波越大时投入子模块的个数也越多，子模块个数增加会提高开关频率，其两者相互作用，导致最大开关频率出现一个极值点，该极值点在调制比为 0 处。

（3）功率因数对开关频率的影响与基于最大电压偏差优化均压算法的类似，功率因数越大，桥臂电流峰值处对应的调制波越接近最大和最小值，从上面的分析可知，调制波达到最大或最小时开关频率最低。

5.3.3　仿真分析

在 5.2.3 的仿真平台上，把基于最大电压偏差优化均压算法改为基于虚拟电容电压优化均压算法，首先分别取虚拟电容电压偏移量为 0 和 5V 进行对比仿真，此时逆变器输出接 80Ω 的电阻负载，调制比取为 0.88，得到仿真结果如图 5-14 所示。图 5-14（a）所示为两种情况下，上桥臂每时刻最大电容电压与最小电容电压差的波形图，可以看出，当虚拟电容电压偏移量为 5V 时，子模块的最大电压偏差至少为 5V，高出的部分是由于在一个控制周期内子模块电容变化引起。控制周期设置得越小，最大电容电压与最小电容电压的偏差将会越接近 5V。图 5-14（b）所示为两种情况下，上桥臂第一个子模块电容电压的波形图，可以看出，当最大电压偏差为 5V 时，由于均压效果的减弱，电容电压的波动要比正常情况下的稍大，但这并不会影响 MMC 的正常运行。图 5-12（c）所示为一个工频周期内，上桥臂所有子模块动作次数和，当电压偏差为 0 时，每工频周期内的开关次数约为 3900 次，当虚拟电容电压偏移量为 5V 时，每工频周期内的开关次数降到 500 次，比基于最大电压偏差优化均压算法中图 5-7（c）所示的 1000 次要低。图 5-14（d）所示为开关损耗对比图，当电压偏差为 5V 时，开关损耗由 32J 降为 5J，相应的开关损耗也比基于最大电压偏差优化均压算法的要低。图 5-14（e）所示为一个工频周期内开关动作次数分布图，与图 5-14（e）的图对比可以发现，开关动作次数分布比较均匀，每次开关动作次数也较少。

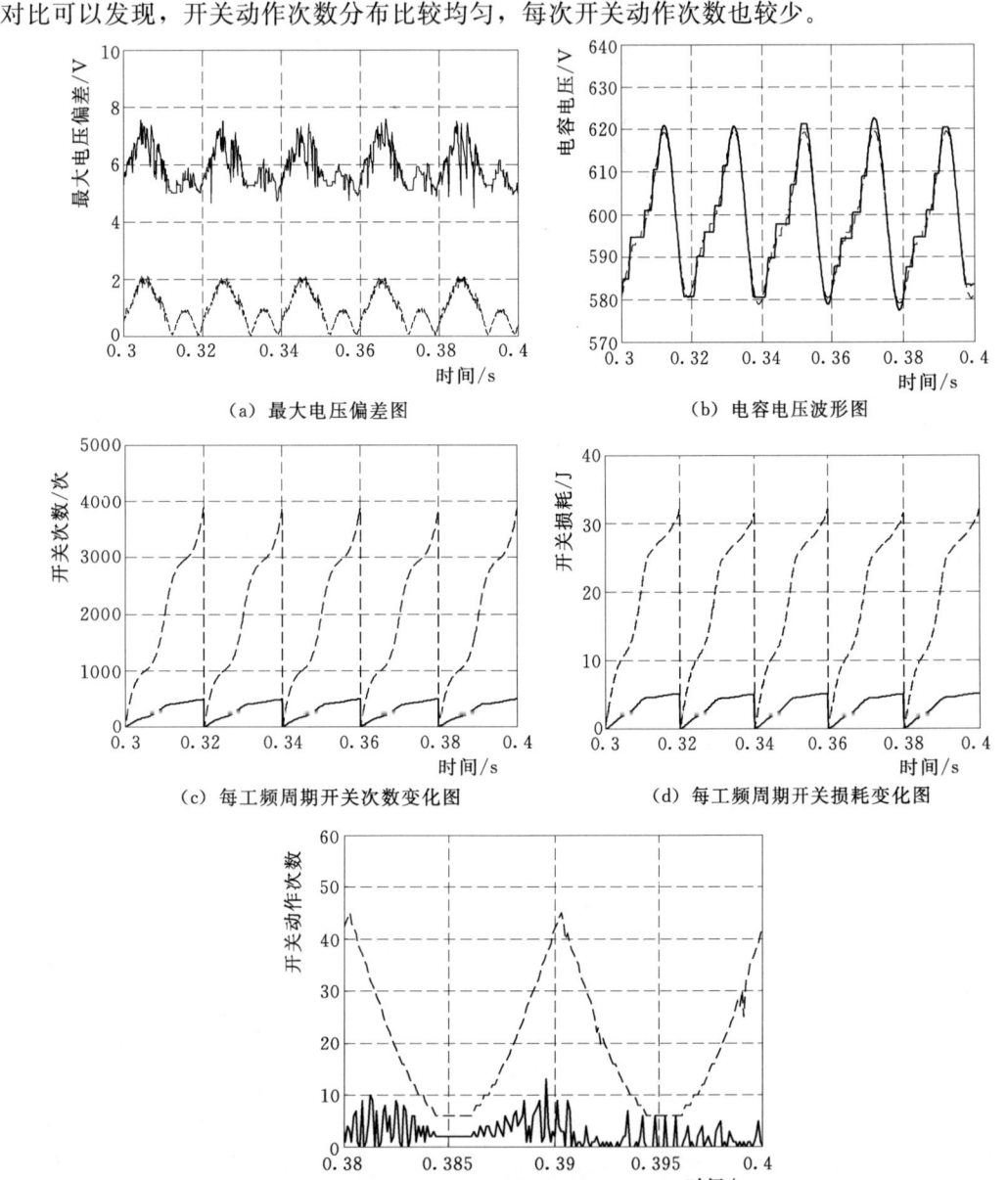

（a）最大电压偏差图　　　　　　　　　　（b）电容电压波形图

（c）每工频周期开关次数变化图　　　　（d）每工频周期开关损耗变化图

（e）一个工频周期内开关动作次数分布图

------ 虚拟电容电压偏移量为 0
—— 虚拟电容电压偏移量为 5V

图 5-14　基于虚拟电容电压优化均压算法和传统方法的对比仿真

为了验证虚拟电容电压偏移量与开关频率和开关损耗的关系，此时改变逆变器的工作方式，逆变器的负载为22mH电感和50Ω电阻（包括桥臂上的等效负载），调制比取为0.888。设虚拟电容电压偏移量从3V到30V每隔3V变化一次进行仿真，仿真结果如图5-15所示。从图5-15中可以看出，MMC的开关损耗和开关频率都与虚拟电容电压偏移量成反比，并且基于虚拟电容电压的优化均压方法的开关频率和损耗在相同负载条件下，比基于最大电压偏差优化均压算法的要低，因为虚拟电容电压优化均压算法中子模块的最大电压偏差要比基于最大电压偏差优化均压算法的要大，也就是说均压效果要比基于最大电压偏差优化均压算法的弱，以此来换取开关频率和损耗的降低。

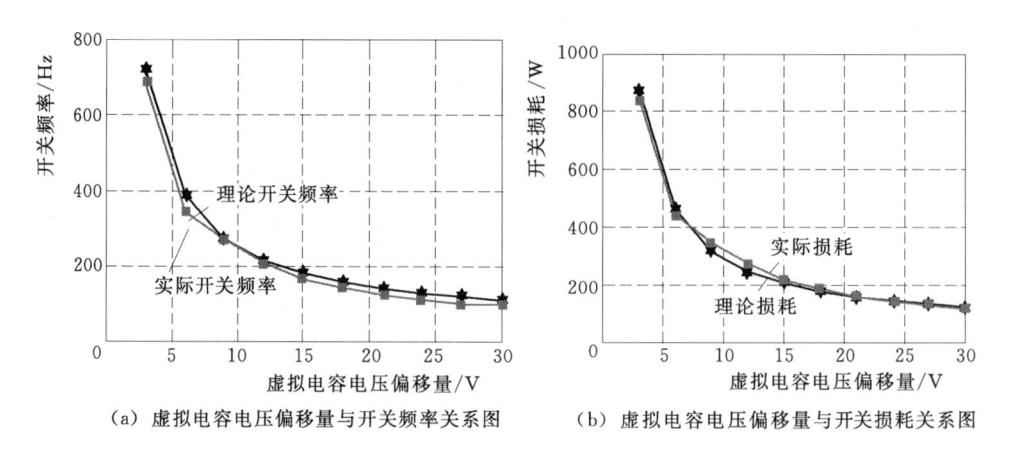

（a）虚拟电容电压偏移量与开关频率关系图　　（b）虚拟电容电压偏移量与开关损耗关系图

图5-15　开关频率和开关损耗随虚拟电容电压偏移量变化仿真结果图

为了验证调制比与开关频率的关系，仿照5.2.3的仿真模型，取虚拟电容电压偏移量为6V，调制比范围为0.3～1，改变逆变器外接负载使功率因数为1，保持负载电流峰值为222A，得到的调制比与开关频率和开关损耗的关系如图5-16所示。从图5-16中可以看出，开关频率和开关损耗都随调制比的增大而减小，理论值和实际值基本接近。

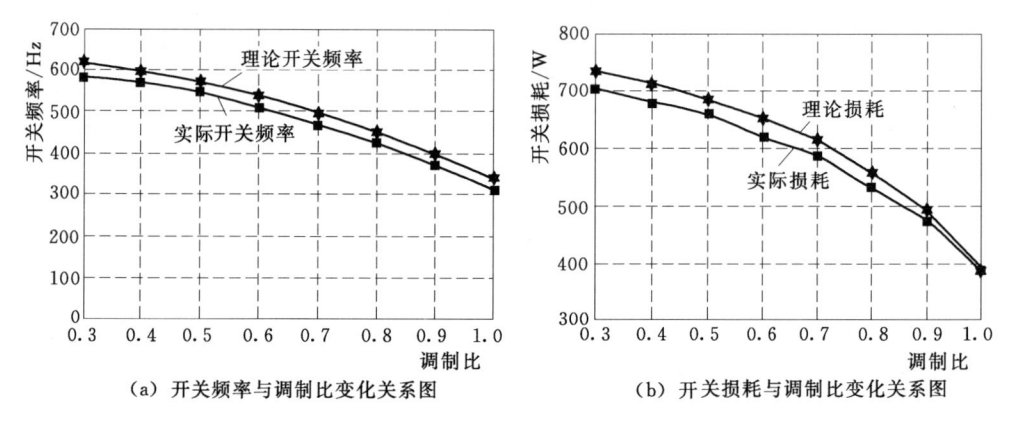

（a）开关频率与调制比变化关系图　　（b）开关损耗与调制比变化关系图

图5-16　开关频率与开关损耗随调制比变化仿真结果图

为了验证开关频率与负载功率因数角的关系，设逆变器的调制比为 0.9，虚拟电容电压偏移量为 6V。保持负载电流的峰值始终为 200A，改变外接负载的情况，使功率因数角变化范围为 −90°～90°，仿真结果如图 5−17 所示。从图 5−17 中可以看出，当逆变器工作在功率因数为 1 时，开关频率和开关损耗最低，在功率因数为 0 时最大。

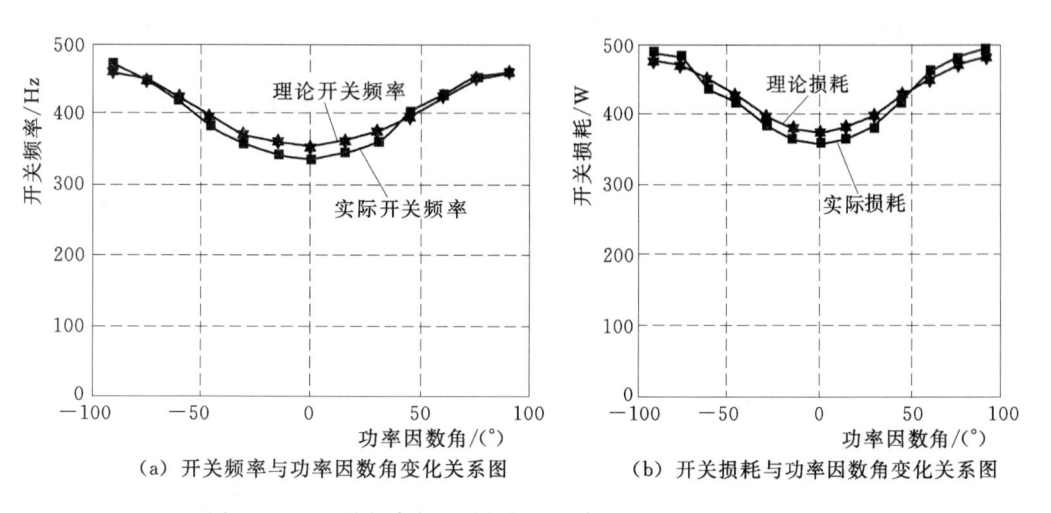

（a）开关频率与功率因数角变化关系图　　（b）开关损耗与功率因数角变化关系图

图 5−17　开关频率与开关损耗随功率因数角变化仿真结果图

5.3.4　虚拟电容电压优化均压算法下开关频率和损耗实验

与 5.2.4 节的实验条件一样，取负载电阻为 4Ω，调制比为 0.9，控制周期为 $1×10^{-4}$ s，把均压算法改为基于虚拟电容电压优化均压算法，并且使虚拟电容电压偏移量变化范围为 1～3V，得到的实验结果如图 5−18 和图 5−19 所示。图 5−18（a）和图 5−18（b）所示为当虚拟电容电压偏移量取为 1.5V 时，上桥臂的四个子模块电压和桥臂电流的波形图。可以看出，由于均压算法的影响，此时四个子模块电容电压的波形也不会完全重合，子模块电容电压之间会出现偏差，但不会显著影响输出电流波形的质量。图 5−18（c）所示为上桥臂第一个子模块的驱动脉冲波形，可以看出，在 5 个工频周期内子模块的开关次数约为 48 次，代表其平均开关频率约为 240Hz。图 5−18（d）所示为当最大电压偏差变化范围为 1～3V 时，开关频率的理论计算值和实际测量值之间的关系图，图中实际值和理论值的相对误差小，说明了 5.3.1 提出的开关频率计算方法的正确性。

当虚拟电容电压偏移量为 1V 时，实验结果如图 5−19（a）、（b）所示，此时系统的损耗为 252.1W。图 5−19（c）所示为当虚拟电容电压偏移量为 1V 和 3V 时，上桥臂输出电压和电流的 FFT 分析结果，可以看出，虚拟电容电压偏移量的变化对桥臂电压和电流的影响较小，可以假设当最大电压偏差变化时，仅仅改变了附加开关损耗的大小。图 5−19（d）所示为虚拟电容电压偏移量为 1V、1.25V、1.5V、1.75V、2V、2.5V、3V 时系统减少的损耗实际值与理论值对比图，从图中可以看出，实际值减少值比理论值要低。实验中的误差影响因素主要包括三个方面：①由于实验平台电平数的限制，利用积分近似替代的方法会出现误差；②桥臂电流不是理想的直流分量和正弦基本分量叠加，会出现多次谐波；③实验的元器件参数的一致性也会对结果产生影响。

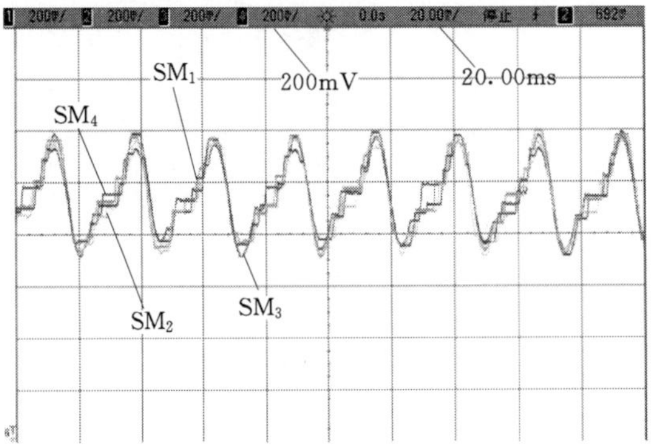

（a）电容电压波形图（2.64V/100mV，
虚拟电容电压偏移量为1.5V）

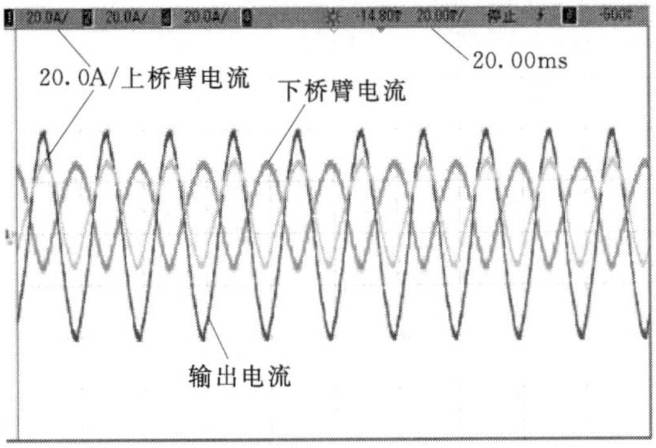

（b）桥臂电流和输出电流波形图
（虚拟电容电压偏移量为1.5V）

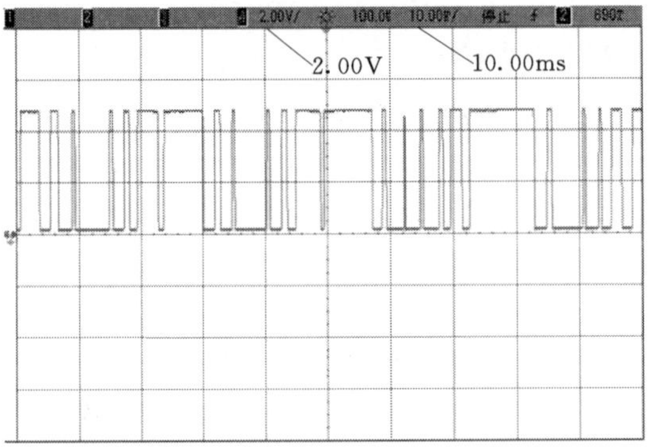

（c）脉冲信号（虚拟电容电压偏移量为1.5V）

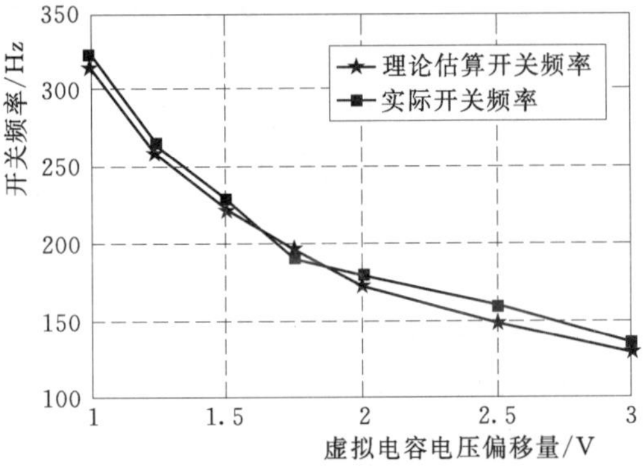

（d）开关频率随虚拟电容电压偏移量变化图

图5-18　基于虚拟电容电压优化均压算法实验结果

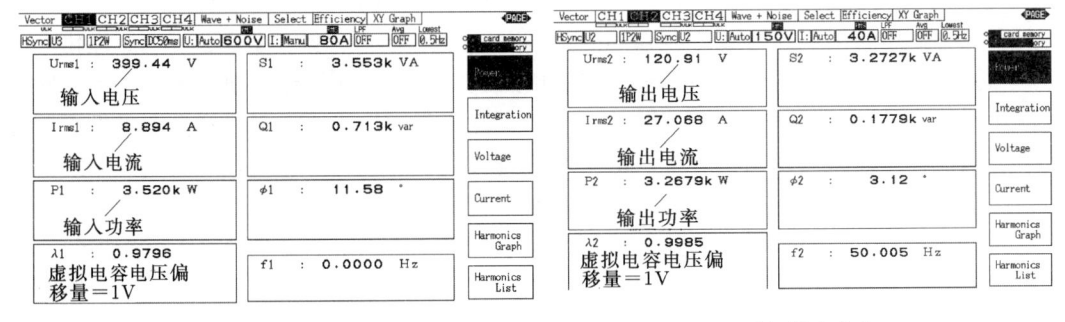

（a）输入功率

（b）输出功率

图5-19（一）　基于虚拟电容电压优化均压算法实验结果

127

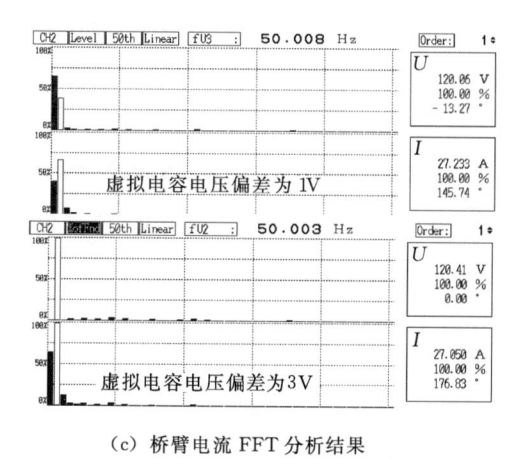

（c）桥臂电流 FFT 分析结果

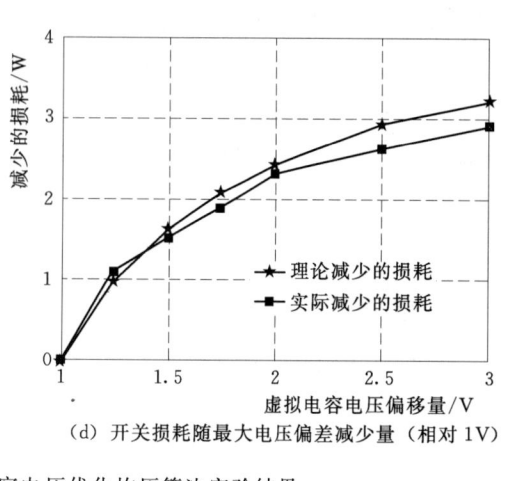

（d）开关损耗随最大电压偏差减少量（相对 1V）

图 5-19（二）　基于虚拟电容电压优化均压算法实验结果

5.4　受端换流阀的两种均压算法的开关频率和开关损耗对比结论

以上对基于最大电压偏差和基于虚拟电容电压两种优化均压算法的开关频率和损耗进行了详细的计算，下面对这两种优化均压算法进行对比分析，主要从算法的运算资源、均压开关动作对输出电压的影响、相同电压偏差下的开关频率和损耗大小等三个方面进行。

1. 算法的运算资源

通常情况下，对算法的评价主要考虑时间复杂度和空间复杂度，而目前实际工程中使用的硬件的存储空间一般都能够满足要求，因此本书对两种均压算法的评价主要是针对时间复杂度。最近电平逼近调制方法下的均压控制需要在每个控制周期对桥臂上的子模块电容电压进行排序，而对含有 n 个子模块的桥臂采用冒泡法进行一次排序所需比较次数[11-13]为

$$T_0 = 1 + 2 + \cdots + (n-1) = \frac{n(n-1)}{2} \tag{5-47}$$

从式（5-47）可以看出，算法的运算量将随 n 的变化成二次方递增，当每个桥臂上的子模块个数很多时，会导致控制器运算处理时间大大增加。基于虚拟电容电压优化均压算法不但在每个控制周期需要对子模块电容电压进行排序，而且还要根据桥臂电流方向对子模块实际电压进行偏移处理，因此其算法的运算量在子模块个数多时将会变得很大。对于基于最大电压偏差优化均压算法，由于对子模块电容电压的排序是建立在最大电压偏差超过设定值的基础之上，因此，该算法不需要在每个控制周期进行排序，在大部分的控制周期内只需找出子模块电容电压的最大值和最小值，易知找出最大值和最小值所需的比较次数为

$$T_0 = 2(n-1) \tag{5-48}$$

基于最大电压偏差优化均压算法中，子模块电容电压排序的时刻发生在图 5-20 所示虚线框边缘处。在一个工频周期内的排序次数与最大电压偏差的设置值有关，当最大电压偏差设置值增大时，子模块电容电压的排序次数也会相应的减少。而基于虚拟电容电压优

化均压算法的排序次数不会随虚拟电容电压偏移量大小变化而变化。

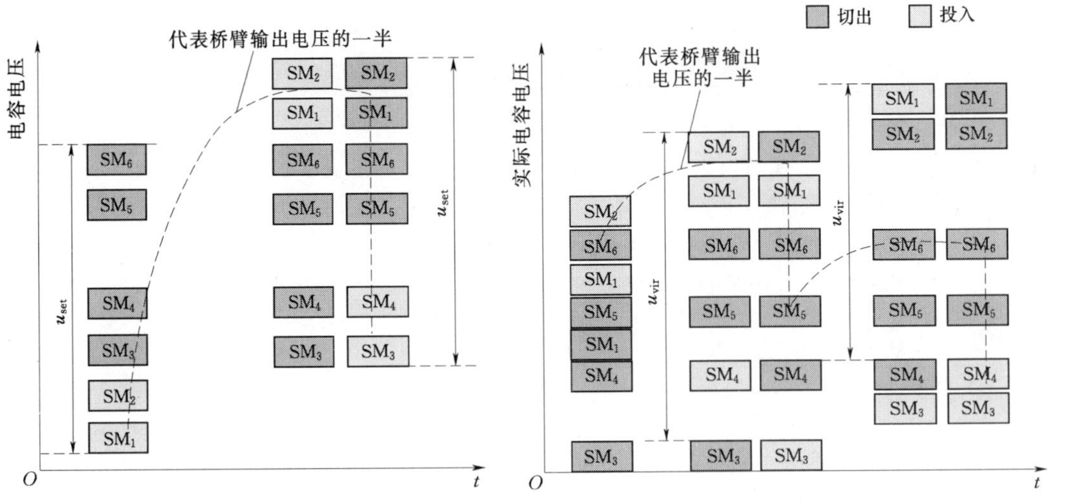

（a）基于最大电压偏差优化均压算法　　　（b）基于虚拟电容电压优化均压算法

图 5-20　两种均压算法的子模块状态交换
及输出电压示意图

2. 均压开关动作对输出电压的影响

根据前文的分析可知，必要开关动作会改变子模块导通个数而影响输出电压电平的变化，附加开关动作只是在子模块导通个数不变的条件下调整子模块的导通状态，不会改变输出电压的电平变化。虽然附加开关动作不会对输出电平变化参数影响，但是 MMC 的输出电压依靠子模块电容电压作支撑，两种均压算法的工作机理也依赖于电容电压，因此也会造成两种均压算法下输出电压有一些差别。

如图 5-20（a）所示，假设当前子模块投入个数为 2，桥臂电流为充电电流，子模块 1 和子模块 2 从投入开始到退出投入状态为止，子模块的状态变化集中发生在子模块 2 与子模块 3 的电压超过最大偏差处，此时输出电压完全由子模块 3 和子模块 4 承担。因此，集中交换导通状态时，会产生输出电压阶跃变化。当采用基于虚拟电容电压优化均压算法时，如图 5-20（b）所示，从子模块 1 和子模块 2 投入到切出的过程中，子模块 1 和子模块 2 的状态变化是逐个进行的，先子模块 2 退出投入状态，再子模块 1 退出。虽然这个过程也会造成桥臂输出电压的变化，但是电压变化分两次进行，如图 5-20（b）中的虚线所示。因此基于虚拟电容电压优化均压算法在附加开关动作时输出电压变化比基于最大电压偏差优化均压算法的相对要小，当子模块个数很多时更是如此。

3. 相同电压偏差下的开关频率和损耗大小

由于已经得到了开关频率的解析表达式，把两种均压算法下的解析表达式的主要部分相减可得

$$\Delta f_{\text{sm\_ave}} = \frac{\hat{i}_a}{2\pi C\Delta u}\sqrt{1-\frac{m^2\cos\varphi^2}{4}} - \frac{\hat{i}_a}{4\pi Cu_{\text{vir}}}\sqrt{1-\frac{m^2\cos\varphi^2}{4}} \qquad (5-49)$$

在最大电压偏差和虚拟电容电压偏移量一致的情况下，可知 $\Delta f_{\text{sm\_ave}} > 0$，因此可以

初步估算出基于最大电压偏差优化均压算法开关频率比基于虚拟电容电压优化均压算法高。

参 考 文 献

［1］ 辛业春，王朝斌，李国庆，等．模块化多电平换流器子模块电容电压平衡改进控制方法［J］．电网技术，2014，38（5）：1291－1296.

［2］ Qingrui Tu, Zheng Xu. Impact of Sampling Frequency on Harmonic Distortion for Modular Multilevel Converter［J］. IEEE Trans on Power Delivery, 2011, 26（1）: 298－306.

［3］ Jiangchao Qin, Maryam Saeedifard. Reduced Switching－Frequency Voltage－Balancing Strategies for Modular Multilevel HVDC Converters［J］. IEEE Trans on Power Delivery, 2013, 28（4）: 2403－2410.

［4］ Rosheila Darus, Josep Pou, Georgios Konstantinou. A Modified Voltage Balancing Algorithm for the Modular Multilevel Converter: Evaluation for Staircase and Phase－Disposition PWM［J］. IEEE Trans on Power Electronics, 2015, 30（8）: 4119－4127.

［5］ Lee H J, Jung J J, Sul S K. A Switching Frequency Reduction and a Mitigation of Voltage Fluctuation of Modular Multilevel Converter for HVDC［C］// 2014 IEEE Energy Conversion Congress and Exposition（ECCE 2014）. Pittsburgh, Pennsylvania, 2014.

［6］ Shoudao Huang, Wu Liao, Ping Liu, et al. Analysis and Calculation on Switching Frequency and Switching Losses of Modular Multilevel Converter with Maximum Sub－module Capacitor Voltage Deviation［J］. IET Power Electronics, 2016, 9（2）: 188－197.

［7］ 黄守道，廖武，高剑，等．基于改进均压算法的模块化多电平变流器开关频率分析［J］．电工技术学报，2016，31（13）：36－45.

［8］ Zheren Zhang, Zheng Xu, Yinglin Xue. Valve Losses Evaluation Based on Piecewise Analytical Method for MMC―HVDC Links［J］. IEEE Trans on Power Delivery, 2014, 29（3）: 1354－1362.

［9］ Zygmanowski M, Grzesik B, Fulczyk M, et al. Analytical and Numerical Power Loss Analysis in Modular Multilevel Converter［C］. Industrial Electronics Society, IECON 2013. Vienna: Conference of the IEEE: 465－470.

［10］ Zheren Zhang, Zheng Xu, Yinglin Xue. Valve Losses Evaluation Based on Piecewise Analytical Method for MMC－HVDC Links［J］. IEEE Trans on Power Delivery, 2014, 29（3）: 1354－1362.

［11］ 陆翌，王朝亮，彭茂兰，等．一种模块化多电平换流器的子模块优化均压方法［J］．电力系统自动化，2014，38（3）：52－58.

［12］ 林周宏，刘崇茹，李海峰，等．模块化多电平换流器的子模块电容电压分层均压控制法［J］．电力系统自动化，2015，39（7）：175－181.

［13］ 常非，杨晓峰，贾海林，等．适用于现场可编程门阵列的MMC电容电压平衡控制方法［J］．电网技术，2015，39（5）：1246－1253.

第6章 柔性直流输电风电系统故障穿越技术

6.1 柔性直流输电系统低电压穿越控制策略研究

我国的风力资源，特别是海上风力资源潜力巨大，预计到 2022 年，我国海上风电总装机容量将达到 30GW[1]。随着海上风电的规模化开发与利用量的巨大增长，海上风电场柔性直流输电系统的应用也为业界所关注[2]。当海上风电场装机容量达到数百兆瓦或几吉瓦时，则必须保证海上风力发电场在大电网故障或者风电场内部电网故障情况下不脱离交流大电网，否则会严重影响交流大电网的稳定性[3]。风力发电技术领先的国家已经相继发布了电网故障穿越的定量标准，要求电网故障时风力发电机能够实现低电压穿越运行，并能为电网提供无功功率支持，以帮助电网快速恢复正常工作[4]。

单台风电机组的低电压穿越控制方法有多种，可以通过送端换流阀控制直流侧电压，受端换流阀在电网电压跌落时可运用飞轮储能的方式进行有功和无功功率的协调控制，从而实现低电压穿越[5]。也可以通过在风电机组直流母线处增加卸荷电阻构成 Crowbar 保护电路[6]，在电网电压跌落时通过保护电路消耗送端多余的能量实现发电机的低电压穿越[7-8]。或者按电网电压跌落幅度控制桨距角变化来平衡直流电容器两边的功率实现风电机组的低电压穿越[9]。

目前，海上风电场电力汇集方式有交流汇集和直流汇集两种[10]。其中，直流汇集方式是每台风电机组经整流后所有的电能在直流母线处汇集，经过高压直流传输的方式传输至电网并网点再经换流阀并网，这样减少了换流阀与传输线路的成本，是海上风电场拓扑的发展趋势。直流汇集的接入方式有多种，包括串联接入方式、并联接入方式和串并结合接入方式[11]。

本章着重对直流汇集方式的直驱永磁风力发电机串联拓扑风电场低电压穿越协调控制策略进行研究。分析了带储能单元的风电机组变流器直流侧串联（以下简称直流串联）风电场所具备的低电压穿越能力，通过储能单元存储电网电压跌落时产生的不平衡能量以实现低电压穿越；以及基于转子叶轮储能方式在直流串联拓扑结构风电场低电压穿越的应用。在电网正常的情况下，送端变流器通过最大功率跟踪控制发电机输出功率，受端 MMC 换流站控制总的直流母线电压，在电网电压跌落时，送端换流阀 q 轴电流外环控制直流母线电压，d 轴电流环在发电机输出电压不饱和时控制直流母线电压，饱和时采取定子电压弱磁控制直流母线电压，达到电网电压跌落时稳定直流母线电压的目的。此方案无需加入额外的设备，通过直流串联组的协调变桨控制，对风电机组的上升转速进行调节，增加整个风电场的低电压穿越能力，且最大限度地储存风能，最终实现串联风电场在电网故障下的低电压穿越。

6.1.1 蓄电池储能在柔性直流输电低电压穿越中的应用

在直流串联海上风电场中，加入蓄电池储能单元是一种有效的低电压穿越方案。当电网电压发生跌落时，无法通过受端换流站释放的能量先通过储能单元将能量储存，以防止总直流母线电压的抬升，实现海上风电场的低电压穿越。当电网电压恢复后，再根据直流风电机组捕获功率的实际状况将存储的电能予以释放，与加入 Crowbar 卸荷电路的低电压穿越方案类似，储能单元可以在风电场送端加入，也可在受端换流站受端加入，在受端加入储能单元的直流串联海上风电场拓扑结构如图 6-1 所示。

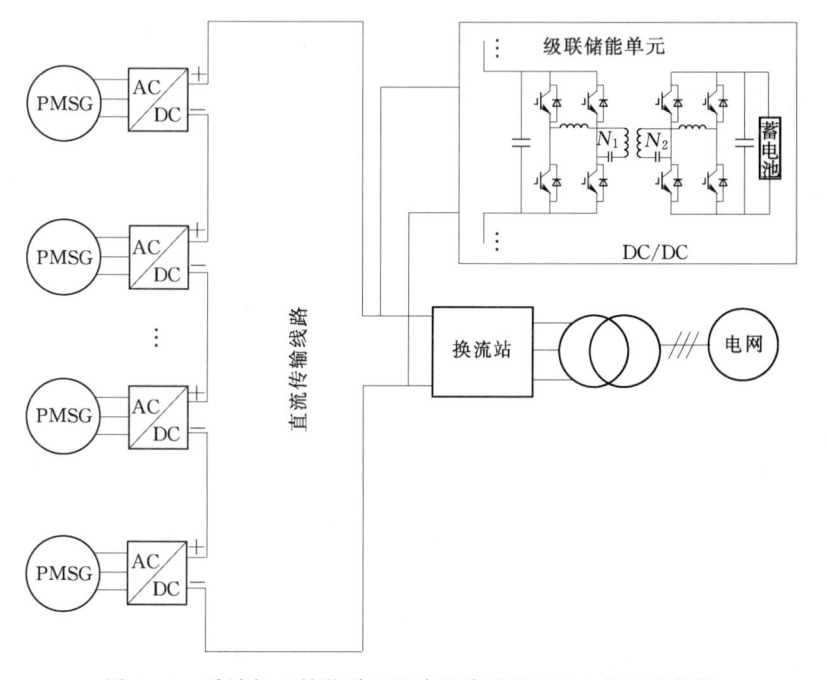

图 6-1　受端加入储能单元的直流串联海上风电场拓扑结构

在受端换流站侧加入储能单元后，由于海上风电场直流侧为高压直流，要实现储能单元的正常工作，控制功率流动的双向 DC/DC 变流器必须选择为隔离型的，以防止储能单元对蓄电池的高压冲击，同时储能单元需承受直流传输线路上的高压，双向 DC/DC 变流器需采用级联的方式使开关器件工作在可承受的电压等级之内，储能单元的装机容量也需要与海上风电场的整套系统相匹配。这些原因使得在受端换流站侧加入储能单元实现低电压穿越的方案在现实工程中极难实现。

在直流风电机组送端加入储能单元的直流串联海上风电场拓扑结构如图 6-2 所示。

由于直流风电机组中储能单元对直流侧电压变比要求不高，则储能单元只需使用非隔离型双向 DC/DC 变流器即可实现能量的动态调节，加入储能单元的直流串联海上风电场本身就具备低电压穿越的能力。在电网电压跌落时，总直流传输母线电压上升，触发储能单元中的双向 DC/DC 变流器工作，维持直流风电机组直流侧电压依然处于稳定值，进入储能状态，控制双向非隔离 DC/DC 变流器的上桥臂导通，将电网电压跌落期间无法向大电网释放的能量储存至蓄电池中，从而实现低电压穿越。此时，直流串联组中控制输出功率的储能单元输出电流将无法跟踪直流串联组的电流给定值，将加大输出电流，这样会使工作在维持直流侧电压稳定的储能单元存储更多的能量，使蓄电池存储的能量更加趋向于不平衡，因此海上风电场在检测电网电压跌落后，控制输出功率的储能单元也应由从控制直流串联组电

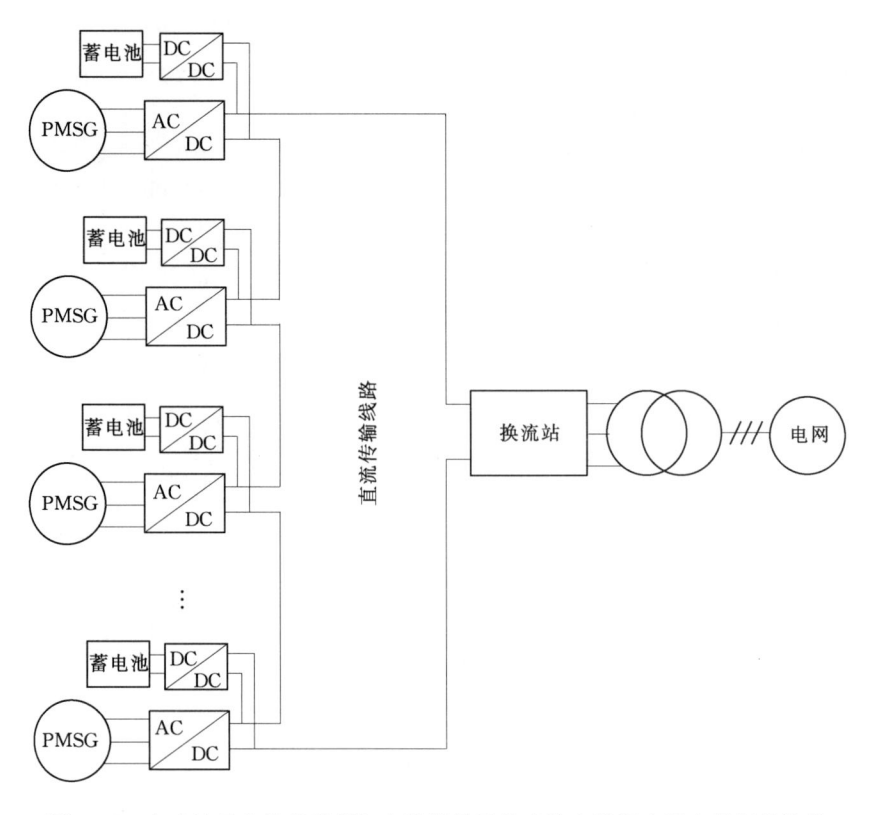

图 6-2　在直流风电机组送端加入储能单元的直流串联海上风电场拓扑结构

流的工作模式转化为控制直流侧电压,从而使得整个系统稳定高效地实现低电压穿越。

6.1.2　带蓄电池储能的直流串联风电场低电压穿越仿真

在 MATLAB/simulink 中,根据图 6-2 中所示的拓扑结构搭建带蓄电池储能的直流串联风电场仿真模型,模型采取四台直流风电机组组成一串联组,每台直流风电机组直流侧连接一个储能单元,受端换流站采取模块化多电平变流器拓扑。带蓄电池储能直流串联海上风电场低电压穿越仿真参数见表 6-1。

表 6-1　带蓄电池储能的直流串联风电场低电压穿越仿真参数

参　数　名　称	参　数　值	参　数　名　称	参　数　值
发电机额定功率 P_e/kW	20	总直流母线额定电压 U_{dc}/V	2800
发电机额定电压 U_s/V	380	风电机组直流侧额定电压 U_n/V	700
发电机极对数 p	2	直流串联组额定电流 I_{dc}/A	45
直轴电感 L_d/mH	5.5	蓄电池容量 C/F	300
交轴电感 L_q/mH	8.5	储能单元电感 L_n/mH	5
转子磁链 ψ_f/Wb	0.05	开关频率/kHz	6
发电机转动惯量 J/（kg·m²）	0.05		

直流串联组四台直流风电机组分别标号为 A、B、C、D，四台风电机组初始阶段风速给定
分别为 7m/s、8m/s、9m/s、10m/s，在 1s 时，电网电压跌落至 20%，持续时间 0.625s，
电网电压 A 相波形如图 6-3 所示。

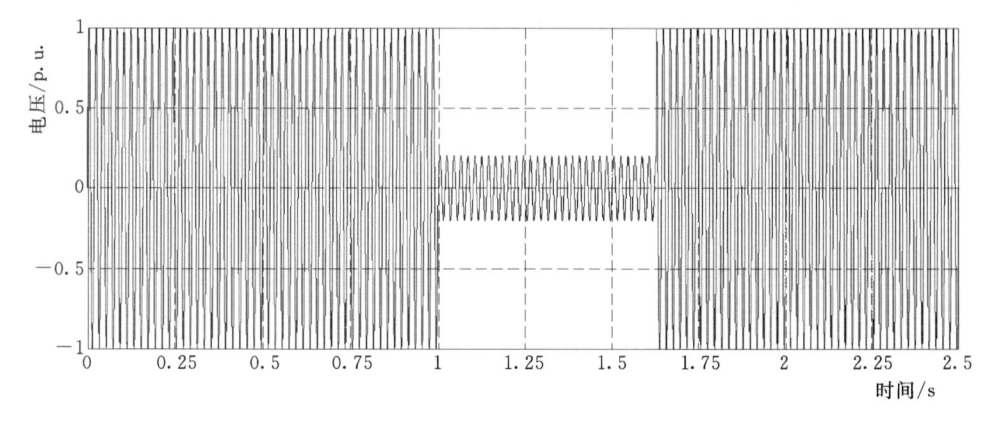

图 6-3　电网 A 相电压仿真结果

四台直流风电机组直流侧电压、储能单元充放电电流和总直流母线电流、总直流母线
电压如图 6-4～图 6-7 所示。

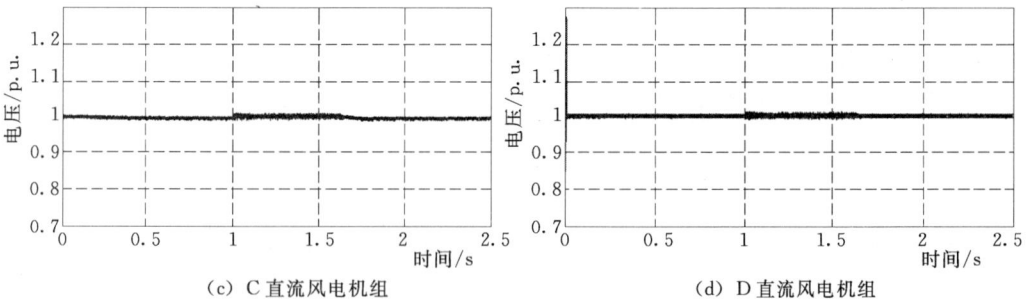

图 6-4　四台直流风电机组直流侧电压仿真结果

从图 6-4～图 6-7 中可以看出，四台直流风电机组由于风速不同，在 0～1s 之间储
能单元充放电状态也不同，A、B 两台直流风电机组由于风速较低，其储能单元处于充电
状态，C、D 两台直流风电机组风速较高，其储能单元处于放电状态，以维持四台直流风
电机组直流侧电压的均衡。从图 6-4 可以看出，四台直流风电机组直流侧电压在 0～1s

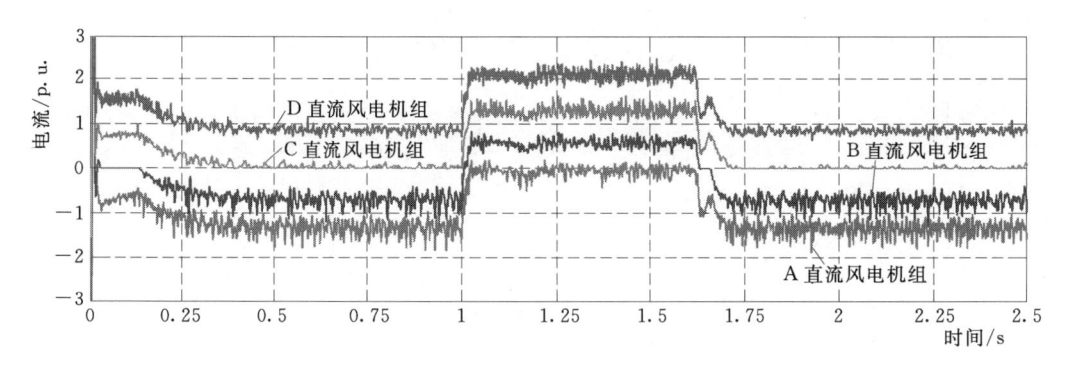

图 6-5 四台直流风电机组储能单元充放电滤波后电流仿真结果

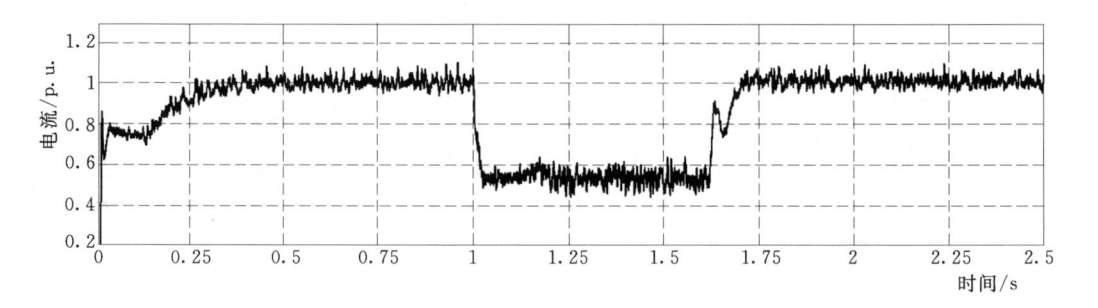

图 6-6 总直流母线滤波后电流仿真结果

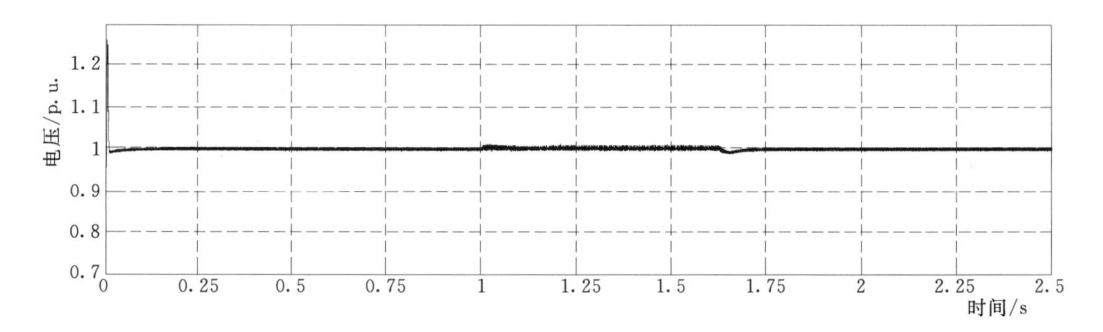

图 6-7 总直流母线电压仿真结果

之间均稳定维持在 1p.u. 状态下，串联组输出电流与总直流母线电压也维持在 1p.u. 状态下。1~1.625s 时，电网电压跌落至 20%，四台直流风电机组储能单元充放电电流均发生改变，A 直流风电机组储能单元充放电电流趋近于 0，B 直流风电机组储能单元由原有的放电状态转换为充电状态，C、D 两台直流风电机组储能单元充电状态上升，表明四台直流风电机组的储能单元储存的总能量增加。直流风电机组直流侧电压在电网电压跌落期间由于储能单元的作用而发生变化，直流串联组电流由 1p.u. 下降至 0.5p.u. 以下，表明直流串联组向受端换流站输送的能量降低，使受端换流站在电网电压跌落期间输出功率与直流侧功率平衡，维持了总直流母线电压的恒定。电网电压恢复后，海上风电场系统恢复至电网电压跌落前的状态稳定运行。仿真表明，加入蓄电池储能单元后，直流串联的海上风电场具备良好的低电压穿越的能力。

6.1.3　转子叶轮储能在柔性直流输电低电压穿越中的应用

在海上风电场拓扑结构中，串联拓扑结构是把所有直驱永磁风电机组经换流阀整流后串联，将直流母线电压抬高后再进行直流传输，这种方式如果设计合理，则无需再加入DC/DC 模块进行升压处理，减少了设备的投入量，可直接达到直流输电系统所要的电压等级。串联拓扑结构的风电场如图 6-8 所示。

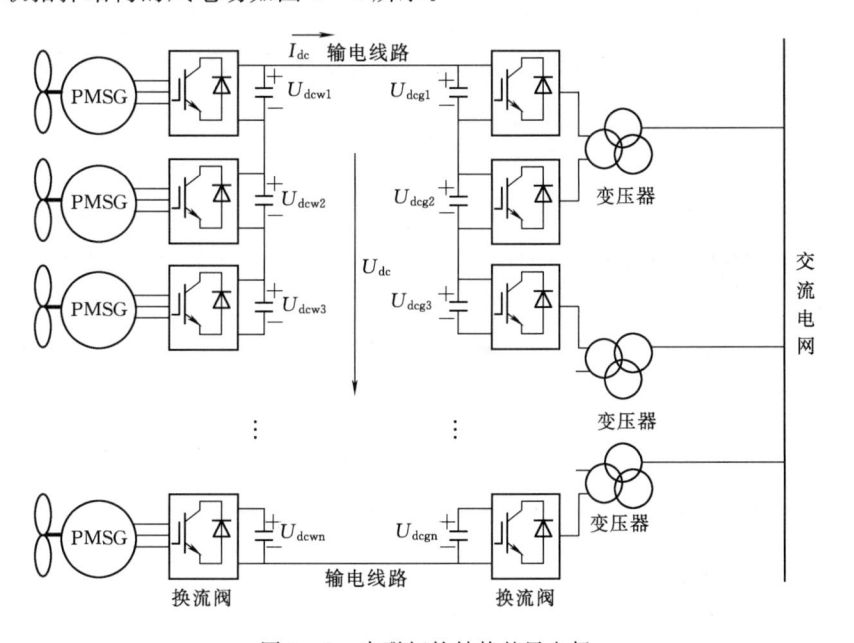

图 6-8　串联拓扑结构的风电场

风力机的机械功率表达式为[12]

$$P_{\mathrm{m}} = \frac{1}{2}\rho\pi R^2 v_{\mathrm{w}}^3 C_{\mathrm{p}}(\beta,\lambda) \tag{6-1}$$

机械转矩表达式为

$$T_{\mathrm{m}} = \frac{P_{\mathrm{m}}}{\omega_{\mathrm{m}}} \tag{6-2}$$

式中　ρ——空气密度；

　　R——风力机叶片半径；

　　v_{w}——来流风速；

　　C_{p}——风能利用系数；

　　β——桨叶的桨距角；

　　λ——叶尖速比；

　　ω_{m}——风力机机械角速度。

因为直驱永磁风力发电机无齿轮箱，则发电机转速与风力机转速相等，即 $\omega_{\mathrm{g}} = \omega_{\mathrm{m}}$，直驱永磁风电系统的传动模型表达式为[13]

$$\frac{\mathrm{d}\omega_{\mathrm{g}}}{\mathrm{d}t} = \frac{T_{\mathrm{m}} - T_{\mathrm{e}} - B_{\mathrm{m}}W_{\mathrm{g}}}{J_{\mathrm{eq}}} \tag{6-3}$$

式中　T_e——发电机电磁转矩；

　　　B_m——转动黏滞系数；

　　　J_{eq}——等效转动惯量。

在串联拓扑结构的风电场中，每台风电机组直流侧的直流电流是相同的，由式（6-2）及式（6-3）可知

$$P_e = P_m - \omega J_{eq} \frac{d\omega_g}{dt} - \Delta P = T_m \omega_g - \omega_g J_{eq} \frac{d\omega_g}{dt} - \Delta P \tag{6-4}$$

式中　ΔP——风机内部损耗。

内部损耗与发电机输出功率相比值很小，也可以忽略不计。

串联拓扑结构的风电场送端的总功率为

$$P_s = U_{dc} I_{dc} = P_{e1} + P_{e2} + P_{e3} + P_{e4} + \cdots + P_{en} \tag{6-5}$$

式中　　　　　　　　　　n——串联风电机组的台数；

　　　　　　　　　　U_{dc}——直流传输线上电压；

　　　　　　　　　　I_{dc}——串联支路电流；

P_{e1}、P_{e2}、P_{e3}、P_{e4}、$\cdots$、P_{en}——串联组中各台发电机功率。

不计换流阀损耗，发电机电磁功率也可表示为

$$P_{en} = U_n I_{dc} \tag{6-6}$$

式中　U_n——第 n 台直驱永磁发电机直流侧电压。

结合式（6-5）和式（6-6），得

$$U_n = \frac{U_{dc} P_{en}}{P_{e1} + P_{e2} + P_{e3} + P_{e4} + \cdots + P_{en}} \tag{6-7}$$

由式（6-7）可知，每台风电机组换流阀直流母线处电压按发电机功率的大小比例来分配。如果受端换流阀控制直流母线电压，当总的直流母线电压 U_{dc} 上升或下降时，每台送端换流阀直流侧的电压也会相应地上升或下降，但每台风电机组直流侧电压之和与 U_{dc} 相等。

运用转子叶轮储能的方式实现直流串联海上风电场的低电压穿越的大体思路是：在电网电压跌落时，通过送端换流阀控制直流侧电压，受端换流阀控制有功功率和无功功率的协调输出，将直流侧不平衡的能量转化为风力机叶桨的旋转动能，先将能量在提速的叶桨中储存起来，等电网电压恢复正常后，再将储存的动能转化为电能回馈给电网，实现直流串联拓扑结构海上风电场的低电压穿越。这种方案无需增加额外的设备，只需在变流器的算法上加以处理即可实现目标，是一种有效的低电压穿越方案。

6.1.3.1　DD-PMSG 换流阀低电压穿越控制策略

在串联拓扑风电场的海上高压直流输电中，常采用受端受端换流阀控总直流母线电压的稳定，送端换流阀通过最大功率跟踪（MPPT）控制风电机组的功率或转速的方案，在电网电压以及风电场系统稳定时，每台风电机组可以实现在不同风速下的最大功率跟踪，换流阀之间无需通信可独立运行。

PMSG 在 dq 坐标系下的数学模型[14] 为

$$\begin{cases} u_{\mathrm{d}} = i_{\mathrm{d}} R_{\mathrm{s}} + \dfrac{\mathrm{d}\boldsymbol{\varPsi}_{\mathrm{d}}}{\mathrm{d}t} - \omega_{\mathrm{g}}\psi_{\mathrm{q}} \\ u_{\mathrm{q}} = i_{\mathrm{q}} R_{\mathrm{s}} + \dfrac{\mathrm{d}\boldsymbol{\varPsi}_{\mathrm{q}}}{\mathrm{d}t} - \omega_{\mathrm{g}}\psi_{\mathrm{d}} \end{cases} \tag{6-8}$$

式中　　u_{d}、u_{q}——定子 d 轴、q 轴电压；

　　　　R_{s}——定子相电阻；

　　$\varPsi_{\mathrm{d}}$、$\varPsi_{\mathrm{q}}$——定子磁链 d 轴、q 轴分量；

　　i_{d}、i_{q}——定子电流 d 轴、q 轴分量；

　　　　ω_{g}——PMSG 电角频率。

磁链方程为

$$\begin{cases} \psi_{\mathrm{d}} = L_{\mathrm{d}} i_{\mathrm{d}} + \varPsi_{\mathrm{f}} \\ \psi_{\mathrm{q}} = L_{\mathrm{q}} i_{\mathrm{q}} \end{cases} \tag{6-9}$$

式中　　$\varPsi_{\mathrm{f}}$——转子磁链；

　　L_{d}、L_{q}——永磁发电机直轴电抗和交轴电抗。

电磁转矩表达式为

$$T_{\mathrm{e}} = 1.5 p(\varPsi_{\mathrm{d}} i_{\mathrm{q}} - \varPsi_{\mathrm{q}} i_{\mathrm{d}}) = 1.5 p[(L_{\mathrm{d}} - L_{\mathrm{q}}) i_{\mathrm{q}} i_{\mathrm{d}} + \varPsi_{\mathrm{f}} i_{\mathrm{q}}] \tag{6-10}$$

式中　　p——永磁电机极对数。

当 $L_{\mathrm{d}} = L_{\mathrm{q}}$ 时，电磁转矩仅与 q 轴电流有关；当 $L_{\mathrm{d}} \neq L_{\mathrm{q}}$ 时，电磁转矩由两部分构成，即由转子磁链产生的基本电磁转矩和由交轴、直轴磁路不对称产生的磁阻转矩。磁阻转矩相对于发电机起制动作用。电磁转矩由 d 轴电流和 q 轴电流共同决定产生。在电网正常情况下，送端换流阀通过最大功率跟踪得到转速或者功率的给定值，功率环或转速环的输出为 q 轴电流的给定，d 轴电流内环控制 $i_{\mathrm{d}} = 0$，则电磁转矩的控制仅与 i_{q} 有关，即可实现对送端换流阀的控制。受端换流阀控直流母线电压稳定并向电网输入功率 P_{g}。风电机组捕获的机械功率为 P_{m}，送端换流阀经最大功率跟踪后输出电磁功率 P_{e} 输送至直流侧，在稳态并忽略损耗的情况下，转速和直流电压均保持稳定。

当电网电压发生跌落时，因受端受端换流阀的限流作用导致受端输入功率降低，而送端尚未受到影响，且风电机组惯性较大，依然处于最大功率跟踪的工作状态，在电网电压跌落的短暂时间内所有直驱风电机组送端换流阀馈入直流侧的总电磁功率 P_{e} 不变，则此时受端功率与送端功率不再平衡[15]，直流侧不平衡的功率可以表示为直流侧电容器的充放电功率[16]，即

$$\Delta P_{\mathrm{dc}} = C U_{\mathrm{dc}} \frac{\mathrm{d} U_{\mathrm{dc}}}{\mathrm{d}t} = P_{\mathrm{e}} - P_{\mathrm{g}} \tag{6-11}$$

式中　　C——直流传输线上总的电容值。

功率的不平衡使直流侧电压 U_{dc} 升高，U_{dc} 的升高使每台风电机组直流侧的电压都会相应地上升，影响整个串联拓扑结构风电场系统的稳定性。因此，必须要有合适的控制策略使海上风电场在电网电压跌落时可不脱网运行，实现低电压穿越。

当受端换流阀无法对直流母线电压进行控制时，必须将对直流侧电压的控制转换到靠送端换流阀来实现。送端换流阀的任务不再是最大功率跟踪，而是要降低送端换流阀，减

小馈入直流侧的电磁功率，使海上风电场送端功率与受端功率维持平衡，此时电流内环 i_q 的给定不再是速度环或功率环，而是直流侧电压环，当交流电网电压恢复时，要让受端换流阀实现平稳的过渡，每台送端换流阀直流侧电压的给定必须满足

$$U_{dc1} + U_{dc2} + U_{dc3} + U_{dc4} + \cdots + U_{dcn} = U_{dc} \tag{6-12}$$

式中　U_{dc}——额定的总直流母线的电压值，也是故障前的电压值。

当送端换流阀减少馈入直流侧的电磁功率，抑制直流电压的上升时，相当于将直流母线处不平衡的能量转化为送端机械功率与电磁功率之间的不平衡功率，即

$$\Delta P_{dc} = \Delta P_m = P_m - P_e \tag{6-13}$$

式中　ΔP_m——发电机增加的机械功率。

根据公式（6-3）可知，此时发电机的转速将会上升，忽略摩擦引起的功率损耗，可得

$$\Delta P_{dc} = \omega_g J_{eq} \frac{d\omega_g}{dt} \tag{6-14}$$

此时将送端与受端换流阀之间不平衡的能量转化为风电机组的旋转动能，从而维持整个风电系统能量的平衡。

当风电场检测到直流母线电压升高，送端换流阀转化为控直流侧电压的 Δt 时间段内，由式（6-3）可知，单台风电机组直流侧减少的电磁功率可以表示为电容充放电功率，即

$$P_{cn} = C_n U_{dcn} \frac{dU_{dcn}}{dt} \tag{6-15}$$

不计风电机组自身损耗，根据能量守恒定律可得

$$\omega_g J_{eq} \frac{d\omega_g}{dt} = -C_n U_{dcn} \frac{dU_{dcn}}{dt} \tag{6-16}$$

将式（6-16）在 Δt 时间内积分，可得电能与动能之间的表达式为

$$J_{eq}\omega_n^2 - J_{eq}\omega_n'^2 = C_n U_n'^2 - C_n U_n^2 \tag{6-17}$$

式中　ω_n'、U_n'——Δt 时间段内起始时的转速和直流侧电压；

ω_n、U_n——Δt 时间段内结束时的转速和直流侧电压。

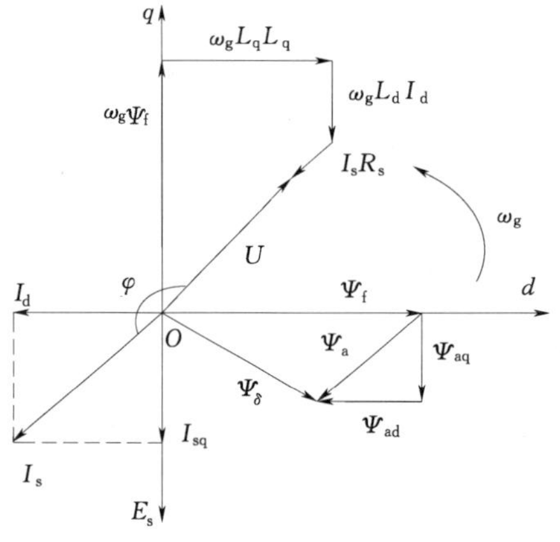

图 6-9　永磁同步发电机弱磁运行相量图

如若已知送端换流阀给定的直流侧电压值，则可以计算出 Δt 时间段末期的风电机组转速，即

$$\omega_n = \sqrt{\frac{C_n}{J_{eq}}(U_n'^2 - U_n^2) + \omega_n'^2} \tag{6-18}$$

由于直驱永磁发电机的磁链是恒定不变的，反电动势与转速成正比，当 ω_n 上升时，发电机的反电动势也相应上升，需要逆变器输出的直流侧电压也就需要更高。当发电机线电压幅值超出直流母线电压的值时，就需要对发电机进行弱磁，永磁同步发电机弱磁运行相量图如图6-9所示。

忽略定子上的压降，可得到永磁发电机输出端电压幅值的表达式为

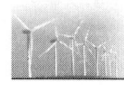

$$U_s = \sqrt{(\omega_g L_q i_q)^2 + (\omega_g L_d i_d + \omega_g \Psi_f)^2} \qquad (6-19)$$

由式（6-19）可知，通过增加负的直轴电枢反应来抵消转速加大而感应电动势加大的影响，起到削弱交轴电枢反应的作用，使发电机输出端电压不会饱和，同时定子交轴、直轴电压分量和交轴、直轴电流分量必须满足[17]

$$\begin{cases} \sqrt{u_d^2 + u_q^2} \leqslant U_{smax} \\ \sqrt{i_d^2 + i_q^2} \leqslant I_{smax} \\ \sqrt{3} U_s \leqslant m U_{dc} \end{cases} \qquad (6-20)$$

式中　U_{smax}——换流阀输入最大相电压的幅值；

　　　I_{smax}——换流阀输入最大线电流的幅值；

　　　m——电压调制比。

根据式（6-20），采样发电机输出端电压，得到交轴、直轴电压值，进而弱磁控制时 d 轴电压环的直流侧电压反馈值为

$$U_{dc} = \frac{1}{m} \sqrt{3(u_d^2 + u_q^2)} \qquad (6-21)$$

海上串并联拓扑结构风电场单台风电机组送端和受端换流阀控制框图如图 6-10 和图 6-11 所示。在电网正常情况下，送端换流阀采取速度外环、电流内环的双闭环控制方式；受端换流阀采取直流电压外环、电流内环的控制方式。当电网电压跌落时，受端换流阀改为功率控制，向大电网输送无功功率；送端换流阀切换成故障状态下的运行模式，d 轴电压外环进行弱磁控制，使发电机输出电压不会饱和，q 轴电压外环进行直流侧电压控制，将直流母线处电压的波动转化为转速的波动。

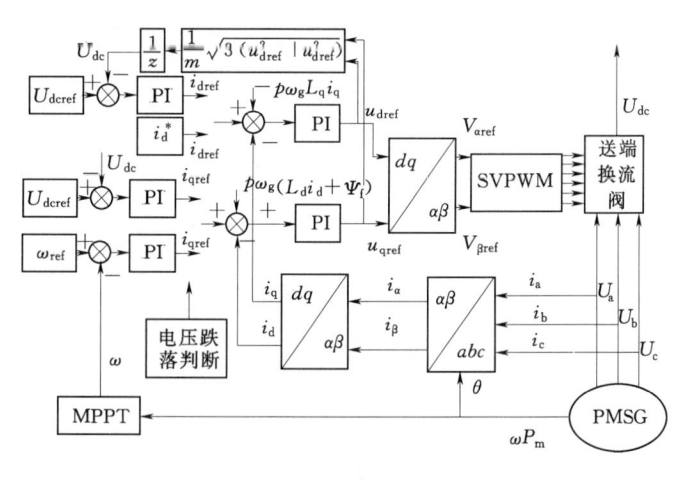

图 6-10　送端换流阀控制框图

6.1.3.2　串联拓扑结构风电场协调变桨控制策略

电网故障时间一般不长，在短时间内可以认为风速是恒定不变的，则在风电机组叶桨距角不改变的情况下，风电机组捕获的机械功率是不变的。在电网电压发生故障的期间，因发电机直流侧电压分配与功率成比例关系，每台送端换流阀直流侧电压给定值与电网发生故障前一刻的实际值相同，使直驱风电系统在电网故障的发生和结束时平稳过渡，减少

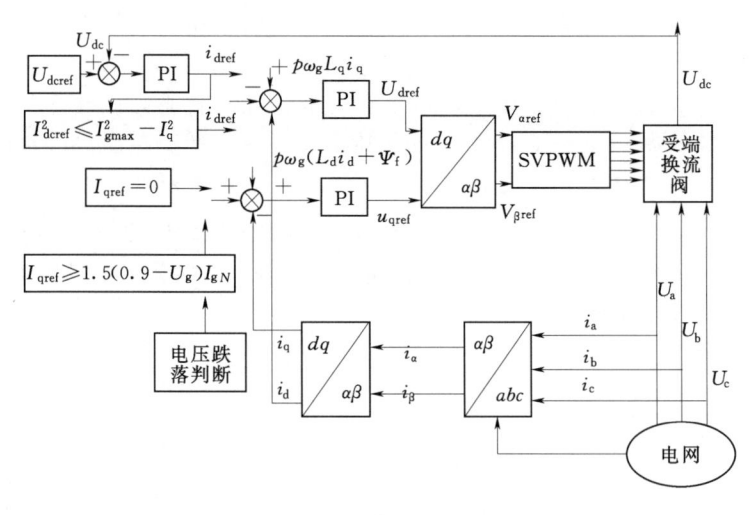

图 6-11 受端换流阀控制框图

整个串联拓扑结构风电系统中风电机组在分配直流母线电压过程中不必要的变化，增加系统的稳定性。

当电网电压发生跌落时，送端换流阀检测到直流母线电压上升，换流阀启动低电压穿越控制，送端换流阀减少向直流侧输入的电磁功率。由式（6-4）可知，风电机组的速度上升，因为每台风电机组所处区域的实时风速不一样，有的风电机组处在高速运行状态，有的风电机组处在低速运行状态，当高转速风机的转速再次升高时，极有可能超过风电机组的最大安全转速，将会发生飞车、对机械设备造成磨损，引起整个风电场系统的不稳定等诸多问题。因此，必须要考虑风电机组上升的转速是否会超过风电机组的最大安全转速的问题。

在风速一定的情况下，依靠风力机变桨调节系统调节风叶的角度，减小风能的捕获量，可使发电机速度上升期间及时限制转速的上升。由式（6-1）可知，风电机组的机械功率与风能利用系数 C_p 有关[10]，C_p 为

$$C_p = 0.5176\left(\frac{116}{\lambda} - 0.4\beta - 5\right)e^{\frac{-21}{\lambda}} + 0.0068\lambda \tag{6-22}$$

调节风电机组叶桨距角 β，就可以调节风电机组捕获的机械功率。设电网电压跌落时的前一个时间点，串联拓扑结构机组上每台风电机组的转速为 ω_1、ω_2、ω_3、$\cdots$、ω_n 则每台机组到风机最大安全转速 ω_{max} 之间的变化空间为：

$$\Delta\omega_{max\,n} = \omega_{max} - \omega_n \tag{6-23}$$

每台风电机组桨叶上在安全范围内最多可增加的动能为

$$E_n = J\Delta\omega_n^2 \tag{6-24}$$

串联拓扑结构风电场最多可储存的动能为

$$E_{all} = \sum_{n=1}^{n} E_n \tag{6-25}$$

理论上，当每台风电机组的转速同时到达 ω_{max} 时，风电场储存的旋转能量也就最多，低电压穿越的基本要求为风电场内的风电机组具有在并网点电压跌至 20% 额定电压时保

证不脱网连续运行 625ms 的能力。假设要求风场在电网电压跌落且不脱网运行的时间为 T，如果在 T 时间内每台风电机组不会超过最大转速，则不需要改变叶桨距角来减少捕获的风能；如果在 T 时间有风电机组会超过最大转速，那么就必须调整叶桨距角减少风电机组的机械功率，达到较少发电机转速的上升速度。因此转速高的风电机组转速上升得慢，转速低的风电机组转速上升得快，使每台风电机组转速在 T 时间内不达到 ω_{max} 或同时到达 ω_{max}，增加整个风场的低电压穿越能力，也最大限度地储存风能，避免风力资源浪费。基于改变叶桨距角增加系统低电压穿越能力的串联拓扑结构风电场机组变桨协调的控制流程图如图 6-12 所示。

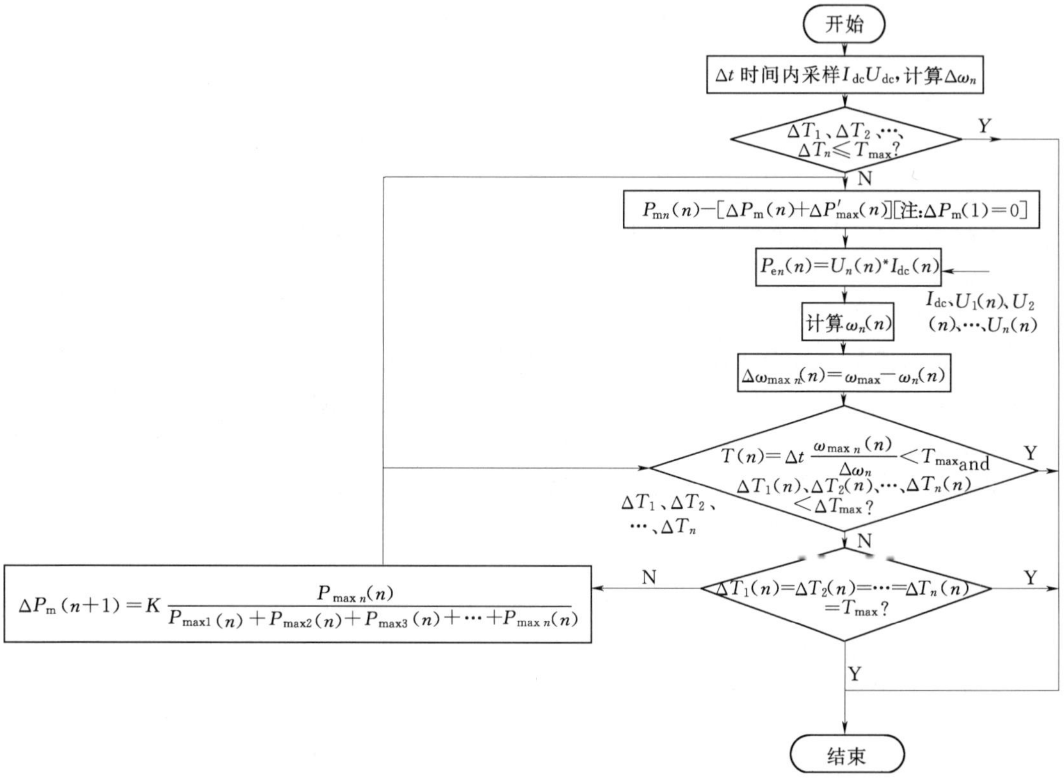

图 6-12　串联拓扑结构风电机组变桨协调控制流程图

在电网电压跌落的第一个时间周期 Δt 内，因为风力发电机惯性较大，转速的变化量不易直接测量，只能通过采样直流电流以及直流侧电压，通过公式（6-4）计算转速的变化量 $\Delta \omega_n$，估计每台机组到达最大转速的时间，即

$$\Delta T_{\max n} = \Delta t \frac{\omega_{\max n} - \omega_n}{\Delta \omega_n} \tag{6-26}$$

如果每台风电机组到达最大转速的时间 $\Delta T_{\max 1}$、$\Delta T_{\max 2}$、$\cdots$、$\Delta T_{\max n}$ 都小于 T，则不做处理；如果有任何一台的 $\Delta T_{\max n} > T$，则在下一个时间周期内调节桨距角，给输入机械功率减小一个扰动值 ΔP_m，然后再次采样直流电流以及直流侧电压计算 ω_n，并计算这个时间周期内的 $\Delta T_{\max n}$；如果此时 $\Delta T_{\max 1}$、$\Delta T_{\max 2}$、$\cdots$、$\Delta T_{\max n}$ 都小于 T，则不做处理，并

在下个周期又重新开始流程，监测转速的变化；如果不小于 T，则判断 $\Delta T_{\max 1}$、$\Delta T_{\max 2}$、$\cdots$、$\Delta T_{\max n}$ 是否全部相等且等于 T，如果是，则又结束。系统此时已可以在要求的安全时间范围储存最多的风能，如果不是，则需要对减小的机械功率 ΔP_m 进行调整，在此周期 T 时间内，风电机组在安全范围内可增加的最大平均机械功率为

$$\Delta P_{\max n}(n) = \frac{J \Delta \omega_{\max n}(n)^2}{T} \qquad (6-27)$$

转速低的风电机组，$\Delta P_{\max n}(n)$ 越大，转速可上升空间也大，则此台风电机组通过变桨减小的机械功率就要适当的少一点，让其转速上升得比其他风电机组相对快一点，转速高的则相反。因此，在减小机械功率扰动值 ΔP_m 的基础上，再增加一个新的机械功率扰动补偿值 $\Delta P_m'$，$\Delta P_{\max n}(n)$ 大的，$\Delta P_m'$ 就要小一点，减少的机械功率就少一点。因此，对风电场中所有的 $\Delta P_{\max n}(n)$ 进行比较，按下式进行调整

$$\Delta P_{mn}'(n+1) = K \frac{\Delta P_{\max n}(n)}{\Delta P_{\max 1}(n) + \Delta P_{\max 2}(n) + \cdots + \Delta P_{\max n}(n)} \qquad (6-28)$$

式中　K——功率调节系数。

此周期内 $\Delta P_{\max n}(n)$ 最大的风电机组，$P_{\max n}(n)$ 取值就选 $\Delta P_{\max n}(n)$ 最小的，$\Delta P_{\max n}(n)$ 第二大的就选 $\Delta P_{\max n}(n)$ 第二小的，依此类推，得到的 $\Delta P_m'$ 进入下一个周期，进行循环。

$$\Delta P_m(n+1) = \Delta P_m(n) + \Delta P_{\max}'(n) \qquad (6-29)$$

最终实现在低电压穿越期间风电机组转速高的速度增加少，风电机组转速低的速度增加就大的目的，使每台风电机组到达最大转速的时间小于 T 或在 T 时间可内同时到达 $\omega_{\max}$。增加整个风电场的低电压穿越能力也可以最大限度地储存风能，避免风力资源的浪费，当转速的上升使发电机输出端电压升高而饱和时，则需按图 6-10 送端换流阀控制框图中的 d 轴电流控制进行输出端电压的弱磁处理。

表 6-2　串联拓扑结构的风电场仿真参数

参数名称	参数值
发电机额定功率 P_e/kW	10
发电机额定电压 U_s/V	380
发电机额定转速 ω/（r/min）	80
发电机极对数 p	2
直轴电感 L_d/mH	5.5
交轴电感 L_q/mH	8.5
转子磁链 Ψ_f/Wb	0.05
发电机转动惯量 J/（kg·m²）	0.05
总直流母线额定电压 U_{dc}/V	2800
风电机组直流侧额定电压 U_n/V	700

6.1.3.3 转子叶轮储能实现直流串联结构海上风电场低电压穿越仿真

在 Matlab/simulink 中，根据图 6-10 和图 6-11 所示的换流阀控制框图以及图 6-12 所示的串联拓扑结构风电机组变桨协调控制流程图，将四台直驱永磁同步发电机搭建成直流汇集方式的串联拓扑结构风电场仿真模型。设四台风电机组分别为 A、B、C、D，A 风电机组所处区域的风速为 8m/s，B 风电机组所处区域的风速为 9m/s，C 风电机组所处区域的风速为 10m/s，D 风电机组所处区域的风速突变为 11m/s，仿真参数见表 6-2。

电网电压在 0.6s 时电压跌落至额定电压的 20%，持续时间 0.4s，电压跌落前以及电网电压恢复后受端受端换流阀控制直流母线电压，送端换流阀按最大功率跟踪控制风电机组转速。电网电压跌落期间，受端换流阀控制无功功率，送端换流阀控制直流侧电压以及发电机输出端电压。总的直流母线电压波形、四台风电机组直流侧电压波形、直流母线处电流波形如图 6-13～图 6-15 所示。

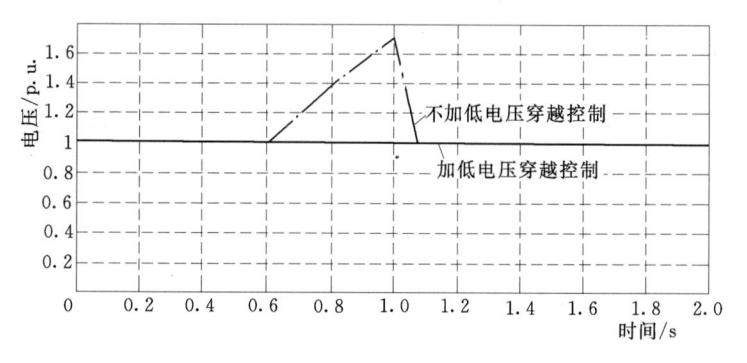

图 6-13　总直流母线电压波形

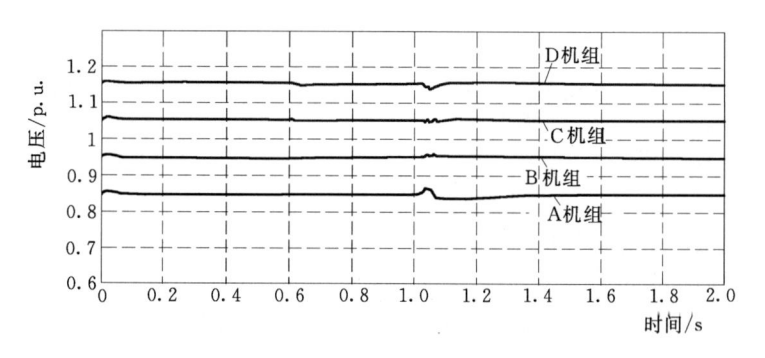

图 6-14　四台风电机组直流侧电压波形

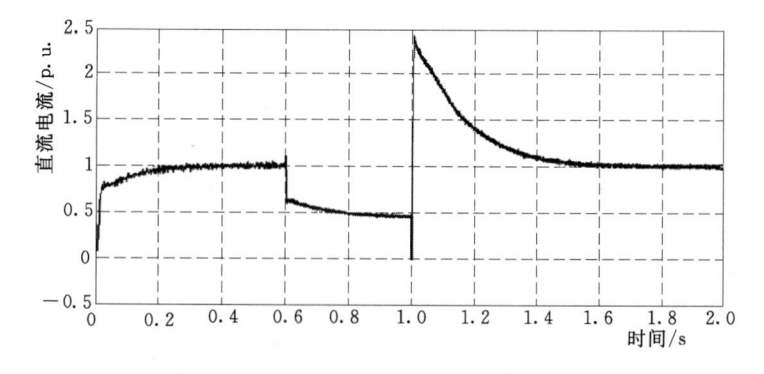

图 6-15　直流母线处电流波形

从图 6-13 可以看出，电网电压跌落前以及电网电压恢复后，直流母线电压稳定维持在 1.0p.u.。电网电压跌落期间，如果不加低电压穿越控制策略，直流母线电压在 0.4s 的时间内迅速抬升至 1.7p.u. 左右，这将极大地破坏风电系统的稳定性。加了低电压穿越控制后，直流母线电压稳定维持在 1.0p.u. 处，电压波动极少。从图 6-14 可以看出，四台风电机组因捕获的机械功率不同，分配的直流侧电压也就不同，在0.6s和1.0s时，因电网电压的下跌及恢复，电压有少量的波动，但迅速维持在了稳定值。从图6-15可以看出，直流电流在0.6s时，开始减小向受端输送的功率，维持送端受端功率的平衡，在1.0s电网电压恢复时，电流迅速抬升，并释放风电机组储存的旋转动能，最终恢复到额定值。四台风电机组d轴和q轴电流，风机转速如图6-16和图

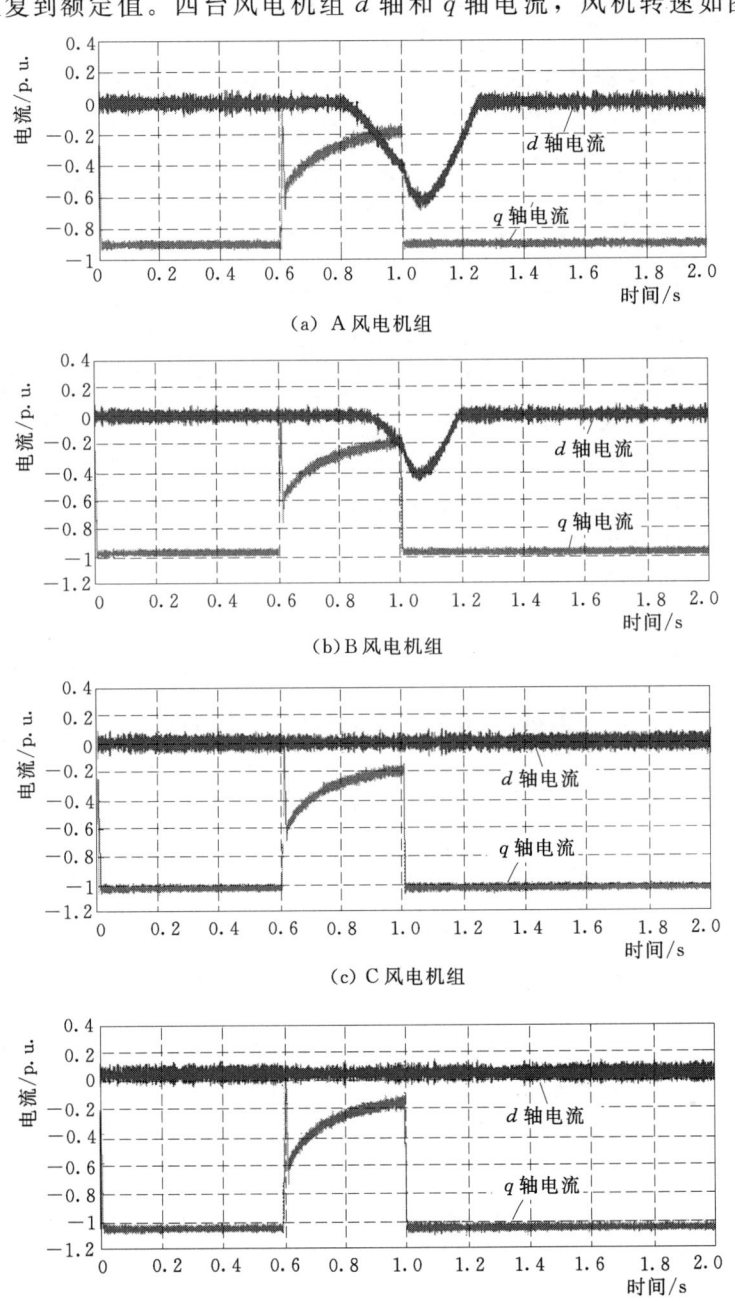

(a) A风电机组

(b) B风电机组

(c) C风电机组

(d) D风电机组

图6-16　四台风电机组d轴、q轴电流

6-17所示。

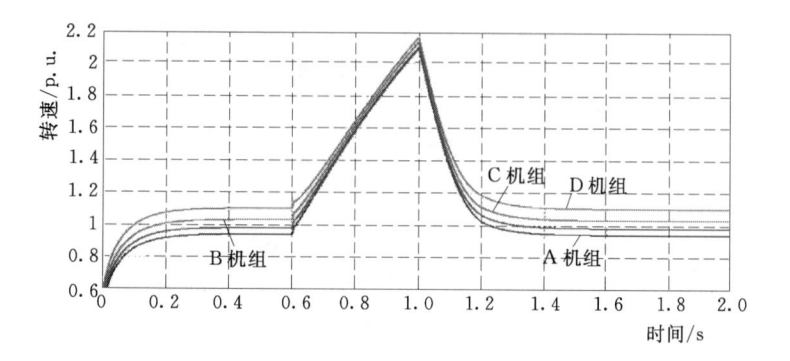

图 6-17　四台风电机组转速

从图 6-16 可以看出，四台风电机组的 q 轴电流均在 0.6s 时迅速下降，1.0s 时恢复，A 风电机组和 B 风电机组因分配的直流母线电压低，转速上升使输出端电压饱和，d 轴电流下降，进行处于弱磁控制状态。图 6-17 中，四台风电机组在 0.6s 前处在不同转速下恒定运行，0.6s 时，转速升高，判断转速上升速度后进行变桨调节，每台风电机组因变桨角度不同，四台风电机组转速上升的斜率不同，A 风电机组的斜率大于 D 风电机组，在 1.0s 时，四台风电机组的转速已接近，说明在低电压穿越期间风电场在安全转速的范围内可以储存更多能量的旋转动能。仿真证明，整套控制方案可以实现风电场在电网电压故障期间不脱网运行，并有效增加系统的低电压穿越能力以及稳定性。

6.2　基于 MMC 的受端换流阀在不对称电网故障下的运行与控制

MMC 用于直流输电系统时，一般会与交流电网相连接，而交流电网发生单相或两相接地故障时，会使电网电压出现不对称的情况，因此研究电网电压不对称故障下 MMC-HVDC 系统的运行特性，可以最大限度地保证系统在电网不对称故障时的不间断运行，提高电力系统的稳定性[18]。与传统两电平换流阀的集中式电容储能不同，MMC 采用分布式的储能电容结构，并且 MMC 子模块个数众多，内部子模块电容电压的波动、内部三相环流的控制也会受到不对称电网故障的影响，因此有必要对电网不对称故障下 MMC 内部电容电压和桥臂环流进行研究。值得注意的是，即使由于换流阀对负序电流进行完全抑制，传输到 MMC 的有功功率存在波动，分布式的电容也可以起到缓冲这部分功率的作用，因此 MMC 具有在电网电压发生不平衡故障时抑制电网电流负序分量的同时，保持直流侧电压稳定的能力，这一点也是传统两电平换流阀不能做到的。

目前，大部分文献对 MMC-HVDC 在不对称电网故障下的研究主要集中在 MMC 的环流控制方面，一般都只对电网电压不平衡时环流进行定性研究，对环流大小的定量研究和子模块电容电压波动的研究还较少，并且研究范围仅限于抑制负序电流或抑制有功功率波动一种控制方式。本节以电网不对称故障下 MMC-HVDC 系统的两种常见的策略——抑制负序电流和抑制有功功率二倍频波动为基础，对两种控制策略下的 MMC 内部桥臂环流进行了详细的对比分析，得到了桥臂环流的解析表达式。以分析结果为基础，提出了基于子模块电容电压稳定的桥臂环流抑制策略，该方法不需要单独设计零序环流控制器，不需要计算桥臂环流给定值，在抑制负序电流和以抑制有功功率二倍频波动两种控制方式下都适用。然后对两种控制策略下的子模块电容电压波动进行了对比分析，得到了在相同传输功率的情况下，子模块电容电压波动幅值在抑制功率二倍频波动时要高于抑制负序电流的结论，并提出了相应降低电容电压波动的方法。采用 Matlab 仿真验证了本节分析结果和所提方法的正确性。

6.2.1　电网不对称故障时基于 MMC 受端换流阀的两种典型控制方法

在电网发生不对称故障时，原来只具有正序分量的电网电压可以分解为三个对称的独立电压分量，分别为正序电压分量、负序电压分量和零序电压分量。零序电压分量由于发电机或变压器采用的三角形接法的影响，不会出现零序电流，所以不考虑零序分量对系统的影响。根据电路的叠加定理可知，可以把换流阀分为在正序电压和负序电压激励下的两个独立系统，在两个独立的系统下分别按照正序电网电压和负序电网电压定向的矢量控制策略，可以得到在不平衡电网故障时换流阀在正、负序同步旋转坐标下的数学模型为[19]

$$
\left.
\begin{aligned}
L\frac{\mathrm{d}i_\mathrm{d}^P}{\mathrm{d}t} &= u_\mathrm{gd}^P - i_\mathrm{d}^P R + \omega L i_\mathrm{q}^P - e_\mathrm{d}^P \\
L\frac{\mathrm{d}i_\mathrm{q}^P}{\mathrm{d}t} &= -i_\mathrm{q}^P R - \omega L i_\mathrm{d}^P - e_\mathrm{q}^P
\end{aligned}
\right\}
\tag{6-30}
$$

$$
\left.
\begin{aligned}
L\frac{\mathrm{d}i_\mathrm{d}^N}{\mathrm{d}t} &= u_\mathrm{gd}^N - i_\mathrm{d}^N R - \omega L i_\mathrm{q}^N - e_\mathrm{d}^N \\
L\frac{\mathrm{d}i_\mathrm{q}^N}{\mathrm{d}t} &= -i_\mathrm{q}^N R + \omega L i_\mathrm{d}^N - e_\mathrm{q}^N
\end{aligned}
\right\}
\tag{6-31}
$$

式中　i_d^P、i_q^P、i_d^N、i_q^N——正序电流和负序电流在同步旋转 d 轴和 q 轴下的电网电流；

$\quad\quad\quad u_\mathrm{gd}^P$、$u_\mathrm{gd}^N$——正序电压和负序电压在同步旋转 d 轴和 q 轴下的电网电压；

$\quad\quad e_\mathrm{d}^P$、$e_\mathrm{q}^P$、$e_\mathrm{d}^N$、$e_\mathrm{q}^N$——正序电压和负序电压在同步旋转 d 轴和 q 轴下的 MMC 期望输出电压；

$\quad\quad\quad R$、L——不仅包含了换流阀与电网之间的等效电阻和电感，还包括 MMC 内部桥臂等效电阻和电感。

根据以上数学模型可知，MMC 在不对称电网故障下会产生负序电流，负序电流会通过电网传递到同步发电机的定子侧，这个电流会在发电机气隙中形成一个负序的旋转磁场。根据电机的电磁感应原理可知，转子中将会感应出 100Hz 的二次谐波电流，不仅使发电机偏离额定工况运行，引起发电机转子过热[20]，还会对发电机的电磁力矩产生影响，引起电机的振动。为此，许多文献在柔性直流输电系统电网发生不平衡故障时，采用抑制负序电流的控制方式，在此方式下，换流阀在稳态时并网电流给定值为

$$
\left.
\begin{aligned}
i_\mathrm{dref}^P &= \frac{2P_\mathrm{ref}}{3u_\mathrm{d}^P} \\
i_\mathrm{qref}^P &= -\frac{2Q_\mathrm{ref}}{3u_\mathrm{d}^P} \\
i_\mathrm{dref}^N &= 0 \\
i_\mathrm{qref}^N &= 0
\end{aligned}
\right\}
\tag{6-32}
$$

式中　i_{dref}^{P}、i_{qref}^{P}——正序电流在正序旋转 d 轴和 q 轴下的给定值；

　　　i_{dref}^{N}、i_{qref}^{N}——负序电流在负序旋转 d 轴和 q 轴下的给定值；

　　　P_{ref}、Q_{ref}——系统传输的有功功率和无功功率的给定值。

抑制负序电流时受端换流阀外部控制方案如图 6-18 所示。

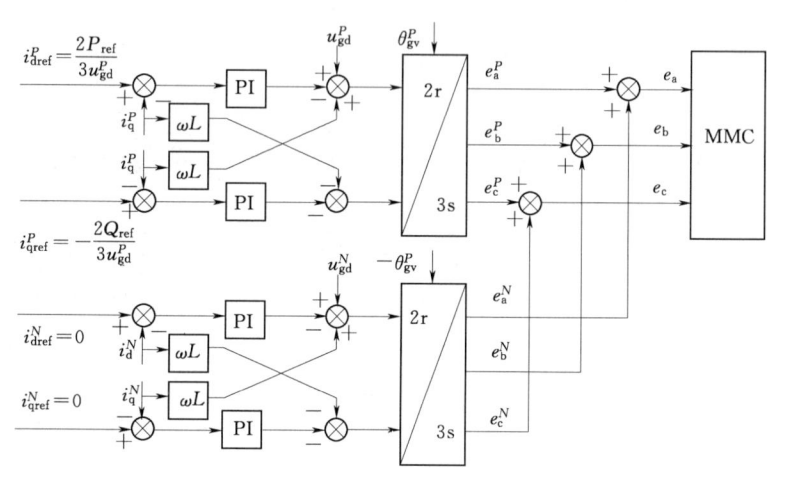

图 6-18　抑制负序电流时受端换流阀外部控制方案

换流阀与电网交换的有功功率为[21]

$$P_{\mathrm{g}} = P_{\mathrm{g0}} + P_{\mathrm{gsin2}} \sin(2\omega_{\mathrm{g}}t) + P_{\mathrm{gcos2}} \cos(2\omega_{\mathrm{g}}t) \tag{6-33}$$

其中

$$\begin{bmatrix} P_{\mathrm{g0}} \\ Q_{\mathrm{g0}} \\ P_{\mathrm{gsin2}} \\ P_{\mathrm{gcos2}} \end{bmatrix} = \frac{3}{2} \begin{bmatrix} u_{\mathrm{d}}^{P} & u_{\mathrm{q}}^{P} & u_{\mathrm{d}}^{N} & u_{\mathrm{q}}^{N} \\ u_{\mathrm{q}}^{P} & -u_{\mathrm{d}}^{P} & u_{\mathrm{q}}^{N} & -u_{\mathrm{d}}^{N} \\ u_{\mathrm{q}}^{N} & -u_{\mathrm{q}}^{N} & -u_{\mathrm{q}}^{P} & u_{\mathrm{d}}^{P} \\ u_{\mathrm{d}}^{N} & u_{\mathrm{q}}^{N} & u_{\mathrm{d}}^{P} & u_{\mathrm{q}}^{P} \end{bmatrix} \begin{bmatrix} i_{\mathrm{d}}^{P} \\ i_{\mathrm{q}}^{P} \\ i_{\mathrm{d}}^{N} \\ i_{\mathrm{q}}^{N} \end{bmatrix} \tag{6-34}$$

把式(6-33)代入式(6-34)可得

$$P_{\mathrm{g}} = \frac{3}{2} u_{\mathrm{d}}^{P} i_{\mathrm{d}}^{P} - \frac{3}{2} u_{\mathrm{d}}^{N} i_{\mathrm{q}}^{P} \sin(2\omega t) + \frac{3}{2} u_{\mathrm{d}}^{N} i_{\mathrm{d}}^{P} \cos(2\omega t) \tag{6-35}$$

由此可知,换流阀与电网交换的有功功率存在二倍频的波动,波动的幅值与负序电压的幅值成正比,为此也有许多文献提出在电网电压不平衡时,受端换流阀采用抑制有功功率二倍频波动的方式,此时换流阀在稳态时并网电流给定值为

$$\left. \begin{aligned} i_{\mathrm{dref}}^{P} &= \frac{2P_{\mathrm{ref}} u_{\mathrm{d}}^{P}}{3(u_{\mathrm{d}}^{P})^{2} - 3(u_{\mathrm{d}}^{N})^{2}} \\ i_{\mathrm{qref}}^{P} &= -\frac{2Q_{\mathrm{ref}} u_{\mathrm{d}}^{P}}{3(u_{\mathrm{d}}^{P})^{2} + 3(u_{\mathrm{d}}^{N})^{2}} \\ i_{\mathrm{dref}}^{N} &= -\frac{2P_{\mathrm{ref}} u_{\mathrm{d}}^{N}}{3(u_{\mathrm{d}}^{P})^{2} - 3(u_{\mathrm{d}}^{N})^{2}} \\ i_{\mathrm{qref}}^{N} &= -\frac{2Q_{\mathrm{ref}} u_{\mathrm{d}}^{N}}{3(u_{\mathrm{d}}^{P})^{2} + 3(u_{\mathrm{d}}^{N})^{2}} \end{aligned} \right\} \tag{6-36}$$

抑制有功功率二倍频波动时受端换流阀外部控制策略如图 6-19 所示。

从以上分析可以看出,当以平衡电网电流为目标,即以抑制负序电流为目标时,MMC

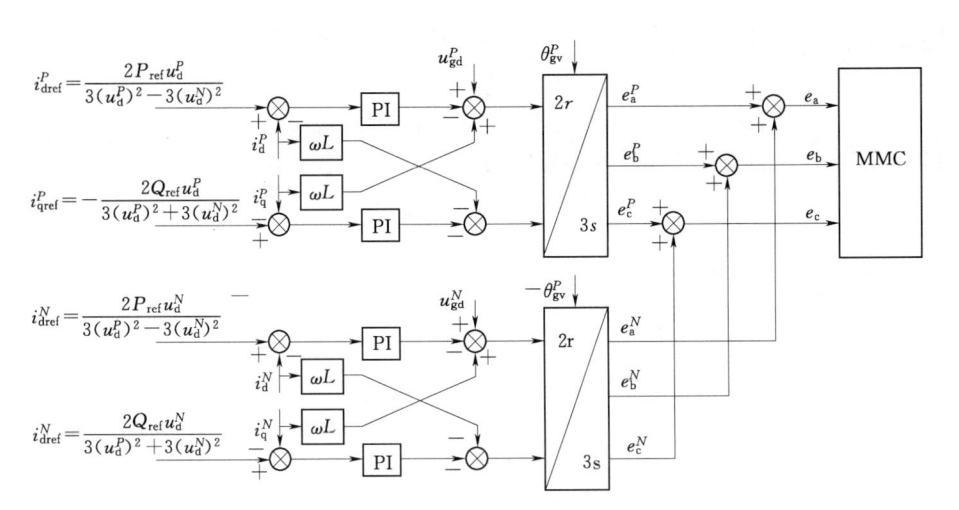

图 6-19 抑制有功功率二倍频波动时受端换流阀外部控制策略

的输出电流中不会含有负序电流分量；而当以平衡有功功率的二倍频波动为目标即以抑制有功功率二倍频波动为目标时，MMC 需输出一个与电网电压及功率相关的负序电流。本章将对比研究在这两种方式下，MMC 内部的环流及子模块电容电压的变化规律。

6.2.2 抑制负序电流时桥臂环流分析与控制

1. 理论分析

当换流阀的外部控制以抑制负序电流为目标，此时换流阀的期望输出电压不只有正序分量，还需要加入一定的负序分量去平衡电网的负序电压，因此 MMC 三相上、下桥臂的平均占空比分别为

$$
\left.
\begin{aligned}
d_{\text{arm\_pa}} &= \frac{1}{2}\big[1 - m_{\text{a}}^+ \cos(\omega t + \theta^+) - m_{\text{a}}^- \cos(-\omega t + \theta^-) - m_{\text{cir\_a}}\big] \\
d_{\text{arm\_na}} &= \frac{1}{2}\big[1 + m_{\text{a}}^+ \cos(\omega t + \theta^+) + m_{\text{a}}^- \cos(-\omega t + \theta^-) - m_{\text{cir\_a}}\big]
\end{aligned}
\right\}
\tag{6-37}
$$

$$
\left.
\begin{aligned}
d_{\text{arm\_pb}} &= \frac{1}{2}\Big[1 - m_{\text{b}}^+ \cos\Big(\omega t + \theta^+ - \frac{2}{3}\pi\Big) - m_{\text{b}}^- \cos\Big(-\omega t + \theta^- - \frac{2}{3}\pi\Big) - m_{\text{cir\_b}}\Big] \\
d_{\text{arm\_nb}} &= \frac{1}{2}\Big[1 + m_{\text{b}}^+ \cos\Big(\omega t + \theta^+ - \frac{2}{3}\pi\Big) + m_{\text{b}}^- \cos\Big(-\omega t + \theta^- - \frac{2}{3}\pi\Big) - m_{\text{cir\_b}}\Big]
\end{aligned}
\right\}
\tag{6-38}
$$

$$
\left.
\begin{aligned}
d_{\text{arm\_pc}} &= \frac{1}{2}\Big[1 - m_{\text{c}}^+ \cos\Big(\omega t + \theta^+ + \frac{2}{3}\pi\Big) - m_{\text{c}}^- \cos\Big(-\omega t + \theta^- + \frac{2}{3}\pi\Big) - m_{\text{cir\_c}}\Big] \\
d_{\text{arm\_nc}} &= \frac{1}{2}\Big[1 + m_{\text{c}}^+ \cos\Big(\omega t + \theta^+ + \frac{2}{3}\pi\Big) + m_{\text{c}}^- \cos\Big(-\omega t + \theta^- + \frac{2}{3}\pi\Big) - m_{\text{cir\_c}}\Big]
\end{aligned}
\right\}
\tag{6-39}
$$

式中　m_{a}^+、m_{a}^-、m_{b}^+、m_{b}^-、m_{c}^+、m_{c}^-——a、b、c 三相期望输出电压正负序分量的调制比；

$\qquad\quad\ \theta^+$、θ^-——初相角；

$\qquad\quad\ m_{\mathrm{cir\_a}}$、$m_{\mathrm{cir\_b}}$、$m_{\mathrm{cir\_c}}$——环流控制量的调制比。

此时 a、b、c 三相的上、下桥臂电流分别为

$$\left.\begin{array}{l} i_{\mathrm{pa}} = \dfrac{1}{2}\hat{\imath}_{\mathrm{a}}^+\cos(\omega t + \varphi) + i_{\mathrm{cir\_a}} \\[2mm] i_{\mathrm{na}} = -\dfrac{1}{2}\hat{\imath}_{\mathrm{a}}^+\cos(\omega t + \varphi) + i_{\mathrm{cir\_a}} \end{array}\right\} \tag{6-40}$$

$$\left.\begin{array}{l} i_{\mathrm{pb}} = \dfrac{1}{2}\hat{\imath}_{\mathrm{b}}^+\cos\left(\omega t + \varphi - \dfrac{2}{3}\pi\right) + i_{\mathrm{cir\_a}} \\[2mm] i_{\mathrm{nb}} = -\dfrac{1}{2}\hat{\imath}_{\mathrm{b}}^+\cos\left(\omega t + \varphi - \dfrac{2}{3}\pi\right) + i_{\mathrm{cir\_a}} \end{array}\right\} \tag{6-41}$$

$$\left.\begin{array}{l} i_{\mathrm{pc}} = \dfrac{1}{2}\hat{\imath}_{\mathrm{c}}^+\cos\left(\omega t + \varphi + \dfrac{2}{3}\pi\right) + i_{\mathrm{cir\_c}} \\[2mm] i_{\mathrm{nc}} = -\dfrac{1}{2}\hat{\imath}_{\mathrm{c}}^+\cos\left(\omega t + \varphi + \dfrac{2}{3}\pi\right) + i_{\mathrm{cir\_c}} \end{array}\right\} \tag{6-42}$$

把式（6-40）和式（6-37）代入下式

$$U_{\mathrm{pa}} = \frac{1}{C_{\mathrm{arm}}}\int d_{\mathrm{arm\_pa}}i_{\mathrm{pa}}\mathrm{d}t \tag{6-43}$$

$$U_{\mathrm{na}} = \frac{1}{C_{\mathrm{arm}}}\int d_{\mathrm{arm\_pa}}i_{\mathrm{pa}}\mathrm{d}t \tag{6-44}$$

可得 a 相上、下桥臂输出电压和的实际值为

$$\begin{aligned} u_{\mathrm{pa}} + u_{\mathrm{na}} = &\int\Big[\frac{1}{2}i_{\mathrm{cir\_a}} - \frac{1}{8}\,m_{\mathrm{a}}^+ i_{\mathrm{a}}^+\cos(2\omega t + \theta^+ + \varphi^+) - \frac{1}{8}m_{\mathrm{a}}^+ i_{\mathrm{a}}^+\cos(\theta^+ - \varphi^+) - \\ &\frac{1}{8}m_{\mathrm{a}}^- i_{\mathrm{a}}^+\cos(2\omega t + \varphi^+ - \theta^-) - \frac{1}{8}m_{\mathrm{a}}^- i_{\mathrm{a}}^+\cos(\theta^- + \varphi^+)\Big]\mathrm{d}t + \\ &\frac{1}{2}m_{\mathrm{a}}^+\cos(\omega t + \theta^+)\Big[\int -\frac{1}{2}i_{\mathrm{a}}^+\cos(\omega t + \varphi^+) + i_{\mathrm{cir\_a}}m_{\mathrm{a}}^+\cos(\omega t + \theta^+) + \\ &i_{\mathrm{cir\_a}}m_{\mathrm{a}}^-\cos(-\omega t + \theta^-)\mathrm{d}t\Big] + \frac{1}{2}m_{\mathrm{a}}^-\cos(-\omega t + \theta^-)\Big[\int -\frac{1}{2}i_{\mathrm{a}}^+\cos(\omega t + \varphi^+) + \\ &i_{\mathrm{cir\_a}}m_{\mathrm{a}}^+\cos(\omega t + \theta^+) + i_{\mathrm{cir\_a}}m_{\mathrm{a}}^-\cos(-\omega t + \theta^-)\mathrm{d}t\Big] \end{aligned} \tag{6-45}$$

同理，可得 b 相和 c 相上、下桥臂输出电压和的实际值为

$$\begin{aligned} u_{\mathrm{pb}} + u_{\mathrm{nb}} = &\int\Big[\frac{1}{2}i_{\mathrm{cir\_b}} - \frac{1}{8}\,m_{\mathrm{b}}^+ i_{\mathrm{b}}^+\cos\left(2\omega t + \theta^+ + \varphi^+ + \frac{2}{3}\pi\right) - \frac{1}{8}m_{\mathrm{b}}^+ i_{\mathrm{b}}^+\cos(\theta^+ - \varphi^+) - \\ &\frac{1}{8}m_{\mathrm{b}}^- i_{\mathrm{b}}^+\cos(2\omega t + \varphi^+ - \theta^-) - \frac{1}{8}m_{\mathrm{b}}^- i_{\mathrm{b}}^+\cos\left(\theta^- + \varphi^+ + \frac{2}{3}\pi\right)\Big]\mathrm{d}t + \\ &\frac{1}{2}m_{\mathrm{b}}^+\cos\left(\omega t + \theta^+ - \frac{2}{3}\pi\right)\Big[\int -\frac{1}{2}i_{\mathrm{b}}^+\cos\left(\omega t + \varphi^+ - \frac{2}{3}\pi\right) + \\ &i_{\mathrm{cir\_b}}m_{\mathrm{b}}^+\cos\left(\omega t + \theta^+ - \frac{2}{3}\pi\right) + i_{\mathrm{cir\_b}}m_{\mathrm{b}}^-\cos\left(-\omega t + \theta^- - \frac{2}{3}\pi\right)\mathrm{d}t\Big] + \end{aligned}$$

$$\frac{1}{2}m_\mathrm{b}^- \cos\left(-\omega t + \theta^- - \frac{2}{3}\pi\right)\left[\int - \frac{1}{2}i_\mathrm{b}^+ \cos\left(\omega t + \varphi^- - \frac{2}{3}\pi\right) + \right.$$
$$\left. i_{\mathrm{cir\_b}}m_\mathrm{b}^+ \cos\left(\omega t + \theta^+ - \frac{2}{3}\pi\right) + i_{\mathrm{cir\_b}}m_\mathrm{b}^- \cos\left(-\omega t + \theta^- - \frac{2}{3}\pi\right)\mathrm{d}t\right]$$

$$(6-46)$$

$$u_\mathrm{pc} + u_\mathrm{nc} = \int\left[\frac{1}{2}i_{\mathrm{cir\_c}} - \frac{1}{8}\,m_\mathrm{c}^+ i_\mathrm{c}^+ \cos\left(2\omega t + \theta^+ + \varphi^+ - \frac{2}{3}\pi\right) - \frac{1}{8}m_\mathrm{c}^+ i_\mathrm{c}^+ \cos(\theta^+ - \varphi^+) - \right.$$
$$\left. \frac{1}{8}m_\mathrm{c}^- i_\mathrm{c}^+ \cos(2\omega t + \varphi^+ - \theta^-) - \frac{1}{8}m_\mathrm{c}^- i_\mathrm{c}^+ \cos\left(\theta^- + \varphi^+ - \frac{2}{3}\pi\right)\right]\mathrm{d}t +$$
$$\frac{1}{2}m_\mathrm{c}^+ \cos\left(\omega t + \theta^+ + \frac{2}{3}\pi\right)\left[\int - \frac{1}{2}i_\mathrm{c}^+ \cos\left(\omega t + \varphi^+ + \frac{2}{3}\pi\right) + \right.$$
$$\left. i_{\mathrm{cir\_c}}m_\mathrm{c}^+ \cos\left(\omega t + \theta^+ + \frac{2}{3}\pi\right) + i_{\mathrm{cir\_c}}m_\mathrm{c}^- \cos\left(-\omega t + \theta^- + \frac{2}{3}\pi\right)\mathrm{d}t\right] +$$
$$\frac{1}{2}m_\mathrm{c}^- \cos\left(-\omega t + \theta^- + \frac{2}{3}\pi\right)\left[\int - \frac{1}{2}i_\mathrm{c}^+ \cos\left(\omega t + \varphi^+ + \frac{2}{3}\pi\right) + \right.$$
$$\left. i_{\mathrm{cir\_c}}m_\mathrm{c}^+ \cos\left(\omega t + \theta^+ + \frac{2}{3}\pi\right) + i_{\mathrm{cir\_c}}m_\mathrm{c}^- \cos\left(-\omega t + \theta^- + \frac{2}{3}\pi\right)\mathrm{d}t\right]$$

$$(6-47)$$

在换流阀工作于稳态时,式(6-45)～式(6-47)中的积分项中不能含有直流分量,由此可得三相环流的直流分量为

$$\left.\begin{array}{l} i_{\mathrm{cir\_a\_dc}} \approx \dfrac{m_\mathrm{a}^+ i_\mathrm{a}^+}{4}\cos(\theta^+ - \varphi^+) + \dfrac{m_\mathrm{a}^- i_\mathrm{a}^+}{4}\cos(\theta^- + \varphi^+) \\[3mm] i_{\mathrm{cir\_b\_dc}} \approx \dfrac{m_\mathrm{b}^+ i_\mathrm{b}^+}{4}\cos(\theta^+ - \varphi^+) + \dfrac{m_\mathrm{b}^- i_\mathrm{b}^+}{4}\cos\left(\theta^- + \varphi^+ + \dfrac{2}{3}\pi\right) \\[3mm] i_{\mathrm{cir\_c\_dc}} \approx \dfrac{m_\mathrm{c}^+ i_\mathrm{c}^+}{4}\cos(\theta^+ - \varphi^+) + \dfrac{m_\mathrm{c}^- i_\mathrm{c}^+}{4}\cos\left(\theta^- + \varphi^+ - \dfrac{2}{3}\pi\right) \end{array}\right\}$$

$$(6-48)$$

由此可见,当发生不平衡电网故障,MMC 换流阀以抑制电网三相负序电流为目标时,桥臂环流的直流分量会变得不平衡,三相环流的直流分量不再相等。对于式(6-45)～式(6-47),在不考虑上、下桥臂输出电压的直流分量的情况下,可得上、下桥臂电压和的交流分量为

$$u_{\mathrm{pa+na\_ac}} = -\frac{3N}{16\omega C}\left[m_\mathrm{a}^+ i_\mathrm{a}^+ \sin(2\omega t + \theta^+ + \varphi^+) + m_\mathrm{a}^- i_\mathrm{a}^+ \sin(2\omega t - \theta^- + \varphi^+)\right] +$$
$$\frac{N}{4\omega C}i_{\mathrm{cir\_a\_dc}}\left[m_\mathrm{a}^+ m_\mathrm{a}^+ \sin(2\omega t + 2\theta^+) + 2m_\mathrm{a}^+ m_\mathrm{a}^- \sin(2\omega t + \theta^+ - \theta^-) + m_\mathrm{a}^- m_\mathrm{a}^- \sin(2\omega t - 2\theta^-)\right]$$

$$(6-49)$$

$$u_{\mathrm{pb+nb\_ac}} = -\frac{3N}{16\omega C}\left[m_\mathrm{b}^+ i_\mathrm{b}^+ \sin\left(2\omega t + \theta^+ + \varphi^+ + \frac{2}{3}\pi\right) + m_\mathrm{b}^- i_\mathrm{b}^+ \sin(2\omega t - \theta^- + \varphi^+)\right] +$$
$$\frac{N}{4\omega C}i_{\mathrm{cir\_a\_dc}}\left[m_\mathrm{b}^+ m_\mathrm{b}^+ \sin\left(2\omega t + 2\theta^+ + \frac{2}{3}\pi\right) + 2m_\mathrm{b}^+ m_\mathrm{b}^- \sin(2\omega t + \theta^+ - \theta^-) + \right.$$
$$\left. m_\mathrm{b}^- m_\mathrm{b}^- \sin\left(2\omega t - 2\theta^- - \frac{2}{3}\pi\right)\right]$$

$$(6-50)$$

$$u_{\text{pc+nc\_ac}} = -\frac{3N}{16\omega C}\left[m_c^+ i_c^+ \sin\left(2\omega t + \theta^+ + \varphi^+ - \frac{2}{3}\pi\right) + m_c^- i_c^+ \sin\left(2\omega t - \theta^- + \varphi^+\right)\right] +$$

$$\frac{N}{4\omega C} i_{\text{cir\_c\_dc}}\left[m_c^+ m_c^+ \sin\left(2\omega t + 2\theta^+ - \frac{2}{3}\pi\right) + 2m_c^+ m_c^- \sin\left(2\omega t + \theta^+ - \theta^-\right) + \right.$$

$$\left. m_c^- m_c^- \sin\left(2\omega t - 2\theta^- + \frac{2}{3}\pi\right)\right]$$

$$(6-51)$$

仔细分析式(6-49)~式(6-51)可以发现,式中的第二行与第一行相比要小得多,因此忽略其对桥臂环流的影响,三式第一行中括号内的第一项 $m_a^+ i_a^+ \sin\left(2\omega t + \theta^+ + \varphi^+\right)$、$m_b^+ i_b^+ \sin\left(2\omega t + \theta^+ + \varphi^+ + \frac{2}{3}\pi\right)$、$m_c^+ i_c^+ \sin\left(2\omega t + \theta^+ + \varphi^+ - \frac{2}{3}\pi\right)$表现为二次负序分量,可以在桥臂上引起二次负序环流,a 相二次负序环流大小可以表示为

$$i_{\text{cir\_ac\_2}}^- \approx -\frac{3Nm_a^+ i_a^+}{64CL\omega^2}\cos\left(2\omega t + \theta^+ + \varphi^+\right) \qquad (6-52)$$

同理,第一行中括号内的第二项 $m_a^- i_a^+ \sin\left(2\omega t - \theta^- + \varphi^+\right)$、$m_b^- i_b^+ \sin\left(2\omega t - \theta^- + \varphi^+\right)$、$m_c^- i_c^+ \sin\left(2\omega t - \theta^- + \varphi^+\right)$表现为二次零序分量,可以在桥臂上引起二次零序环流,a 相二次零序环流的大小可以表示为

$$i_{\text{cir\_ac\_2}}^0 \approx -\frac{3Nm_a^- i_a^+}{64CL\omega^2}\cos\left(2\omega t - \theta^- + \varphi^+\right) \qquad (6-53)$$

因此,当以抑制电网负序电流为目标时,桥臂环流的直流分量将会变得不对称,并且,桥臂环流的交流分量除二次负序分量以外,还会出现二次零序分量。虽然理论上二次正序分量也会出现在桥臂环流上,但是其大小与负序和零序分量大小相比太小,所以可忽略正序分量的影响。环流的二次负序分量会在三相桥臂之间来回流动,不会进入直流侧,但流的二次零序分量三相之间的相位相同,不能相互抵消而进入直流侧,这不仅会加大桥臂损耗,还会引起直流侧功率的波动并影响其他换流阀的运行,因此需对环流特别是零序环流进行抑制。

传统环流控制方法与不平衡时换流阀的外部控制方法类似,如图 6-20 所示,它通过把二倍频负序电流转化到同步旋转坐标系上,变为直流分量,再通过 PI 控制器对其进行控制,但对于零序电流分量,在同步旋转坐标变换时仍然为交流,因此还需要设计一个零序电流控制器,利用比例谐振控制实现对交流信号的直接控制。这种方法存在结构复杂,不仅需要对负序和零序分量进行提取,还需要进行坐标变换运算的缺点。因此也有文献将 PI 控制器全部改用 PR,虽然可以实现在三相静止坐标下的环流直接抑制,但还是需要将环流的交流分量通过滤波器提取出来,若不对其进行提取,会带来环流的给定值需要进行计算的问题。本书另辟蹊径,利用桥臂整体电压控制器的输出作为环流的给定值,把桥臂整体电压控制器中的环流内环改为比例谐振控制器,这样不仅可以省去对环流给定值的计算,也不需要对环流的交流分量进行提取。把环流抑制和上、下桥臂整体电压的控制合二为一,可以不需要再为抑制环流设计专门的控制器。a 相电容电压控制与环流抑制相结合的控制方法如图6-21所示,其他相的方法与此类似。

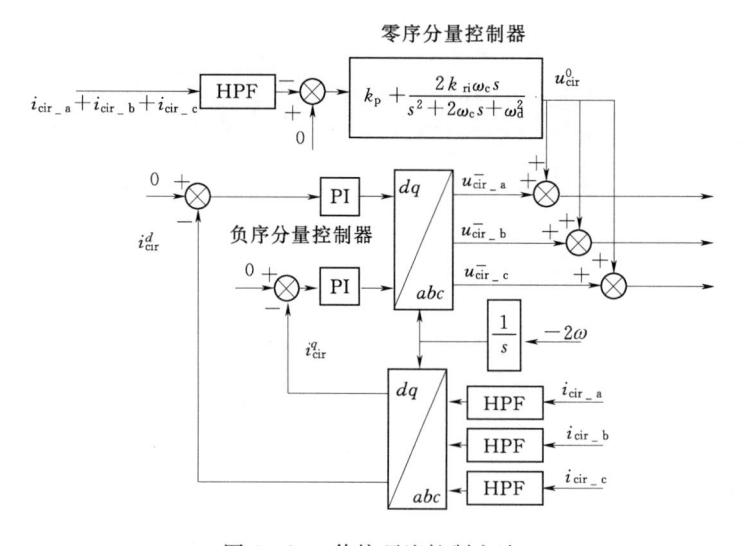

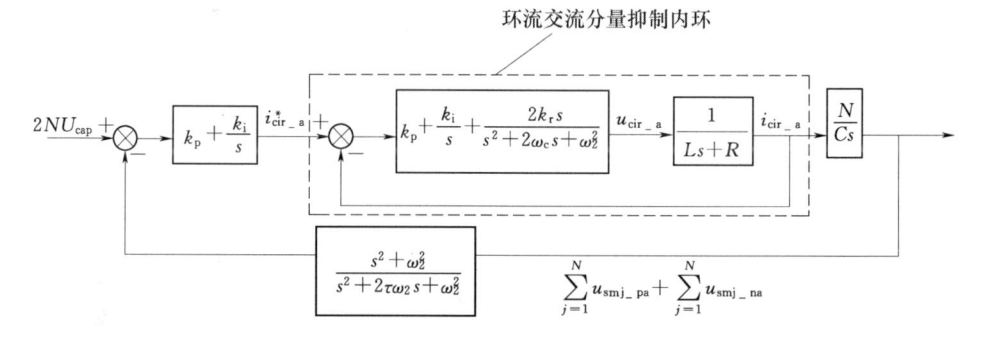

图 6-20 传统环流抑制方法

图 6-21 *a* 相电容电压控制与环流抑制相结合的控制方法

2. 仿真分析

为了验证在不对称电网电压下抑制负序电流时环流分析与控制方法的正确性,在 Matlab/Simulink 中建立了三相 MMC 仿真模型。为了节约 Matlab 仿真资源,提高仿真速度,不再选用最近电平逼近调制方式,而采用具有谐波特性好的载波移相调制,以减少子模块的个数。本节选择每个桥臂三个子模块的四电平换流阀,具体参数见表 6-3。

表 6-3 三相四电平 MMC 参数表

参　数	数　值	参　数	数　值
额定有功功率/kW	30	桥臂电感/mH	3
额定无功功率/kvar	10	直流侧电压/V	900
每桥臂子模块个数	3	电网额定电压/V	380
子模块额定工作电压/V	300	额定频率/Hz	50
子模块电容/μF	4700	载波频率/Hz	5000

　　MMC 工作于抑制负序电流模式，首先在 b 相电压下降 90% 的情况下，不对环流进行控制，可得到 MMC 工作于稳态时的并网电压和电流波形，如图 6-22（a）和图 6-22（b）所示。从图 6-22（b）中可以看出，在 b 相电压跌落的情况下，外部控制以抑制负序电流为目标时，并网电流波形变得对称。图 6-22（c）给出了三相桥臂环流波形图，从图中可以看出，三相环流的直流分量中，电压最低的 b 相环流直流分量最小，说明此相传递的有功功率最小，环流交流分量的幅值大小也变得不对称，b 相环流的交流分量也比其他相的要小。对环流的交流分量进行正、负序分解可以得到正序和零序环流的实际值和估算值波形，如图 6-22（d）和图 6-22（e）所示。图中的估算值由 MMC 正序和负序电压调制波和正序电流的计算得到；图中的实际值和理论值基本吻合，负序环流的实际值

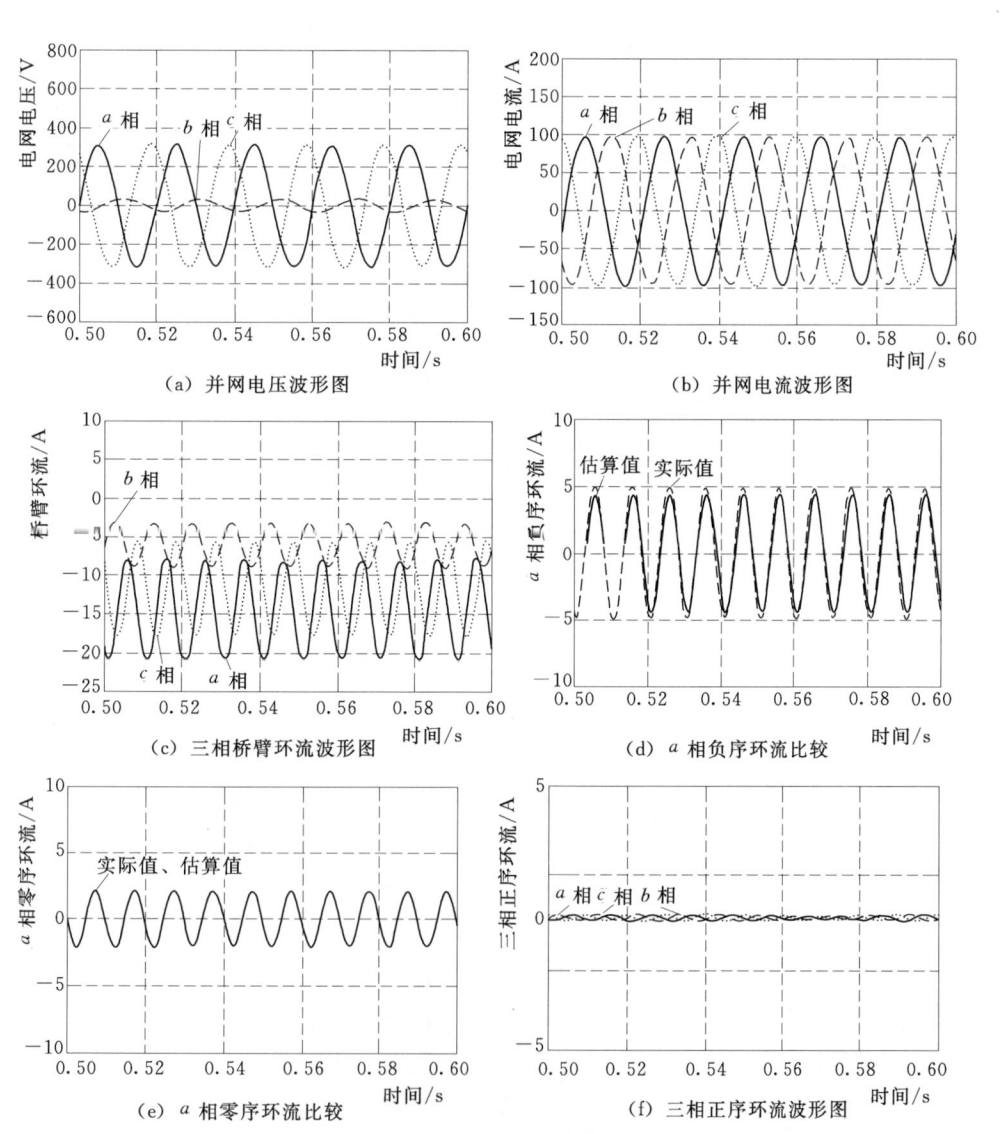

图 6-22　抑制负序电流时 MMC 仿真结果

比估算值要大，是因为在分析时省略了式（6-47）～式（6-49）中的后半部分所致。从图 6-22（f）所示的正序环流波形可以看出，当 MMC 工作于抑制负序电流模式时，正序环流的大小与负序和零序环流相比要小得多，因此可以认为在 MMC 工作于抑制负序电流模式时，桥臂环流没有正序分量。

为了验证提出的电容电压稳定控制与环流抑制相结合的控制方法的正确性，与基于 PI 控制器的正负序同步旋转坐标法进行对比仿真，在 0.5s 之后投入环流控制器，得到两种控制方式下的桥臂环流波形如图 6-23 所示。从图 6-23 中可以看出，本节提出的方法和采用 PI 控制器的环流抑制方法都可以对环流的二次分量进行抑制，但采用 PI 控制器的环流抑制方法与本节所提方法相比，由于 PI 控制器需对正负序环流的提取，在控制时存在延时，因此其动态性能较差。

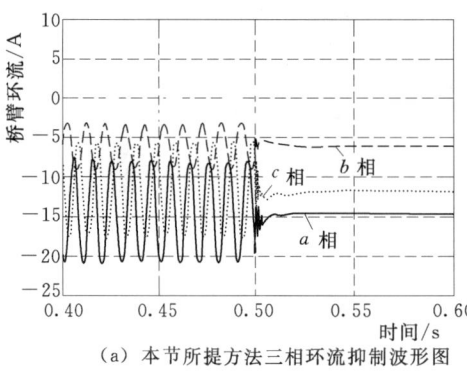
（a）本节所提方法三相环流抑制波形图

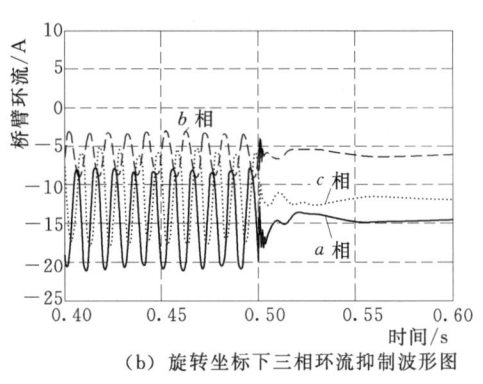
（b）旋转坐标下三相环流抑制波形图

图 6-23　环流抑制对比仿真结果图

6.2.3　抑制功率二倍频波动时桥臂环流分析与控制

1. 理论分析

当换流阀的外部控制以抑制有功功率二倍频波动为目标时，换流阀需向电网注入一定的负序电流，此时换流阀的期望输出电压也会含有一定的负序电压，因此 MMC 三相上、下桥臂的占空比仍然可以表示为式（6-37）的形式，只是此时 a、b、c 三相的上、下桥臂电流将会出现负序分量，可以分别表示为

$$
\left.
\begin{aligned}
i_{\mathrm{pa}} &= \frac{1}{2}\hat{i}_{\mathrm{a}}^{+}\cos(\omega t+\varphi) + \frac{1}{2}\hat{i}_{\mathrm{a}}^{-}\cos(-\omega t+\varphi) + i_{\mathrm{cir\_a}} \\
i_{\mathrm{na}} &= -\frac{1}{2}\hat{i}_{\mathrm{a}}^{+}\cos(\omega t+\varphi) - \frac{1}{2}\hat{i}_{\mathrm{a}}^{-}\cos(-\omega t+\varphi) + i_{\mathrm{cir\_a}}
\end{aligned}
\right\}
\tag{6-54}
$$

$$
\left.
\begin{aligned}
i_{\mathrm{pb}} &= \frac{1}{2}\hat{i}_{\mathrm{b}}^{+}\cos\left(\omega t+\varphi-\frac{2}{3}\pi\right) + \frac{1}{2}\hat{i}_{\mathrm{b}}^{-}\cos\left(-\omega t+\varphi-\frac{2}{3}\pi\right) + i_{\mathrm{cir\_b}} \\
i_{\mathrm{nb}} &= -\frac{1}{2}\hat{i}_{\mathrm{b}}^{+}\cos\left(\omega t+\varphi-\frac{2}{3}\pi\right) - \frac{1}{2}\hat{i}_{\mathrm{b}}^{-}\cos\left(-\omega t+\varphi-\frac{2}{3}\pi\right) + i_{\mathrm{cir\_b}}
\end{aligned}
\right\}
\tag{6-55}
$$

$$i_{\text{pc}} = \left. \frac{1}{2}\hat{i}_{\text{c}}^{+}\cos\left(\omega t + \varphi + \frac{2}{3}\pi\right) + \frac{1}{2}\hat{i}_{\text{c}}^{+}\cos\left(\omega t + \varphi + \frac{2}{3}\pi\right) + i_{\text{cir\_c}} \right\}$$

$$i_{\text{nc}} = \left. -\frac{1}{2}\hat{i}_{\text{c}}^{+}\cos\left(\omega t + \varphi + \frac{2}{3}\pi\right) - \frac{1}{2}\hat{i}_{\text{c}}^{+}\cos\left(\omega t + \varphi + \frac{2}{3}\pi\right) + i_{\text{cir\_c}} \right\} \qquad (6-56)$$

把 a 相电流［式（6-54）］和占空比［式（6-37）］代入式（6-43）和式（6-44），可得 a 相上、下桥臂输出电压和的实际值为

$$
\begin{aligned}
u_{\text{pa}} + u_{\text{na}} = {} & \int\left[\frac{1}{2}i_{\text{cir\_a}} - \frac{1}{8}\ m_{\text{a}}^{+}i_{\text{a}}^{+}\cos(2\omega t + \theta^{+} + \varphi^{+}) - \frac{1}{8}m_{\text{a}}^{+}i_{\text{a}}^{+}\cos(\theta^{+} - \varphi^{+}) - \right. \\
& \frac{1}{8}m_{\text{a}}^{+}i_{\text{a}}^{-}\cos(2\omega t + \theta^{+} - \varphi^{-}) - \frac{1}{8}m_{\text{a}}^{+}i_{\text{a}}^{-}\cos(\theta^{+} + \varphi^{-}) - \frac{1}{8}m_{\text{a}}^{-}i_{\text{a}}^{+}\cos(2\omega t + \varphi^{+} - \theta^{-}) - \\
& \frac{1}{8}m_{\text{a}}^{-}i_{\text{a}}^{+}\cos(\theta^{-} + \varphi^{+}) - \frac{1}{8}m_{\text{a}}^{-}i_{\text{a}}^{-}\cos(-2\omega t + \varphi^{-} + \theta^{-}) - \frac{1}{8}m_{\text{a}}^{-}i_{\text{a}}^{-}\cos(\theta^{-} - \varphi^{-})\right]\text{d}t + \\
& \left[\frac{1}{2}m_{\text{a}}^{+}\cos(\omega t + \theta^{+}) + \frac{1}{2}m_{\text{a}}^{-}\cos(-\omega t + \theta^{-})\right]\left[\int -\frac{1}{2}i_{\text{a}}^{+}\cos(\omega t + \varphi^{+}) - \right. \\
& \left. \left. \frac{1}{2}i_{\text{a}}^{-}\cos(-\omega t + \varphi^{-}) + i_{\text{cir\_a}}m_{\text{a}}^{+}\cos(\omega t + \theta^{+}) + i_{\text{cir\_a}}m_{\text{a}}^{-}\cos(-\omega t + \theta^{-})\text{d}t\right]\right.
\end{aligned}
$$
$$(6-57)$$

同理可得 b 相和 c 相上下桥臂输出电压和的实际值为

$$
\begin{aligned}
u_{\text{pb}} + u_{\text{nb}} = {} & \int\left[\frac{1}{2}i_{\text{cir\_b}} - \frac{1}{8}\ m_{\text{b}}^{+}i_{\text{b}}^{+}\cos\left(2\omega t + \theta^{+} + \varphi^{+} + \frac{2}{3}\pi\right) - \frac{1}{8}m_{\text{b}}^{+}i_{\text{b}}^{+}\cos(\theta^{+} - \varphi^{+}) - \right. \\
& \frac{1}{8}m_{\text{b}}^{+}i_{\text{b}}^{-}\cos(2\omega t + \theta^{+} - \varphi^{-}) - \frac{1}{8}m_{\text{b}}^{+}i_{\text{b}}^{-}\cos\left(\theta^{+} + \varphi^{-} + \frac{2}{3}\pi\right) - \\
& \frac{1}{8}m_{\text{b}}^{-}i_{\text{b}}^{+}\cos(2\omega t + \varphi^{+} - \theta^{-}) - \frac{1}{8}m_{\text{b}}^{-}i_{\text{b}}^{+}\cos\left(\theta^{-} + \varphi^{+} + \frac{2}{3}\pi\right) - \\
& \frac{1}{8}m_{\text{b}}^{-}i_{\text{b}}^{-}\cos\left(-2\omega t + \varphi^{-} + \theta^{-} + \frac{2}{3}\pi\right) - \frac{1}{8}m_{\text{b}}^{-}i_{\text{b}}^{-}\cos(\theta^{-} - \varphi^{-})\right]\text{d}t + \\
& \left[\frac{1}{2}m_{\text{b}}^{+}\cos\left(\omega t + \theta^{+} - \frac{2}{3}\pi\right) + \frac{1}{2}m_{\text{b}}^{-}\cos\left(-\omega t + \theta^{-} - \frac{2}{3}\pi\right)\right]\times \\
& \left[\int -\frac{1}{2}i_{\text{b}}^{+}\cos\left(\omega t + \varphi^{+} - \frac{2}{3}\pi\right) - \frac{1}{2}i_{\text{b}}^{-}\cos\left(-\omega t + \varphi^{-} - \frac{2}{3}\pi\right) + \right. \\
& \left. i_{\text{cir\_b}}m_{\text{b}}^{+}\cos\left(\omega t + \theta^{+} - \frac{2}{3}\pi\right) + i_{\text{cir\_b}}m_{\text{b}}^{-}\cos\left(-\omega t + \theta^{-} - \frac{2}{3}\pi\right)\text{d}t\right]
\end{aligned}
$$
$$(6-58)$$

$$
\begin{aligned}
u_{\text{pc}} + u_{\text{nc}} = {} & \int\left[\frac{1}{2}i_{\text{cir\_c}} - \frac{1}{8}\ m_{\text{c}}^{+}i_{\text{c}}^{+}\cos\left(2\omega t + \theta^{+} + \varphi^{+} - \frac{2}{3}\pi\right) - \frac{1}{8}m_{\text{c}}^{+}i_{\text{c}}^{+}\cos(\theta^{+} - \varphi^{+}) - \right. \\
& \frac{1}{8}m_{\text{c}}^{+}i_{\text{c}}^{-}\cos\left(2\omega t + \theta^{+} - \varphi^{-} - \frac{2}{3}\pi\right) - \frac{1}{8}m_{\text{c}}^{+}i_{\text{c}}^{-}\cos\left(\theta^{+} + \varphi^{-} - \frac{2}{3}\pi\right) - \\
& \frac{1}{8}m_{\text{c}}^{-}i_{\text{c}}^{+}\cos(2\omega t + \varphi^{+} - \theta^{-}) - \frac{1}{8}m_{\text{c}}^{-}i_{\text{c}}^{+}\cos\left(\theta^{-} + \varphi^{+} - \frac{2}{3}\pi\right) - \\
& \frac{1}{8}m_{\text{c}}^{-}i_{\text{c}}^{-}\cos\left(-2\omega t + \varphi^{-} + \theta^{-} - \frac{2}{3}\pi\right) - \frac{1}{8}m_{\text{c}}^{-}i_{\text{c}}^{-}\cos(\theta^{-} - \varphi^{-})\right]\text{d}t +
\end{aligned}
$$

$$\left[\frac{1}{2}m_{\mathrm{c}}^{+}\cos\left(\omega t+\theta^{+}+\frac{2}{3}\pi\right)+\frac{1}{2}m_{\mathrm{c}}^{-}\cos\left(-\omega t+\theta^{-}+\frac{2}{3}\pi\right)\right]\times$$

$$\left[\int-\frac{1}{2}i_{\mathrm{c}}^{+}\cos\left(\omega t+\varphi^{+}+\frac{2}{3}\pi\right)-\frac{1}{2}i_{\mathrm{c}}^{-}\cos\left(-\omega t+\varphi^{-}+\frac{2}{3}\pi\right)+\right.$$

$$\left. i_{\mathrm{cir\_c}}m_{\mathrm{c}}^{+}\cos\left(\omega t+\theta^{+}+\frac{2}{3}\pi\right)+i_{\mathrm{cir\_c}}m_{\mathrm{c}}^{-}\cos\left(-\omega t+\theta^{-}+\frac{2}{3}\pi\right)\mathrm{d}t\right]$$

$$(6-59)$$

在换流阀工作于稳态时，式（6-57）～式（6-59）中的积分项中不能含有直流分量，由此可得

$$i_{\mathrm{cir\_a\_dc}}\approx\frac{m_{\mathrm{a}}^{+}i_{\mathrm{a}}^{+}}{4}\cos(\theta^{+}-\varphi^{+})+\frac{m_{\mathrm{a}}^{+}i_{\mathrm{a}}^{-}}{4}\cos(\theta^{+}+\varphi^{-})+\frac{m_{\mathrm{a}}^{-}i_{\mathrm{a}}^{+}}{4}\cos(\theta^{-}+\varphi^{+})+$$

$$\left.\frac{m_{\mathrm{a}}^{-}i_{\mathrm{a}}^{-}}{4}\cos(\theta^{-}-\varphi^{-})\right|$$

$$i_{\mathrm{cir\_b\_dc}}\approx\frac{m_{\mathrm{b}}^{+}i_{\mathrm{b}}^{+}}{4}\cos(\theta^{+}-\varphi^{+})+\frac{m_{\mathrm{b}}^{+}i_{\mathrm{b}}^{-}}{4}\cos\left(\theta^{+}+\varphi^{-}+\frac{2}{3}\pi\right)+\frac{m_{\mathrm{b}}^{-}i_{\mathrm{b}}^{+}}{4}\cos\left(\theta^{-}+\varphi^{+}+\frac{2}{3}\pi\right)+$$

$$\left.\frac{m_{\mathrm{b}}^{-}i_{\mathrm{b}}^{-}}{4}\cos(\theta^{-}-\varphi^{-})\right\}$$

$$i_{\mathrm{cir\_c\_dc}}\approx\frac{m_{\mathrm{c}}^{+}i_{\mathrm{c}}^{+}}{4}\cos(\theta^{+}-\varphi^{+})+\frac{m_{\mathrm{c}}^{+}i_{\mathrm{c}}^{-}}{4}\cos\left(\theta^{+}+\varphi^{-}-\frac{2}{3}\pi\right)+\frac{m_{\mathrm{c}}^{-}i_{\mathrm{c}}^{+}}{4}\cos\left(\theta^{-}+\varphi^{+}-\frac{2}{3}\pi\right)+$$

$$\left.\frac{1}{4}m_{\mathrm{c}}^{-}i_{\mathrm{c}}^{-}\cos(\theta^{-}-\varphi^{-})\right|$$

$$(6-60)$$

由此可见，当发生不平衡电网故障，MMC 换流阀以抑制电网有功功率二倍频波动为目标时，桥臂环流的直流分量会变得不平衡，三相环流的直流分量不再相等。根据式（6-57）～式（6-59），在不考虑上、下桥臂输出电压直流量的情况下，可得每相直流侧输出电压的交流分量为

$$u_{\mathrm{pa+na\_ac}}=-\frac{3N}{16\omega C}\left[m_{\mathrm{a}}^{+}i_{\mathrm{a}}^{+}\sin(2\omega t+\theta^{+}+\varphi^{+})+m_{\mathrm{a}}^{-}i_{\mathrm{a}}^{+}\sin(2\omega t-\theta^{-}+\varphi^{+})+\right.$$

$$\left. m_{\mathrm{a}}^{+}i_{\mathrm{a}}^{-}\sin(2\omega t+\theta^{+}-\varphi^{-})+m_{\mathrm{a}}^{-}i_{\mathrm{a}}^{-}\sin(2\omega t-\theta^{-}-\varphi^{-})\right]+$$

$$\frac{N}{4\omega C}i_{\mathrm{cir\_a\_dc}}\left[m_{\mathrm{a}}^{+}m_{\mathrm{a}}^{+}\sin(2\omega t+2\theta^{+})+2m_{\mathrm{a}}^{+}m_{\mathrm{a}}^{-}\sin(2\omega t+\theta^{+}-\theta^{-})+\right.$$

$$\left. m_{\mathrm{a}}^{-}m_{\mathrm{a}}^{-}\sin(2\omega t-2\theta^{-})\right]$$

$$(6-61)$$

$$u_{\mathrm{pb+nb\_ac}}=-\frac{3N}{16\omega C}\left[m_{\mathrm{b}}^{+}i_{\mathrm{b}}^{+}\sin\left(2\omega t+\theta^{+}+\varphi^{+}+\frac{2}{3}\pi\right)+m_{\mathrm{b}}^{-}i_{\mathrm{b}}^{+}\sin(2\omega t-\theta^{-}+\varphi^{+})+\right.$$

$$\left. m_{\mathrm{b}}^{+}i_{\mathrm{b}}^{-}\sin(2\omega t+\theta^{+}-\varphi^{-})+m_{\mathrm{b}}^{-}i_{\mathrm{b}}^{-}\sin\left(2\omega t-\theta^{-}-\varphi^{-}-\frac{2}{3}\pi\right)\right]+$$

$$\frac{N}{4\omega C}i_{\mathrm{cir\_a\_dc}}\left[m_{\mathrm{b}}^{+}m_{\mathrm{b}}^{+}\sin\left(2\omega t+2\theta^{+}+\frac{2}{3}\pi\right)+2m_{\mathrm{b}}^{+}m_{\mathrm{b}}^{-}\sin(2\omega t+\theta^{+}-\theta^{-})+\right.$$

$$\left. m_{\mathrm{b}}^{-}m_{\mathrm{b}}^{-}\sin\left(2\omega t-2\theta^{-}-\frac{2}{3}\pi\right)\right]$$

$$(6-62)$$

$$u_{\mathrm{pc+nc\_ac}} = -\frac{3N}{16\omega C}\left[m_\mathrm{c}^+ i_\mathrm{c}^+ \sin\left(2\omega t + \theta^+ + \varphi^+ - \frac{2}{3}\pi\right) + m_\mathrm{c}^- i_\mathrm{c}^+ \sin\left(2\omega t - \theta^- + \varphi^+\right) + \right.$$

$$\left. m_\mathrm{c}^+ i_\mathrm{c}^- \sin\left(2\omega t + \theta^+ - \varphi^-\right) + m_\mathrm{c}^- i_\mathrm{c}^- \sin\left(2\omega t - \theta^- - \varphi^- + \frac{2}{3}\pi\right)\right] +$$

$$\frac{N}{4\omega C}i_{\mathrm{cir\_c\_dc}}\left[m_\mathrm{c}^+ m_\mathrm{c}^+ \sin\left(2\omega t + 2\theta^+ - \frac{2}{3}\pi\right) + 2m_\mathrm{c}^+ m_\mathrm{c}^- \sin\left(2\omega t + \theta^+ - \theta^-\right) + \right.$$

$$\left. m_\mathrm{c}^- m_\mathrm{c}^- \sin\left(2\omega t - 2\theta^- + \frac{2}{3}\pi\right)\right]$$

$$(6-63)$$

仔细分析可以发现，式（6-61）～式（6-63）中的第二行与第一行中括号中的值相比要小得多，可忽略其对桥臂环流的影响。第一行中括号的第一项 $m_\mathrm{a}^+ i_\mathrm{a}^+ \sin(2\omega t + \theta^+ + \varphi^+)$、$m_\mathrm{b}^+ i_\mathrm{b}^+ \sin\left(2\omega t + \theta^+ + \varphi^+ + \frac{2}{3}\pi\right)$、$m_\mathrm{c}^+ i_\mathrm{c}^+ \sin\left(2\omega t + \theta^+ + \varphi^+ - \frac{2}{3}\pi\right)$ 表现为二次负序分量，可以在桥臂上引起二次负序环流，其 a 相大小可以表示为

$$i_{\mathrm{cir\_ac\_2}}^- \approx -\frac{3Nm_\mathrm{a}^+ i_\mathrm{a}^+}{64CL\omega^2}\cos(2\omega t + \theta^+ + \varphi^+) \qquad (6-64)$$

同理，式（6-61）～式（6-63）第一行中括号中的第二项 $m_\mathrm{a}^- i_\mathrm{a}^+ \sin(2\omega t - \theta^- + \varphi^+)$、$m_\mathrm{b}^- i_\mathrm{b}^+ \sin(2\omega t - \theta^- + \varphi^+)$、$m_\mathrm{c}^- i_\mathrm{c}^+ \sin(2\omega t - \theta^- + \varphi^+)$ 与第二行中括号中的第一项 $m_\mathrm{a}^+ i_\mathrm{a}^- \sin(2\omega t + \theta^+ - \varphi^-)$、$m_\mathrm{b}^+ i_\mathrm{b}^- \sin(2\omega t + \theta^+ - \varphi^-)$、$m_\mathrm{c}^+ i_\mathrm{c}^- \sin(2\omega t + \theta^+ - \varphi^-)$ 表现为二次零序分量，可以在桥臂上引起二次零序环流，其大小可以表示为

$$i_{\mathrm{cir\_ac\_2}}^0 \approx -\frac{3Nm_\mathrm{a}^- i_\mathrm{a}^+}{64CL\omega^2}\cos(2\omega t - \theta^- + \varphi^+) - \frac{3Nm_\mathrm{a}^+ i_\mathrm{a}^-}{64CL\omega^2}\cos(2\omega t - \theta^+ + \varphi^-) \quad (6-65)$$

式（6-61）～式（6-63）第二行中括号中的第二项 $m_\mathrm{a}^- i_\mathrm{a}^- \sin(2\omega t - \theta^- - \varphi^-)$、$m_\mathrm{b}^- i_\mathrm{b}^- \sin\left(2\omega t - \theta^- - \varphi^- - \frac{2}{3}\pi\right)$、$m_\mathrm{c}^- i_\mathrm{c}^- \sin\left(2\omega t - \theta^- - \varphi^- + \frac{2}{3}\pi\right)$ 表现为二次正序分量，可以在桥臂上引起二次正序环流，其大小可以表示为

$$i_{\mathrm{cir\_ac\_2}}^+ \approx -\frac{3Nm_\mathrm{a}^- i_\mathrm{a}^-}{64CL\omega^2}\cos(2\omega t - \theta^- - \varphi^-) \qquad (6-66)$$

因此，在 MMC 换流阀以抑制有功功率二倍频波动为目标时，桥臂环流的直流分量也变得不对称，并且，桥臂环流的交流分量除二次负序分量、二次零序分量以外，还会出现二次正序分量。对二次负序、零序、正序分量的抑制方法也可以按图 6-21 的方法进行。

2. 仿真分析

为了验证本节提到的不对称电网电压下，抑制有功功率二倍频波动时环流分析与控制方法的正确性，本节利用 6.2.2 的仿真模型，MMC 工作在抑制有功功率二倍频波动模式，仿真过程中，让 b 相电压下降 90%。与抑制负序电流模式时的仿真相似，不对环流进行控制，MMC 稳态时的并网电压和电流波形如图 6-24（a）和图 6-24（b）所示。可以看出，在 b 相电压不平衡的情况下，MMC 的并网电流变得不对称，b 相电流的幅值最大，以此来平衡电压降低带来的功率下降。MMC 三相桥臂环流波形如图 6-24（c）所示，可以看出，三相环流的直流分量也不相等，电压最低的 b 相环流直流分量处于 a 相和 c 相之间，说明 b 相传递的有功功率在负序电流的作用下变大。对环流的交流分量进行正负序分解可以得到正序、负序及零序环流的实际值和估算值波形如图 6-24 （d）～图 6-24 （f）所示，图中实际值和理论值基本吻合。值得注意的是，虽然 MMC 处于抑制电网有功功率二倍频波动模式，但是 MMC 的桥臂上仍然存在二倍频的零序环流，这部分环流产生的有功功率波动虽然没有传递到电网，但是这部分功率会存储于子模块电容中，引起子模块电容电压的二次零序波动。零序环流产生是 MMC 的期望输出电压与电网的正序和负序电压由于电感耦合的影响不能完全抵消而造成的。

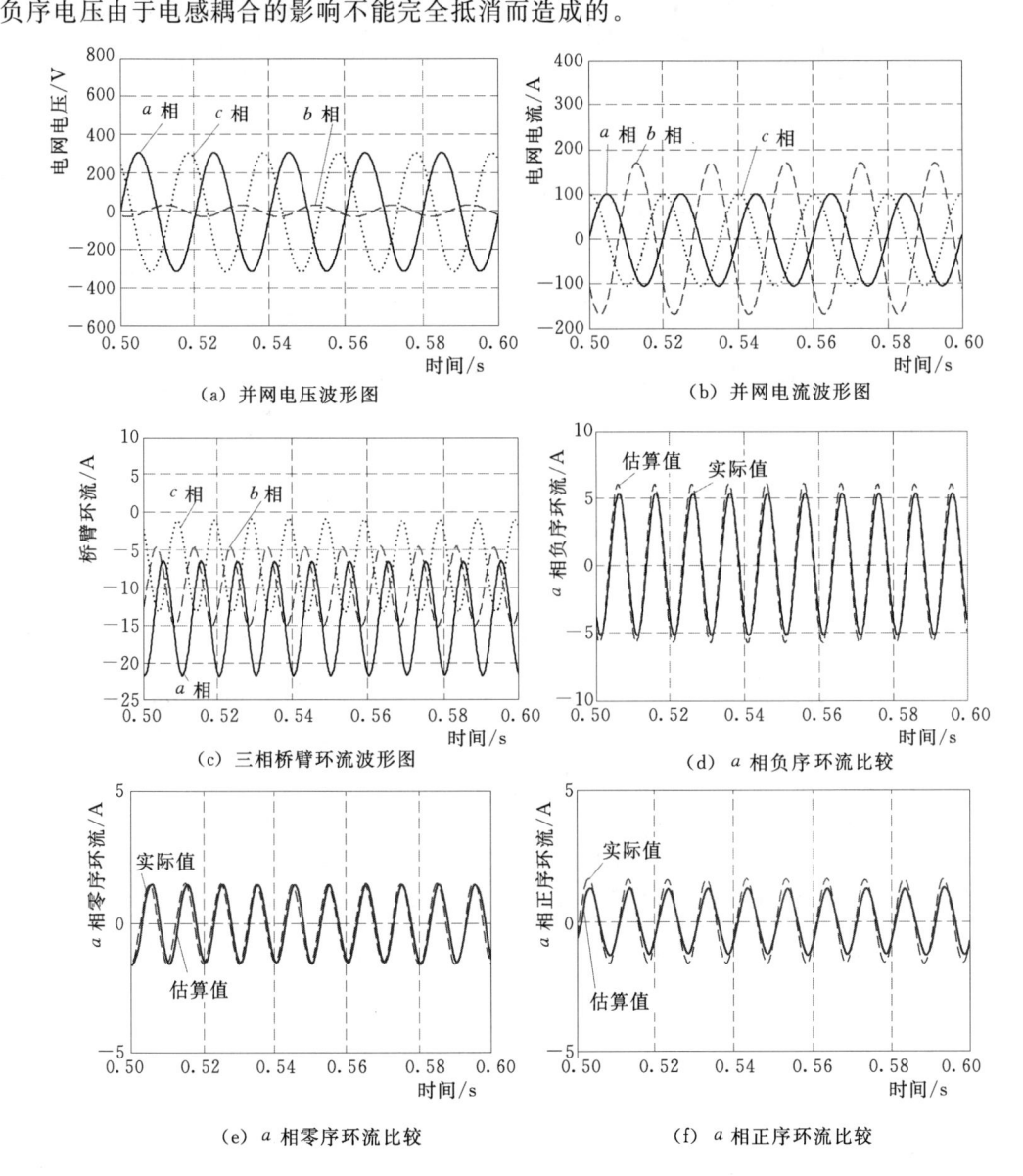

(a) 并网电压波形图

(b) 并网电流波形图

(c) 三相桥臂环流波形图

(d) a 相负序环流比较

(e) a 相零序环流比较

(f) a 相正序环流比较

图 6-24 抑制有功功率二倍频波动时 MMC 仿真结果

为了验证提出的电容电压稳定控制与环流抑制相结合的控制方法的正确性，仿照抑制负序电流时的仿真方法，在 0.5s 后投入环流控制器，得到两种情况下环流的波形图如图

6-25 所示，结果与 6.2.2 类似。

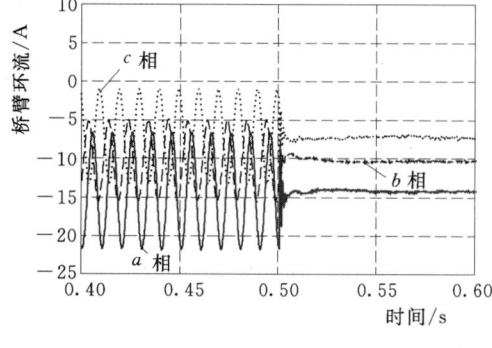

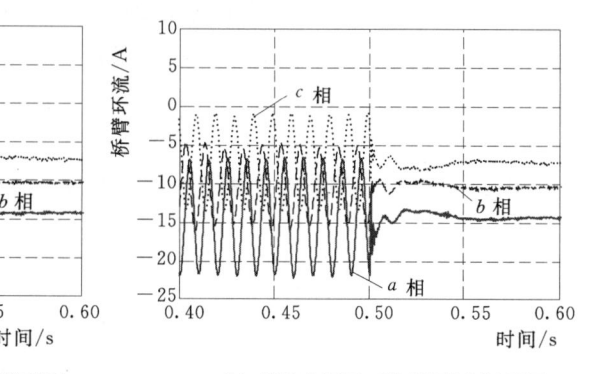

（a）本节所提方法三相环流抑制波形图　　　　　（b）旋转坐标下三相环流抑制波形图

图 6-25　环流抑制对比仿真结果图

6.2.4　抑制负序电流时电容电压波动分析与控制

1. 理论分析

对于每相桥臂，在忽略环流的情况下，子模块电容电压的波动幅值为[22]

$$\Delta u = \frac{\hat{I}}{2\omega C} \sqrt{\left[1 - \left(\frac{m\cos(\varphi)}{2}\right)^2\right]^3} \tag{6-67}$$

式中　$\hat{I}$——该相输出电流的幅值；

$\quad\quad m$——该相的调制比；

$\quad\quad \varphi$——功率因数角。

从式（6-67）可以看出，电压波动大小与输出电流幅值、调制比和功率因数角有关。在电网电压平衡时，每相的输出电流幅值及调制比和功率因数角都应相同，因此在电网电压平衡时，MMC 子模块电容电压波动的大小一致。当电网发生不对称故障，并以抑制负序电流为控制目标时，每相电流的幅值相等。每相功率因数角由系统的有功功率和无功功率决定，可认为每相一致，但是每相的调制比将会发生变化。下面对每相调制比的大小进行分析。MMC 以抑制负序电流为目标时，期望输出电压在 dq 坐标下的稳态方程为

$$\left.\begin{array}{l} e_\mathrm{d}^P = u_\mathrm{gd}^P - i_\mathrm{d}^P R + \omega L i_\mathrm{q}^P \\ e_\mathrm{q}^P = - i_\mathrm{q}^P R - \omega L i_\mathrm{d}^P \end{array}\right\} \tag{6-68}$$

$$\left.\begin{array}{l} e_\mathrm{d}^N = u_\mathrm{gd}^N \\ e_\mathrm{q}^N = 0 \end{array}\right\} \tag{6-69}$$

电阻阻值一般很小，所以式（6-68）等号右边的电阻压降可以忽略，而交叉耦合相 $\omega L i_\mathrm{q}^P$、$\omega L i_\mathrm{d}^P$ 在电感设计时，其取值一般不超过电网电压的 10%，可以近似认为 MMC 的期望输出电压等于电网电压。因此每相的调制比可近似认为只与电网的不平衡状态有关。于是在不平衡电网电压下，MMC 以抑制负序电流为目标时，可以得到以下

结论：由于负序电流得到了抑制，每相电流幅值相等，每相电压波动幅值只与调制比有关，电压跌落相的调制比也将随着下降，分析式（6-67）可知其电压波动幅值将会上升，由于式（6-67）中的平方项要远小于 1，因此电网电压跌落相的子模块电容电压波动幅值上升有限。

以上对电网不对称故障时，子模块电容电压波动的幅值进行了初步的分析。从第 4 章的分析结果可知，子模块电容电压在电网正常时存在基频和二倍频的波动。下面分析在电网不对称故障时的波动情况。

上、下桥臂电压和为

$$U_{\mathrm{arm\_pa}} + U_{\mathrm{arm\_na}} = \frac{N}{C}\int i_{\mathrm{cir\_a}} - \frac{1}{2}m_{\mathrm{a}}\,i_{\mathrm{a}} - m_{\mathrm{cir\_a}}i_{\mathrm{cir\_a}}\mathrm{d}t \tag{6-70}$$

在式（6-70）右边积分的内部和外部同时乘以和除以 U_{dc} 可得

$$U_{\mathrm{arm\_pa}} + U_{\mathrm{arm\_na}} = \frac{N}{CU_{\mathrm{dc}}}\int U_{\mathrm{dc}}i_{\mathrm{cir\_a}} - e_{\mathrm{a}}\,i_{\mathrm{a}} - 2u_{\mathrm{cir\_a}}i_{\mathrm{cir\_a}}\mathrm{d}t \tag{6-71}$$

根据式（6-71），在忽略环流控制分量的前提下，可以认为 MMC 上、下桥臂电压和的波动是每相桥臂上直流侧与交流侧的功率差产生的，此功率会存储于子模块电容中，从而引起子模块电压和的波动，对于 a、b、c 三相，功率差为

$$\begin{cases} p_{\mathrm{arm\_a}} = U_{\mathrm{dc}}i_{\mathrm{cir\_a}} - e_{\mathrm{a}}i_{\mathrm{a}}\cos(\omega t + \varphi)\cos(\omega t + \theta) \\[2mm] p_{\mathrm{arm\_b}} = U_{\mathrm{dc}}i_{\mathrm{cir\_b}} - e_{\mathrm{b}}i_{\mathrm{b}}\cos\left(\omega t + \varphi - \frac{2}{3}\pi\right)\cos\left(\omega t + \theta - \frac{2}{3}\pi\right) \\[2mm] p_{\mathrm{arm\_c}} = U_{\mathrm{dc}}i_{\mathrm{cir\_c}} - e_{\mathrm{c}}i_{\mathrm{c}}\cos\left(\omega t + \varphi + \frac{2}{3}\pi\right)\cos\left(\omega t + \theta + \frac{2}{3}\pi\right) \end{cases} \tag{6-72}$$

当电网电压不平衡，并以抑制负序电流为控制目标时，功率差可以表示为

$$p_{\mathrm{arm\_a}} = U_{\mathrm{dc}}i_{\mathrm{cir\_a}} - \frac{e_{\mathrm{a}}^{+}i_{\mathrm{a}}^{+}}{2}\cos(\theta^{-} - \varphi^{+}) - \frac{e_{\mathrm{a}}^{-}i_{\mathrm{a}}^{+}}{2}\cos(\theta^{+} + \varphi^{+}) -$$
$$\frac{e_{\mathrm{a}}^{+}i_{\mathrm{a}}^{+}}{2}\cos(2\omega t + \theta^{+} + \varphi^{+}) - \frac{e_{\mathrm{a}}^{-}i_{\mathrm{a}}^{+}}{2}\cos(2\omega t + \theta^{-} - \varphi^{+}) \tag{6-73}$$

$$p_{\mathrm{arm\_b}} = U_{\mathrm{dc}}i_{\mathrm{cir\_b}} - \frac{e_{\mathrm{b}}^{+}i_{\mathrm{b}}^{+}}{2}\cos(\theta^{-} - \varphi^{+}) - \frac{e_{\mathrm{b}}^{-}i_{\mathrm{b}}^{+}}{2}\cos\left(\theta^{+} + \varphi^{+} + \frac{2}{3}\pi\right) -$$
$$\frac{e_{\mathrm{b}}^{+}i_{\mathrm{b}}^{+}}{2}\cos\left(2\omega t + \theta^{+} + \varphi^{+} + \frac{2}{3}\pi\right) - \frac{e_{\mathrm{b}}^{-}i_{\mathrm{b}}^{+}}{2}\cos(2\omega t + \theta^{-} - \varphi^{+}) \tag{6-74}$$

$$p_{\mathrm{arm\_c}} = U_{\mathrm{dc}}i_{\mathrm{cir\_c}} - \frac{e_{\mathrm{c}}^{+}i_{\mathrm{c}}^{+}}{2}\cos(\theta^{-} - \varphi^{+}) - \frac{e_{\mathrm{c}}^{-}i_{\mathrm{c}}^{+}}{2}\cos\left(\theta^{+} + \varphi^{+} + \frac{2}{3}\pi\right) -$$
$$\frac{e_{\mathrm{c}}^{+}i_{\mathrm{c}}^{+}}{2}\cos\left(2\omega t + \theta^{+} + \varphi^{+} - \frac{2}{3}\pi\right) - \frac{e_{\mathrm{c}}^{-}i_{\mathrm{c}}^{+}}{2}\cos(2\omega t + \theta^{-} - \varphi^{+}) \tag{6-75}$$

从式（6-73）～式（6-75）可以看出，当桥臂环流的交流为零时，功率存在二倍频的负序和零序波动，此功率波动会引起子模块电容电压的负序和零序波动。a 相上、下桥臂每个子模块电压和的负序和零序波动值分别为

$$U_{\sum a\_ac}^{-} = \frac{e_a^{+} i_a^{+}}{4\omega C U_{dc}} \sin(2\omega t + \theta^{+} + \varphi^{+}) \tag{6-76}$$

$$U_{\sum a\_ac}^{0} = \frac{e_a^{-} i_a^{+}}{4\omega C U_{dc}} \sin(2\omega t + \theta^{-} - \varphi^{+}) \tag{6-77}$$

电压差的波动为

$$U_{arm\_pa} - U_{arm\_na} = \frac{N}{C} \int -\left[\frac{(m_a^{+})^2 i_a^{+}}{4} \cos(\theta^{+} - \varphi^{+}) + \frac{m_a^{-} m_a^{+} i_a^{+}}{4} \cos(\theta^{-} + \varphi^{+}) \right] \cos(\omega t + \theta^{+}) -$$
$$\left[\frac{m_a^{+} m_a^{-} i_a^{+}}{4} \cos(\theta^{+} - \varphi^{+}) + \frac{(m_a^{-})^2 i_a^{+}}{4} \cos(\theta^{-} + \varphi^{+}) \right] \cos(-\omega t + \theta^{-}) +$$
$$\frac{1}{2} i_a^{+} \cos(\omega t + \varphi) dt$$

$$\tag{6-78}$$

从式（6-78）可以看出，电压差的波动与 MMC 的输出电流和电压都有关，但输出电流的大小对电压基频波动的影响占主要部分，当抑制负序电流时，电压差的波动以基频正序波动为主。

根据前面的分析可知，在电网电压不平衡时，子模块电容电压的波动规律将变得复杂，电压和的波动除了正常情况下的二次负序波动以外，还会存在正序、零序的二次波动，电压波动为二次分量的性质并没有发生变化，因此对桥臂整体能量的控制，仍然可以按照电网电压正常下的电压控制方法进行。同理，电压差波动的性质仍然是一次基频波动，上、下桥臂能量均衡控制也可以按照电网电压正常下的电压控制方法进行。在抑制负序电流为目标时，若要完全利用环流抵消二次功率的波动，注入环流的交流参考值可以表示为

$$i_{cir\_a}^{*} = \frac{e_a^{+} i_a^{+}}{U_{dc}} + \frac{e_a^{-} i_a^{+}}{U_{dc}} \tag{6-79}$$

式（6-79）中等号右侧的第二项在 a、b、c 三相坐标下表现为零序环流，在需要抑制零序环流的场合，需去除环流参考量中的零序分量。

2. 仿真分析

为了对电网电压不平衡、抑制负序电流时子模块电容电压的波动分析进行验证，利用 6.2.2 中的仿真平台，首先对电网电压平衡时的情况进行仿真，并加入桥臂环流控制器，得到 a、b、c 三相上桥臂第一个子模块电容电压的波形如图 6-26（a）所示。从图 6-26（a）可以看出子模块电压波动幅值为 10V。然后改变电网电压的状态，使 b 相电网电压下降 90%，得到 a、b、c 三相上桥臂第一个子模块电容电压的波形，如图 6-26（b）所示，从图 6-26（b）可以看出 a、c 两相电压的波动幅值增加为 14V，b 相幅值增加最大，约为 16V。总体来说，电压波动的不平衡度小，在不对称电网故障时三相电压波动幅值近似相等。

把三相上、下桥臂第一个子模块的电压分别相加和相减得到上、下桥臂子模块电容电压的波动与电压差波动，如图 6-27（a）和图 6-27（b）所示。可以看出，上、下桥臂子模块电压和以二次波动为主，而电压差以一次波动为主。并且在抑制负序电流时，三相波动变得不平衡，电压差波动的不平衡度较低，这是由于外部三相电流没有负序分量的缘故。对 a 相电压和与电压差的波动进行正序和负序分解，可得其正序、负序和零序分量的分布情况如图 6-27（c）和图 6-27（d）所示。可以看出，上、下桥臂电压和的波动几

乎没有正序分量，而电压差的波动以正序分量为主，与理论分析结果相符。

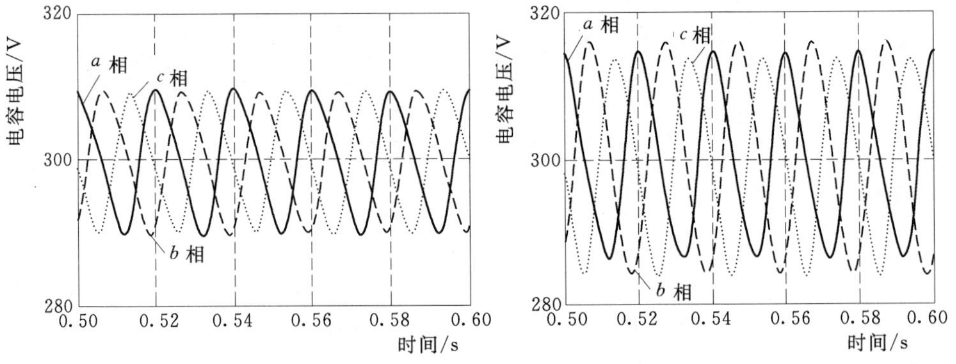

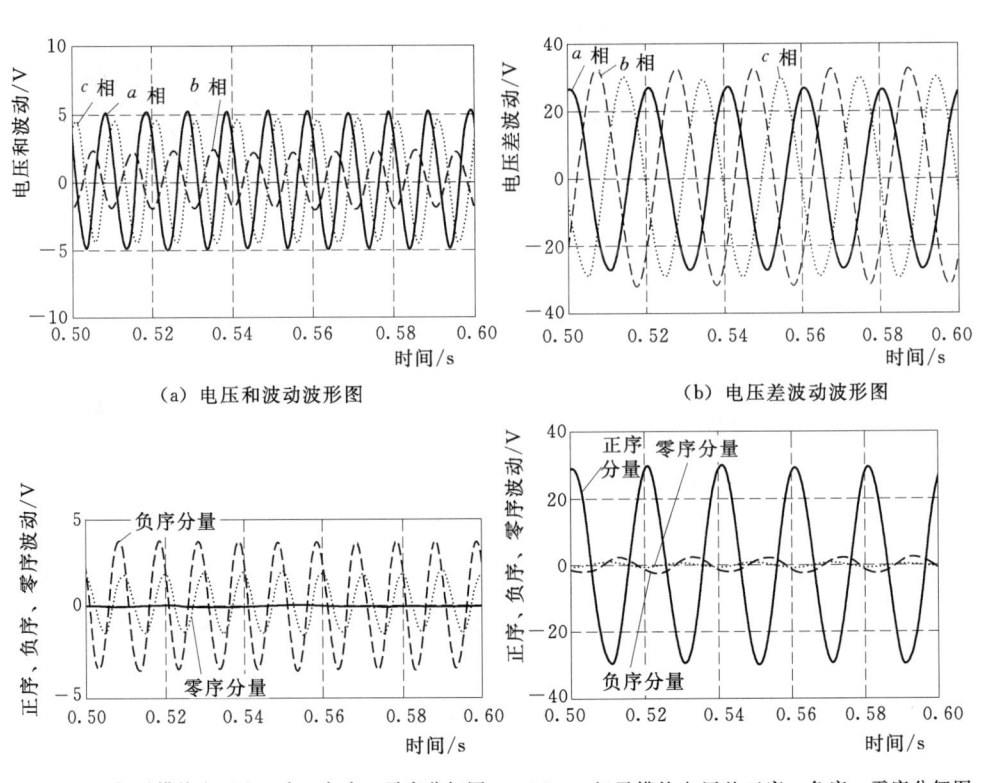

（a）电网电压平衡时子模块电容电压波形图　　（b）抑制负序电流时子模块电容电压波形图

图 6-26　抑制负序电流时子模块电容电压波动对比仿真

（a）电压和波动波形图　　　　　　　　（b）电压差波动波形图

（c）a 相子模块电压和正序、负序、零序分解图　　（d）a 相子模块电压差正序、负序、零序分解图

图 6-27　抑制负序电流时子模块电容电压和与差波动仿真结果

6.2.5　抑制有功功率二倍频波动时电容电压波动分析与控制

1. 理论分析

当电网发生不平衡故障并以抑制有功功率二倍频波动为目标时，由于需要注入负序电

流，每相电流的幅值不再相等。每相功率因数角由系统的有功功率和无功功率决定，可认为每相一致。当 MMC 工作于抑制有功功率二倍频波动模式时，式（6-30）和式（6-31）在稳态时为

$$
\left.\begin{array}{l}
e_{\mathrm{d}}^{P} = u_{\mathrm{gd}}^{P} - i_{\mathrm{d}}^{P}R + \omega L i_{\mathrm{q}}^{P} \\[2mm]
e_{\mathrm{q}}^{P} = - i_{\mathrm{q}}^{P}R - \omega L i_{\mathrm{d}}^{P}
\end{array}\right\} \tag{6-80}
$$

$$
\left.\begin{array}{l}
e_{\mathrm{d}}^{N} = u_{\mathrm{gd}}^{N} - i_{\mathrm{d}}^{N}R - \omega L i_{\mathrm{q}}^{N} \\[2mm]
e_{\mathrm{q}}^{N} = - i_{\mathrm{q}}^{N}R + \omega L i_{\mathrm{d}}^{N}
\end{array}\right\} \tag{6-81}
$$

与前文的分析方法类似，忽略电阻压降和交叉耦合项的影响，近似认为 MMC 的期望输出电压等于电网电压，因此每相的调制比可近似认为只与电网的不平衡状态有关。于是在不平衡电网电压下，MMC 以抑制有功功率二倍频波动为目标时，可以得到以下结论：由于需要注入负序电流，每相电流幅值不再相等，因此每相子模块电容电压波动的幅值受到相电流和调制波的共同影响变得不平衡。

仿照前文的分析方法，当 MMC 在电网电压不平衡，并以抑制有功功率二倍频波动为控制目标时，每相桥臂上的功率差为

$$
\begin{aligned}
p_{\mathrm{arm\_a}} = {} & U_{\mathrm{dc}}i_{\mathrm{cir\_a}} - \frac{e_{\mathrm{a}}^{+}i_{\mathrm{a}}^{+}}{2}\cos(\theta^{+}-\varphi^{+}) - \frac{e_{\mathrm{a}}^{-}i_{\mathrm{a}}^{+}}{2}\cos(\theta^{-}+\varphi^{+}) - \frac{e_{\mathrm{a}}^{+}i_{\mathrm{a}}^{-}}{2}\cos(\theta^{+}+\varphi^{-}) - \\
& \frac{e_{\mathrm{a}}^{-}i_{\mathrm{a}}^{-}}{2}\cos(\theta^{-}-\varphi^{-}) - \frac{e_{\mathrm{a}}^{+}i_{\mathrm{a}}^{+}}{2}\cos(2\omega t+\theta^{+}+\varphi^{+}) - \frac{e_{\mathrm{a}}^{-}i_{\mathrm{a}}^{+}}{2}\cos(2\omega t+\varphi^{+}-\theta^{-}) - \\
& \frac{e_{\mathrm{a}}^{+}i_{\mathrm{a}}^{-}}{2}\cos(2\omega t+\theta^{+}-\varphi^{-}) - \frac{e_{\mathrm{a}}^{-}i_{\mathrm{a}}^{-}}{2}\cos(2\omega t-\theta^{-}-\varphi^{-})
\end{aligned} \tag{6-82}
$$

$$
\begin{aligned}
p_{\mathrm{arm\_b}} = {} & U_{\mathrm{dc}}i_{\mathrm{cir\_b}} - \frac{e_{\mathrm{b}}^{+}i_{\mathrm{b}}^{+}}{2}\cos(\theta^{+}-\varphi^{+}) - \frac{e_{\mathrm{b}}^{-}i_{\mathrm{b}}^{+}}{2}\cos\left(\theta^{-}+\varphi^{+}+\frac{2}{3}\pi\right) - \\
& \frac{e_{\mathrm{b}}^{+}i_{\mathrm{b}}^{-}}{2}\cos\left(\theta^{+}+\varphi^{-}+\frac{2}{3}\pi\right) - \frac{e_{\mathrm{b}}^{-}i_{\mathrm{b}}^{-}}{2}\cos(\theta^{-}-\varphi^{-}) - \frac{e_{\mathrm{b}}^{+}i_{\mathrm{b}}^{+}}{2}\cos\left(2\omega t+\theta^{+}+\varphi^{+}+\frac{2}{3}\pi\right) - \\
& \frac{e_{\mathrm{b}}^{-}i_{\mathrm{b}}^{+}}{2}\cos(2\omega t+\theta^{-}-\varphi^{+}) - \frac{e_{\mathrm{b}}^{+}i_{\mathrm{b}}^{-}}{2}\cos(2\omega t+\theta^{+}-\varphi^{-}) - \frac{e_{\mathrm{b}}^{-}i_{\mathrm{b}}^{-}}{2}\cos\left(2\omega t-\theta^{-}-\varphi^{-}-\frac{2}{3}\pi\right)
\end{aligned} \tag{6-83}
$$

$$
\begin{aligned}
p_{\mathrm{arm\_c}} = {} & U_{\mathrm{dc}}i_{\mathrm{cir\_c}} - \frac{e_{\mathrm{c}}^{+}i_{\mathrm{c}}^{+}}{2}\cos(\theta^{+}-\varphi^{+}) - \frac{e_{\mathrm{c}}^{-}i_{\mathrm{c}}^{+}}{2}\cos\left(\theta^{-}+\varphi^{+}-\frac{2}{3}\pi\right) - \\
& \frac{e_{\mathrm{c}}^{+}i_{\mathrm{c}}^{-}}{2}\cos\left(\theta^{+}+\varphi^{-}-\frac{2}{3}\pi\right) - \frac{e_{\mathrm{c}}^{-}i_{\mathrm{c}}^{-}}{2}\cos(\theta^{-}-\varphi^{-}) - \frac{e_{\mathrm{c}}^{+}i_{\mathrm{c}}^{+}}{2}\cos\left(2\omega t+\theta^{+}+\varphi^{+}-\frac{2}{3}\pi\right) - \\
& \frac{e_{\mathrm{c}}^{-}i_{\mathrm{c}}^{+}}{2}\cos(2\omega t+\theta^{-}-\varphi^{+}) - \frac{e_{\mathrm{c}}^{+}i_{\mathrm{c}}^{-}}{2}\cos(2\omega t+\theta^{+}-\varphi^{-}) - \frac{e_{\mathrm{c}}^{-}i_{\mathrm{c}}^{-}}{2}\cos\left(2\omega t-\theta^{-}-\varphi^{-}+\frac{2}{3}\pi\right)
\end{aligned} \tag{6-84}
$$

从式（6-82）～式（6-84）可以看出，当桥臂环流的交流为零时，每相桥臂上的功率差存在二倍频的负序、正序、零序波动，此功率波动会引起子模块电容电压的二倍频波动。a 相上、下桥臂每个子模块电压和的负序和零序波动的幅值分别为

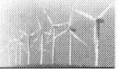

$$U_{\overline{\sum}a\_ac} = \frac{e_a^+ i_a^+}{4\omega C U_{dc}} \sin(2\omega t + \theta^+ + \varphi^+) \qquad (6-85)$$

$$U_{\sum a\_ac}^+ = \frac{e_a^+ i_a^+}{4\omega C U_{dc}} \sin(2\omega t - \theta^- - \varphi^+) \qquad (6-86)$$

$$U_{\sum a\_ac}^0 = \frac{e_a^- i_a^+}{4\omega C U_{dc}} \sin(2\omega t + \theta^- - \varphi^+) + \frac{e_a^+ i_a^-}{4\omega C U_{dc}} \sin(2\omega t + \theta^{+-} - \varphi^-) \qquad (6-87)$$

由于采用的是抑制有功功率二倍频波动的方式，电网输入或输出有功功率的二倍频零序波动分量应该为零，对于每相零序波动分量的存在，根据式（6-80）和式（6-81）可知在稳态时，MMC 的期望输出电压不会与电网电压完全一致，因此 MMC 的三相桥臂上还是会有部分零序的功率存在。

同理，电压差的波动为[23]

$$\begin{aligned}
U_{arm\_pa} - U_{arm\_na} = \frac{N}{C} \int \frac{1}{2} i_a^+ \cos(\omega t + \varphi^+) + \frac{1}{2} i_a^- \cos(-\omega t + \varphi^-) - \\
\left[\frac{(m_a^+)^2 i_a^+}{4} \cos(\theta^+ - \varphi^+) + \frac{(m_a^+)^2 i_a^-}{4} \cos(\theta^+ + \varphi^-) + \right. \\
\left. \frac{m_a^- m_a^+ i_a^+}{4} \cos(\theta^- + \varphi^+) + \frac{m_a^+ m_a^- i_a^-}{4} \cos(\theta^- - \varphi^-) \right] \cos(\omega t + \theta^+) - \\
\left[\frac{m_a^+ m_a^- i_a^+}{4} \cos(\theta^- - \varphi^+) + \frac{m_a^+ m_a^- i_a^-}{4} \cos(\theta^+ + \varphi^-) + \right. \\
\left. \frac{(m_a^-)^2 i_a^+}{4} \cos(\theta^- + \varphi^+) + \frac{(m_a^-)^2 i_a^-}{4} \cos(\theta^- - \varphi^-) \right] \cos(-\omega t + \theta^-) dt
\end{aligned}$$

$$(6-88)$$

从式（6-88）可以看出，由于上、下桥臂电压差的波动主要受到输出电流的影响，若注入一定的负序电流来抑制有功功率二倍频波动，就会使子模块电容电压差也跟着出现基频负序的波动。

2. 仿真分析

为了对电网不平衡，并以抑制有功功率二倍频波动为目标时子模块电容电压的波动分析进行验证，利用 6.2.4 的仿真平台，首先对电网电压平衡时的情况进行仿真，加入桥臂环流控制器，得到 a、b、c 三相上桥臂第一个子模块电容电压的波形，如图 6-28（a）所示。可以看出子模块电压波动幅值为 10V。然后改变电网电压的状态，使 b 相电网电压下降 90%，得到 a、b、c 三相上桥臂第一个子模块电容电压的波形如图 6-28（b）所示。可以看出三相电压的波动出现了明显的不对称，b 相波动最大，这是由于 b 相电流幅值最大引起的。

把三相上、下桥臂第一个子模块的电压分别相加和相减得到上、下桥臂子模块电容电压和波动与电压差波动，如图 6-29（a）和图 6-29（b）所示。可以看出，电压差的波动出现了显著的不平衡，这是由于三相外部电流注入了负序分量的缘故。对电压和与电压差的波动进行正负序分解，可得 a 相电压和与电压差的正序负序和零序分量的分布情况，如图 6-29（c）和 6-29（d）所示。可以看出，上、下桥臂电压和的波动出现了明显的正序分量，而电压差的波动以正序和负序分量为主，零序分量占的比重较小，与理论分析的结果相符合。

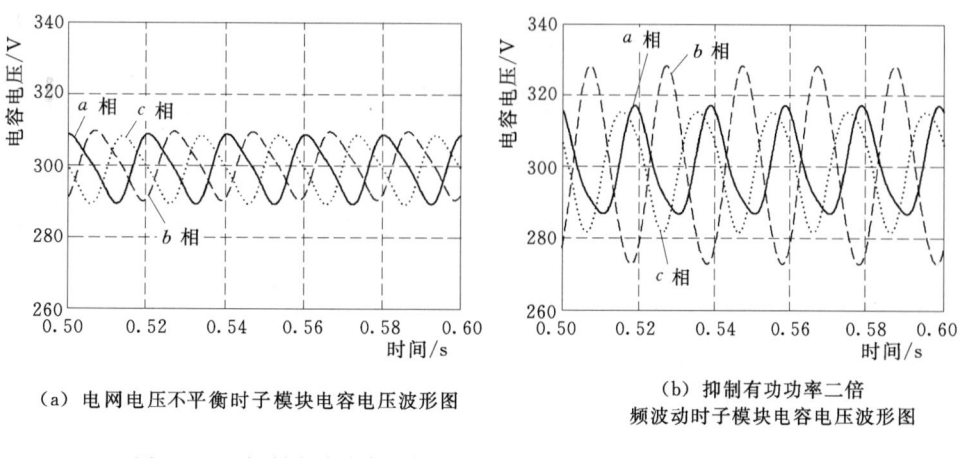

（a）电网电压不平衡时子模块电容电压波形图

（b）抑制有功功率二倍
频波动时子模块电容电压波形图

图 6-28　抑制有功功率二倍频波动时子模块电容电压波动对比仿真

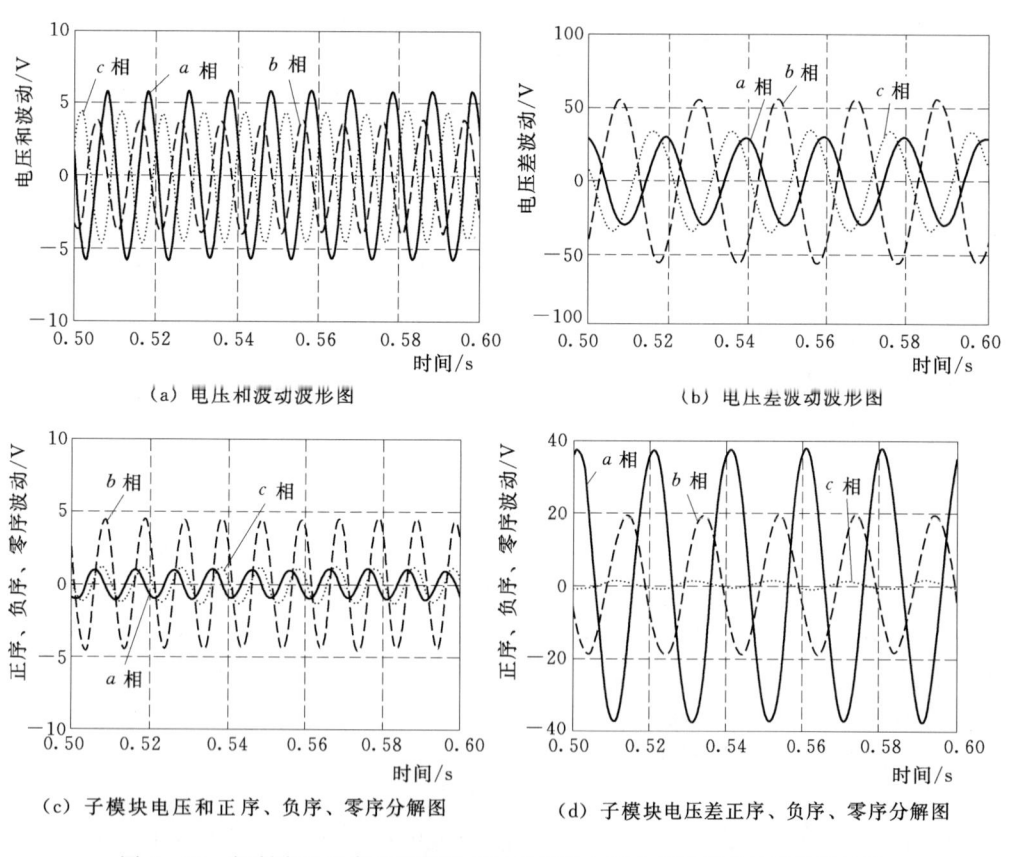

（a）电压和波动波形图　　　　　　　　（b）电压差波动波形图

（c）子模块电压和正序、负序、零序分解图　　（d）子模块电压差正序、负序、零序分解图

图 6-29　抑制有功功率二倍频波动时子模块电容电压和与差波动仿真结果

6.2.6　两种控制方式下环流和电容电压波动对比结论

本章在不对称电网故障下，对 MMC 工作于抑制负序电流和抑制有功功率二倍频波动

两种工况下的桥臂环流与子模块电容电压波动进行了深入的对比研究，见表 6-4。对比结果总结如下：

（1）在环流的方面，两种工况下的桥臂环流直流分量都会变得不相等，其中抑制负序电流时，电压最低相的环流直流分量最小。对于环流的交流分量，抑制电网负序电流时，桥臂环流会出现二次负序和二次零序分量，二次零序分量由桥臂输出负序电压和正序电流共同作用产生。抑制有功功率二倍频波动时，桥臂环流除二次负序、二次零序分量外，还会出现二次正序分量。

（2）在子模块电压波动方面，电容电压仍然呈现出基频和二倍频的波动。当工作于抑制负序电流模式时，由于电网电流变得平衡，子模块电容电压的波动的平衡度要比抑制有功功率二倍波动的要好。子模块电容电压的二倍频波动在抑制负序电流时以二次负序和二次零序为主，基频波动以正序为主。在抑制有功功率二倍频波动时，桥臂环流除负序和零序外，还会出现二次正序波动，而基频波动也会出现负序分量。

表 6-4　两种工况下的桥臂环流和电容电压对比结果

参 数	抑制负序电流	抑制有功功率二倍频波动
环流直流分量	不平衡，电压最低相直流分量最小	不平衡
环流交流分量	二次负序、二次零序	二次负序、二次正序、二次零序
子模块电容电压波动	不平衡度小	不平衡度大
子模块电容电压二次波动	二次负序、二次零序	二次负序、二次正序、二次零序
子模块电容基频波动	基频正序	基频正序、基频负序

参 考 文 献

［1］　王志新，吴杰，徐烈，等．大型海上风电场并网 VSC - HVDC 变流器关键技术［J］．中国电机工程学报，2013，33（19）：14-26．

［2］　C. Du, E. Agneholm, and G. Olsson, VSC - HVDC System for Industrial Plants with Onsite Generator［J］. IEEE Transaction on Power Delivery，2009，24（3）：1359-1366．

［3］　Anish Prasai, Jung - Sik Yim. A New Architecture for Offshore Wind Farms［J］. IEEE Transactions on Power Electronics，2008，23（3）：1198-1204．

［4］　AlanMullane, Gordon, Lightbody, et al. Wind - turbine Fault Ride through Enhancemet［J］. IEEE Transactions on Power Systems，2005，20（4）1929-1933．

［5］　林建新．直驱永磁风电机组低电压穿越的一种控制策略［J］．福建工程学院学报，2011，9（4）：312-375．

［6］　胡书举，李建林，许洪华．直驱式 VSCF 风电系统直流侧 Crowbar 电路的仿真分析［J］．电力系统及其自动化学报，2008，20（3）：118-123．

［7］　杨晓萍，段先锋，田录林．直驱永磁同步风电系统低电压穿越的研究［J］．西北农林科技大学学报，2009，37（8）：228-123．

［8］　肖磊，黄守道，黄科元，等．不对称电网故障下直驱永磁风力发电系统直流母线电压稳定控制［J］．电工技术学报，2010，07：123-129，158．

［9］　孙君杨，朱淼，高强，等．大型海上交流风电场内部拓扑优化设计［J］．电网技术，2013，37

　　（7）：1978－1982.

［10］ Kun Zhao，Gengyin Li，Bozhong Wang，et al. Grid－connected Topology of PMSG Wind Power System Based on VSC－HVDC［C］．2011 4th International Conference on Electric Utility Deregulation and Restructuring and Power Technologies（DRPT2011）：297－302.

［11］ 肖磊．直驱式永磁同步风力发电机在不平衡电网电压下的控制［D］．长沙：湖南大学，2012.

［12］ S M Muyeen，Junji Tamura，Toshiaki Murata．风电场并网稳定性技术［M］．北京：机械工业出版社，2011.

［13］ 任亚钊．永磁直驱风力发电系统低电压穿越控制技术研究［D］．北京：华北电力大学，2012.

［14］ 李和明，董淑惠，王毅，等．永磁直驱风电机组低电压穿越时的有功和无功协调控制［J］．电工技术学报，2013，28（5）：73－81.

［15］ Liang Chu，Feikun Zhou，Jianhua Guo，et al. Research of Flux－weakening Control Strategy for PMSM Used in Electric Vehicle Based on Stator Current Compensation［J］．2011 International Conference on Transportation，Mechanical，and Electrical Engineering，2011：1601－1604.

［16］ 邓秋玲，黄守道，姚建刚，等．直驱风电系统新型变流控制策略［J］．电工技术学报，2012，07：227－234.

［17］ J M Carrasco，L G Franquelo，J T Bialasiewicz，et al. Power－electronic Systems for the Grid Integration of Renewable Energy Sources：A survey［J］．IEEE Transactions on Industrial Electronics，2006，53（4）：1002－1016.

［18］ 黄守道，肖磊，黄科元，等．不对称电网故障下直驱型永磁风力发电系统受端变流器的运行与控制［J］．电工技术学报，2011，02：173－180.

［19］ 邱大强，李群湛，南晓强．电网不对称故障下 VSC－HVDC 系统的直接功率控制［J］．高电压技术，2012，38（4）：1012－1018.

［20］ 沈波，董建洋．负序电流对发电机转子的危害分析及防范措施［J］．浙江电力，2007（5）：35－38.

［21］ L Xiao，S Huang and K Lu. DC－bus Voltage Control of Grid－connected Voltage Source Converter by Using Space Vector Modulated Direct Power Control under Unbalanced Network Conditions［J］. IET Power Electronics，2013，6（5）：925－934.

［22］ Lucas M Cunico，G Lambert，Rodrigo P Dacol，et al. Parameters Design for Modular Multilevel Converter（MMC）［J］. Power Electronics Conference（COBEP），2013（10）：264－270.

［23］ 廖武，黄守道，黄晟，等．基于模块化多电平换流阀的直流输电系统受端不平衡故障穿越研究［J］．电工技术学报，2015，12：197－203.

第7章 基于柔性直流输电的直流串联直驱永磁风电场新型拓扑结构及控制

在直流串联拓扑结构海上风场中[1]，直驱永磁风电机组经变流器整流后，直流电流相同，直流侧出口电压是随着风电机组捕获的风能按比例分配，串联组中一台风电机组风速上升，则此直流风电机组直流侧出口电压也随着上升，其他直流风电机组直流侧电压按新的电磁功率比例随之降低以维持总直流传输母线电压不变。这使得风电机组之间的耦合严重，且若单台风电机组直流侧电压上升过高，会危及整个系统的稳定性。要实现串联组风电机组之间的解耦控制，则需增加额外的蓄电池储能设备，将过多的能量先储存起来，等该风电机组输入功率不足时，再予以释放，以维持整个直流串联拓扑结构风电场中直流电风电机组的电压平衡。针对直流串联拓扑结构海上风电场的特点，本章提出了一种基于VSC‐HVDC的直流串联直驱永磁风电场新型拓扑结构，此拓扑结构可动态调节每台风电机组的输出功率并无需蓄电池储能设备，每台风电机组的直流侧电压不受串联组中其他风电机组捕获功率大小的影响，从而实现串联拓扑结构风电场中串联风电机组解耦控制，并可在风电机组发生故障时快速将风电机组旁路切除，增加了系统的容错性。

7.1 直流串联直驱永磁风电场新型拓扑结构

7.1.1 直流串联风电场新型拓扑结构工作原理

基于VSC‐HVDC的直流串联直驱永磁风电场新型拓扑结构如图7‐1所示。直驱永磁风力发电机与整流器相连构成一个单元，组成直流风电机组，直流风电机组直流侧经电容与一个半桥电路连接，再将半桥电路的下桥臂依次串联组成直流传输电路，电能传输至岸上换流站逆变并网。半桥结构中的开关器件两端电压由电容端电压决定。

半桥结构的工作原理与模块化多电平变流器中的子模块工作原理类似，如图7‐2所示[2]。

当半桥电路上桥臂 VT_1 导通、VT_2 断开时，直流风电机组投入至直流串联组中，子模块电容经上桥臂IGBT向直流串联组放电，子模块电容串联进直流串联组中，使串联组中投入工作的子模块构成高压直流输电所需的电压等级进行能量传输。当半桥电路下桥臂 VT_2 导通、VT_1 断开时，直流风电机组从串联组切除，电容停止放电，直流风电机组向电容充电，储存电能。直流串联组中其他投入工作的直流风电机组经下桥臂IGBT的反向二极管连接，依然构成串联回路。子模块电容电压值由投入的直流风电机组数量、直流风电机组馈入的电磁功率以及直流输电所需的电压等级决定，总直流母线电压的稳定由岸上换流站控制。

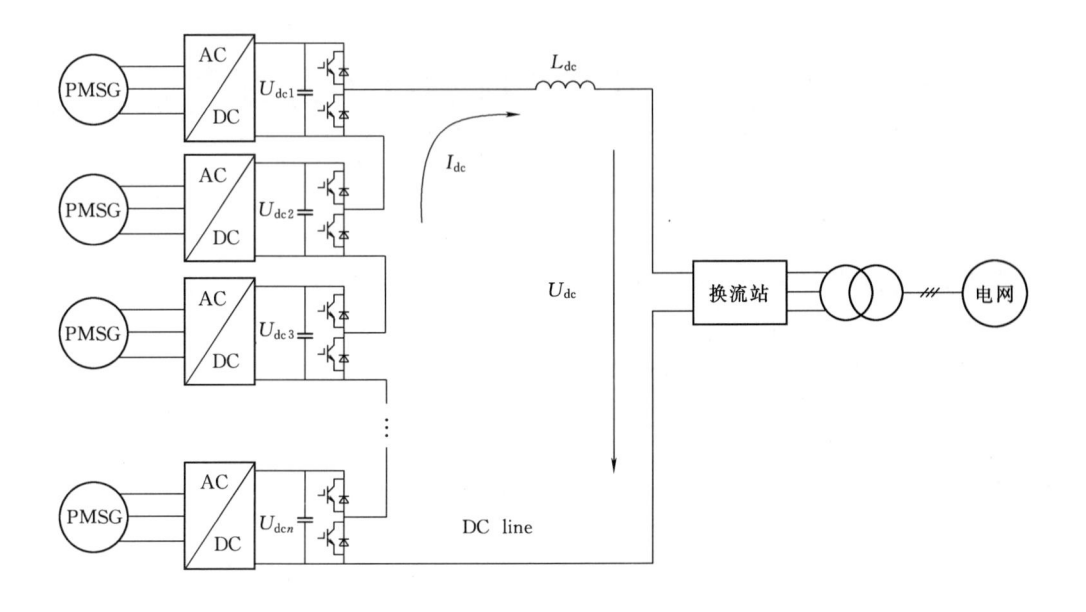

图 7 - 1　基于 VSC - HVDC 的直流串联直驱永磁风电场新型拓扑结构

在实际工程中，直流串联组中每台直流风电机组所处位置不同，每个位置的实际风速不同，风电机组馈入直流侧电容的电磁功率为[3]

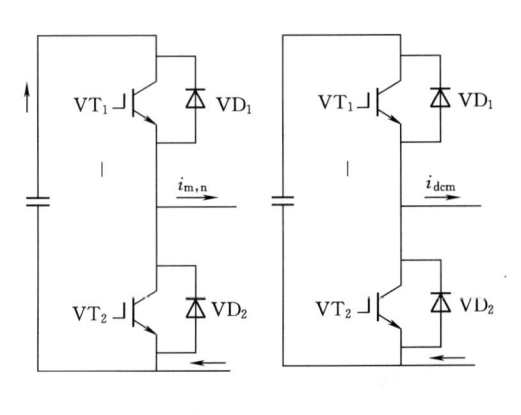

图 7 - 2　子模块工作原理图

$$P_{en} = P_{mn} - \omega_n J_{eq} \frac{d\omega_n}{dt} - \Delta P_n$$

$$(7 - 1)$$

式中　P_{en}——单台直流风电机组馈入子模块电容的电磁功率；

P_{mn}——单台直流风电机组捕获的机械功率；

J_{eq}——等效转动惯量；

ω_n——发电机转速；

ΔP_n——直流风电机组内部损耗。

内部损耗与发电机输出功率相比值很小，可以忽略不计。如每台风电机组均按最大风能捕获算法寻找最佳功率点，忽略内部损耗，直流侧的功率为

$$P_{en} = C_n U_{dcn} = P_{mn} - \omega_n J_{eq} \frac{d\omega_n}{dt} \qquad (7 - 2)$$

式中　C_n——子模块电容的容值；

U_{dcn}——子模块电容电压，即直流风电机组直流侧电压。

在稳态时，风电机组处于最佳功率点，风电机组转速恒定，由式（7 - 2）可知，子模

块电容的电压值在子模块不控的情况下，由每台风电机组馈入子模块电容的电磁功率决定，风速大的直流侧电容的电压也就相应会高，储存的能量也就越多。

本节提出的海上风电场新型拓扑结构可有效地平衡每个子模块电容的电压值。当子模块电容电压过高时，表示与该模块连接的直流风电机组捕获的能量也就越多，则需要适当地增加该模块半桥结构的调制比，让半桥中的上桥臂导通时间延长，使该模块的电容电压投入到串联组的时间增加，释放更多的能量。当子模块电容电压过低时，则半桥的下桥臂导通时间延长，让该直流风电机组从串联组中切除的时间增加，子模块电容储存能量，使电容电压提升至系统所需的平均电压值，从而维持整个系统中所有子模块的电容电压值平衡。

7.1.2 直流串联风电场新型拓扑结构数学模型

子模块采用占空比交错控制，每个子模块的三角载波相位依次相差 $2\pi/N$，N 为桥臂中直流风电机组台数，同一模块上下桥臂开关信号互补，此种调制方式可有效减小输出电压、电流的纹波。每个子模块的占空比大小由直流风电机组馈入的电磁功率决定。

在直流串联风电场新型拓扑结构中，所有投入至直流串联组中的子模块组成总的直流串联组的输出电压。设一直流串联组中直流风电机组的台数为 n，在某一时刻投入至串联组的直流风电机组台数为 a，当直流串联风电场新型拓扑结构稳定时，系统中所有子模块电容电压均平衡，设平均电压值为 U_{dcavg}，则有

$$aU_{\text{dcavg}} = U'_{\text{dc}} \tag{7-3}$$

式中 U'_{dc}——直流串联组中的总直流输出电压。

因直流风电机组依然向子模块电容输送功率，未投入串联组中的子模块电容上的能量无法向外释放，电压逐渐上升，当电压超过平均电压值时，该子模块上桥臂导通，将子模块投入至串联组中释放能量，释放的功率为

$$P_n = d_n U_{\text{dc}n} I_{\text{dc}} \tag{7-4}$$

式中 d_n——该模块上桥臂的调制占空比。

直流串联组上桥臂占空比平均值 d_z 可以表示为直流串联组实际出口电压值与所有直流风电机组电容电压值之和相除所得的值，即

$$d_z = \frac{U'_{\text{dc}}}{\sum\limits_{i=1} U_{\text{dc}n}} \tag{7-5}$$

根据图 7-1，依据基尔霍夫电压定律可得直流串联风电场新型拓扑结构电压回路方程为

$$L_{\text{dc}} \frac{\mathrm{d}I_{\text{dc}}}{\mathrm{d}t} + R_{\text{dc}} I_{\text{dc}} + U_{\text{dc}} = d_z \sum_{i=1} U_{\text{dc}n} \tag{7-6}$$

式中 L_{dc}——直流传输线路中的直流电感；

R_{dc}——直流传输线路的等效电阻。

子模块电流为

$$C \frac{\mathrm{d}U_{\text{dc}n}}{\mathrm{d}t} + d_z I_{\text{dc}} = i_{\text{dc}n} \tag{7-7}$$

式中 $i_{\text{dc}n}$——单台直流风电机组输入的直流电流。

7.1.3　直流串联风电场新型拓扑结构电容电感的取值

根据能量守恒定律，若不计子模块 IGBT 开关损耗以及子模块电容充放电损耗，直流风电机组馈入的电磁功率应等于子模块电容上存储的功率与向直流输电线路输送功率之和。子模块电容在直流串联风电场新型拓扑结构中的作用有两点：一是瞬时储存直流风电机组向网侧输送的能量，当直流风电机组馈入电容的能量低于平均值时，子模块与直流串联组隔离切除，等电容存储的能量高于平均值时，再通过子模块投入至直流串联组上工作，将多余的能量输送至直流传输线路上；二是对直流风电机组直流侧电压的滤波，抑制直流侧电压波动，增加海上风电场系统的稳定性。

子模块电容电压的变化为

其中

$$P_{en} - P_{gn} = C_n U_{dcn} \frac{\mathrm{d}U_{dcn}}{\mathrm{d}t} \tag{7-8}$$

$$P_{gn} = d_n U_{dcn} I_{dc} \tag{7-9}$$

式中　P_{en}——单台直流风电机组子模块电容经半桥结构向直流输电线路上输送的功率；

d_n——子模块上桥臂开关占空比；

I_{dc}——串联组上总的直流电流。

联立式（7-8）和式（7-9），再将式（7-8）在开关周期 T_s 内积分，可得能量的表达式为

$$Q_{en} - d_n I_{dc} T_s = C \Delta U_{dcn} \tag{7-10}$$

式中　Q_{en}——直流风电机组馈入直流侧的电能；

ΔU_{dcn}——直流侧电容电压的波动值。

子模块电容值的选取采取限制最大电容电压波动的原则，当直流风电机组工作于最大功率点，而子模块上桥臂的占空比处于最小值时，为子模块工作的极限条件。设直流风电机组在单位周期内最大捕获的能量为 Q_{enmax}，子模块上桥臂占空比最小值为 d_{nmin}，系统要求的子模块电容最大波动为 U_{dcmin}，子模块电容的取值为

$$C = \frac{Q_{enmax} - d_{nmin} I_{dc} T_s}{\Delta U_{dcmax}} \tag{7-11}$$

直流输电线路上需连接电感 L_{dc}，作用有两点：一是与串联的子模块组成一个降压电路，适应当直流风电机组直流侧电流小于总直流母线电流时的情况，提高子模块的利用率，增加系统的容错性能；二是可以限制直流电流纹波。

已知电流纹波为单位电感的伏秒数，可以表示为

$$\Delta I_{dc} = \frac{Et}{L_{dc}} = \frac{U_{dc} T_s}{L_{dc}} \tag{7-12}$$

式中　E——传输线路的等效电动势。

在确定了电感纹波率的情况下，则可得到电感为

$$L_{dc} = \frac{U_{dc} T_s}{\gamma I_{dc}} = \frac{d_g \sum\limits_{i=1}^{n} U_{dcn}}{\gamma I_{dc} f} \tag{7-13}$$

式中　　f——半桥结构的开关频率；

　　　　γ——电感纹波率。

7.2　直流串联直驱永磁风电场新型拓扑结构的控制策略

从 7.1 分析可知，本书提出的直流串联直驱永磁风电场新型拓扑结构不同于常规的直流串联拓扑结构，直流风电机组输出直流端电压不受其他风电机组的影响，解决了常规串联结构中输出电压耦合的弊端，且无需蓄电池储能[4]。所有直流风电机组通过子模块串联实现能量的动态控制，每台直流风电机组机侧变流器只需按照风电机组所处地的实时风速进行最大功率跟踪[5]。岸上换流站控制总直流母线电压稳定，串联子模块对每台直流风电机组馈入子模块电容的电磁功率进行动态协调控制，向岸上换流站输送有功功率。要实现这种新型直流串联风电场拓扑结构的稳定运行，弱化直流风电机组之间的耦合程度，则需通过串联子模块的通断时间来调节直流风电机组向总直流传输线路输送的功率，实现直流风电机组直流侧电压的均压控制，使捕获风能大的直流风电机组通过子模块环节向总直流传输线路输送的功率增加，捕获风能小的直流风电机组通过子模块环节向总直流传输线路输送的功率减小，以维持整个直流侧电压的平衡。为增加串联子模块的响应速度，以及实现对输送功率的幅值进行控制，还需对控制器进行电流内环设计，实现对串联子模块的功率协调控制；若串联子模块电容电压平均值波动幅值过大，则每台直流风电机组直流侧电流的波动也会随着变化，且平均值的大小直接影响了直流电流的幅值以及串联子模块的总开关频率，最终影响整个串联拓扑结构风电场稳定性。针对此问题，控制器还增加了一个对串联子模块电容电压平均值进行控制的稳压外环，维持串联子模块电容电压平均值稳定。

7.2.1　均压环控制器设计

设子模块调制波为 u_{sn}（$n=1$，2，3，…），将 u_{sn} 分解为

$$u_{sn} = u_{sin} + u_{sdn} \qquad\qquad (7-14)$$

式中　　u_{sin}——直流电流控制器输出调制波；

　　　　u_{sdn}——子模块均压环输出调制波。

子模块电容电压均压控制是要求一串联组中所有子模块电容电压均等于额定参考值[6]，即

$$U_{dc1} = U_{dc2} = U_{dc3} = \cdots = U_{dcn} = \frac{U_{dc} + R_{dc}I_{dc} + U_{dc}}{d_z n} \qquad (7-15)$$

均压环调制波采取每台直流风电机组直流侧电压的实际值与串联组中子模块电容电压的平均值之差经 PI 调节器，得到调制信号 u_{sdn}，实现串联组子模块电容电压的均压。均压环控制原理图如图 7-3 所示。

子模块电容电压为

$$U_{dcn} = \frac{1}{C}\int (I_{pn} - d_n I_{dc})dt \qquad (7-16)$$

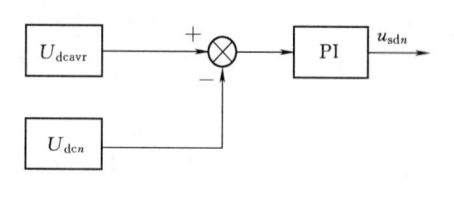

式中　I_{pn}——直流风电机组馈入子模块电容电流。

将式（7-16）微分后再进行拉普拉斯变换得

$$sU_{dcn}(s) = \frac{1}{C}[I_{pn}(s) - d_n I_{dc}(s)] \qquad (7-17)$$

图 7-3　均压环控制原理图

由此可得均压控制器控制框图，如图 7-4 所示。

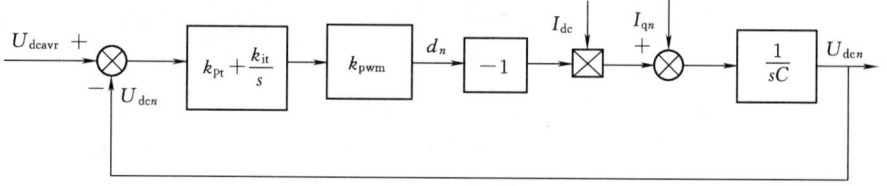

图 7-4　均压控制器控制框图

图 7-4 中，k_{pwm} 为电压增益，$k_{pt} + \dfrac{k_{it}}{s} = k_{pt}\dfrac{s\tau_t + 1}{s\tau_t}$，其中，$\tau_t$ 为稳压环 PI 积分常数，$\tau_t = \dfrac{k_{pt}}{k_{it}}$。由图 7-4 可得均压环开环函数为

$$G_t(s) = \frac{k_{pt}k_{pwm}(s\tau + 1)}{k_{pt}k_{pwn}(s\tau + 1) + s^2 C} \qquad (7-18)$$

7.2.2　电流环控制器设计

由式（7-6）可知，经拉普拉斯变换，直流侧电流与子模块串联组之间关系为

$$I_{dc} = \frac{d_z \sum\limits_{i=1}^{n} U_{dcn} - U_{dc}}{sL_{dc} + R_{dc}} \qquad (7-19)$$

电流环控制对象为直流侧电流，与均压环需分开控制每个模块不同，电流环只需一个就可以了。电流环控制器控制框图如图 7-5 所示。

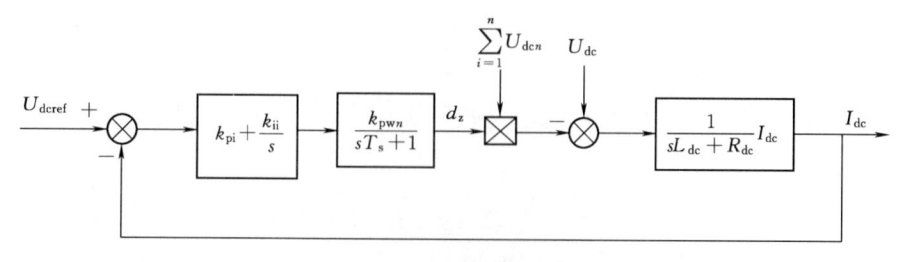

图 7-5　电流环控制器控制框图

图 7-5 中，$k_{pi} + \dfrac{k_{ii}}{s} = k_{pi}\dfrac{s\tau_i + 1}{s\tau_i}$，其中，$\tau_i$ 为电流环 PI 积分常数，$\tau_i = \dfrac{k_{pi}}{k_{ii}}$，$T_s$ 为子模块半桥开关周期。电流环开环传递函数表达为

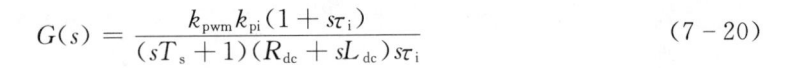

$$G(s) = \frac{k_{\text{pwm}}k_{\text{pi}}(1+s\tau_{\text{i}})}{(sT_{\text{s}}+1)(R_{\text{dc}}+sL_{\text{dc}})s\tau_{\text{i}}} \tag{7-20}$$

对于电流内环控制系统，不仅要求在稳态时没有静态误差，而且要求动态超调小，响应速度快。典型 I 型系统就能满足要求[7]，所以电流内环的 PI 控制器按照 I 型系统进行设计。按照调节器的工程设计方法，选择电流调节器的零点对消被控对象的大时间常数极点，即 $\tau_{\text{i}} = \dfrac{L_{\text{dc}}}{R_{\text{dc}}}$，设 $k_{\text{i}} = \dfrac{k_{\text{pwm}}k_{\text{pi}}}{R_{\text{dc}}\tau_{\text{i}}}$，则 $G(s)$ 可以表示为

$$G(s) = \frac{k_{\text{i}}}{s(sT_{\text{s}}+1)} \tag{7-21}$$

电流内环传递函数闭环表达式为

$$H(s) = \frac{1}{\dfrac{s^2}{k_{\text{i}}}T_{\text{s}} + \dfrac{s}{k_{\text{i}}} + 1} \tag{7-22}$$

式（7-22）为二阶系统闭环传递函数的标准形式，结合电流环控制需求则可对系统控制参数进行进一步优化设计。

7.2.3　稳压环控制器设计

将电流环控制器设计成 I 型系统可满足对直流侧电流无静态误差且响应速度快的控制要求，对串联子模块电流输出进行了有效的控制，但如何确定直流侧电流的给定值，还需要继续分析。均压环控制器对每台直流风电机组的直流侧电压进行了有效的控制，使串联子模块每个电容电压都维持在平均值。如果串联子模块电容电压平均值波动幅值过大，则每台直流风电机组直流侧电流的波动也会随着变化，影响整个串联拓扑结构风电场的稳定性，且平均值的大小直接影响了直流电流的幅值以及串联子模块的总开关频率，因此，还需对串联子模块电容电压的平均值进行控制。本书在直流电流闭环的基础上增加了一个对平均电压值进行控制的稳压外环[8]，维持串联子模块电容电压平均值稳定。

稳压外环的截止频率一般较低，电流内环的传递函数 $H(s)$ 可以看作一个惯性环节[9]，做降阶处理后为

$$H(s) \approx \frac{1}{\dfrac{s}{k_{\text{i}}}T_{\text{s}} + 1} = \frac{1}{2sT_{\text{s}} + 1} \tag{7-23}$$

由式（7-16）可知，馈入子模块电容的电流为

$$C\frac{\mathrm{d}U_{\text{dc}n}}{\mathrm{d}t} = I_{\text{p}n} - d_n I_{\text{dc}} \tag{7-24}$$

则串联组中所有子模块电容的输入电流为

$$\sum_{n=1}^{n} C\frac{\mathrm{d}U_{\text{dc}n}}{\mathrm{d}t} = \sum_{n=1}^{n} I_{\text{p}n} - \sum_{n=1}^{n} d_n I_{\text{dc}} = \sum_{n=1}^{n} I_{\text{p}n} - n d_z I_{\text{dc}} \tag{7-25}$$

将式（7-25）进行拉普拉斯变换，可得串联子模块电容电压之和与直流电流的关系表达式为

$$s \sum_{n=1}^{n} U_{dcn} = \frac{1}{C} \Big[\sum_{n=1}^{n} I_{pn}(s) - n d_z I_{dc}(s) \Big] \qquad (7-26)$$

则串联子模块电容电压平均值与直流电流的关系可以表示为

$$U_{dcavr} = \frac{1}{nsC} \Big[\sum_{n=1}^{n} I_{pn}(s) - n d_z I_{dc}(s) \Big] = \frac{1}{sC} \Big[I_{pnavr}(s) - d_z I_{dc}(s) \Big] \qquad (7-27)$$

式中　I_{pnavr}——直流风电机组馈入子模块电容电流的平均电流。

稳压外环控制器控制框图如图 7-6 所示。

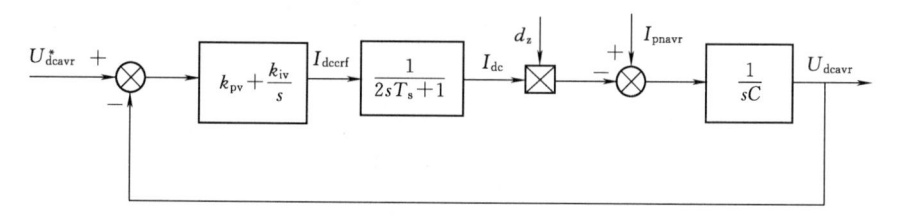

图 7-6　稳压外环控制器控制框图

图 7-6 中，$k_{pv} + \dfrac{k_{iv}}{s} = k_{pv} \dfrac{s\tau_v + 1}{s\tau_v}$，其中，$\tau_v$ 为平均电压环 PI 积分常数，可以得到稳压环开环传递函数为

$$Gv(s) = \frac{k_{pv}(\tau v s + 1)}{s^2 \tau v C(2sT_s + 1)} \qquad (7-28)$$

令 $k_v = \dfrac{k_{pv}}{C\tau_v}$，$T_{sv} = 2T_s$，则

$$Gv(s) = \frac{k_v(s\tau v + 1)}{s^2(sT_{sv} + 1)} \qquad (7-29)$$

由式（7-29）可以看出，$Gv(s)$ 为典型 $\mathbb{I}$ 型系统。稳压环的闭环传递函数为

$$Hv(s) = \frac{Gv(s)}{1 + Gv(s)} = \frac{k_v(\tau_v s + 1)}{T_{sv} s^3 + s^2 + k_v \tau_v s + k_v} \qquad (7-30)$$

要实现串联拓扑结构海上风电场的协调控制，串联子模块的控制包括三个环节：①控制每台直流风电机组直流侧电压相同的均压闭环控制；②控制所有串联子模块电容电压平均值稳定的稳压环控制；③控制直流侧电流的电流闭环控制。平均电压环与电流闭环的输出信号与单独控制每个子模块的稳压闭环输出信号叠加，得到串联子模块中每个子模块的调制波，对每个子模块的半桥结构采用 SPWM 调制[10]，得到各模块的占空比给定信号，实现输出电流稳定以及每个直流风电机组直流侧的均压，最终实现串联风电场的协调控制。串联子模块的控制框图如图 7-7 所示。

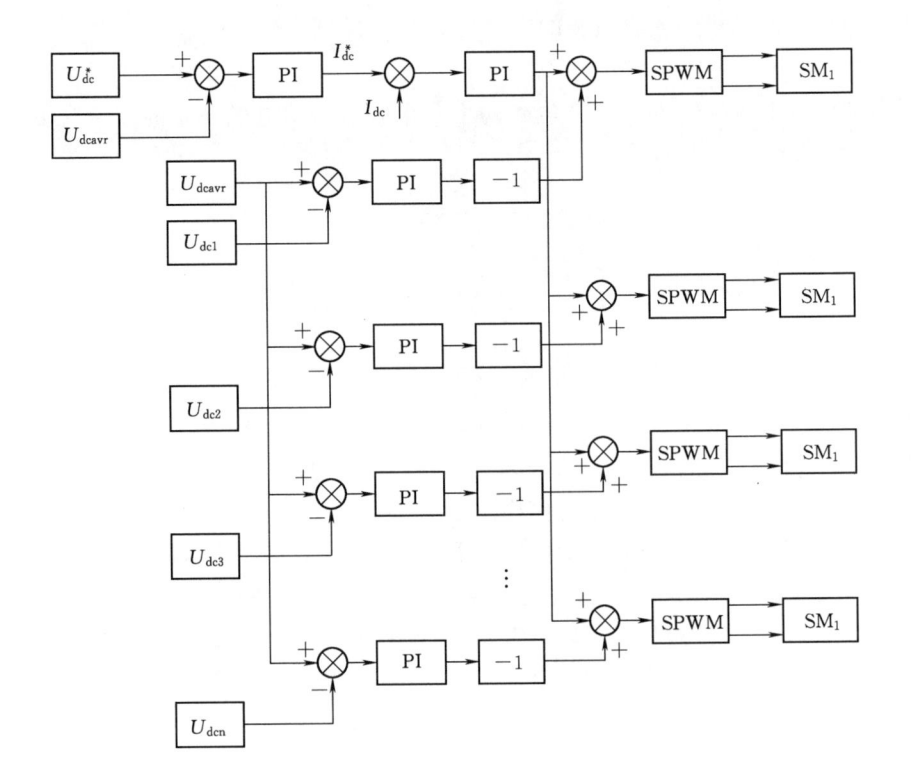

图 7 - 7 串联子模块的控制框图

7.3 直流串联直驱永磁风电场新型拓扑结构
平均电压最优值设计

7.3.1 直流串联风电场新型拓扑结构子模块平均占空比分析

在新型直流串联拓扑结构风电场中，每台直流风电机组捕获的能量是不同的，直流侧电磁功率也不相同。在串联拓扑结构协调控制中，平均电压值如果取得过低，则会使得子模块输出饱和，单台直流风电机组直流侧电压无法跟踪平均电压给定值。因此，必须要根据每台风电机组的实时风速给出优化的平均电压给定值，使串联系统工作在最佳状态下。设在某个时间段内，每台风电机组所处区域的风速不同但均恒定。由式（7-4）可知，稳态时，由于直流电压均稳定为平均电压值，直流侧输入电流与输出电流之间关系为

$$I_{pn} = d_n I_{dc} = \frac{P_{en}}{U_{dcavr}} \tag{7-31}$$

由式（7-31）可知，当串联系统处于稳态时，直流电流是恒定的，那么直流电感上的电压为 0，若不计直流输电线路的损耗，总的直流母线电压值 U_{dc} 为

$$U_{dc} = d_z \sum_{i=1}^{n} U_{dcn} \tag{7-32}$$

设串联组中直流风机输入直流侧的电磁功率为 $\overline{P}_{en}$，则

$$n\overline{P}_{en} = U_{dc}I_{dc} \tag{7-33}$$

设每台直流风电机组输入直流侧电磁功率与串联组平均电磁功率的差值为 ΔP_{en}，联立式（7-32）和式（7-33），可得

$$d_n = \frac{(\overline{P}_{en} \pm \Delta P_{en})U_{dc}}{n\overline{P}_{en}U_{dcavr}} \tag{7-34}$$

从式（7-34）可以看出，$\dfrac{U_{dc}}{nU_{dcavr}} = d_z$，则

$$d_n = \frac{\overline{P}_{en} \pm \Delta P_{en}}{\overline{P}_{en}}d_z \tag{7-35}$$

由式（7-35）可以看出，当一台风电机组所处区域风速过高，风电机组输入的直流侧的电磁功率与平均功率的差值可能过大。若 d_z 的取值不合理，极有可能使得子模块占空比饱和，子模块无法输出更多的能量至网侧换流站，最终导致直流风电机组直流侧电压无法跟踪平均电压值，而是稳定在高于平均值的区间中。由于稳压控制器依然正常工作且总直流母线电压是由岸上换流站控制，因此总直流母线电压不变。当总直流母线电压稳定在额定值时，就会导致所处区域风速过低的风电机组无法跟踪平均电压，而稳定在低于平均电压值的区间中，最终影响整个串联风电场的稳定性，增加了整个系统的故障率。因此，平均占空比的取值必须参照串联系统中每台风电机组所处区域的风速，综合比较，确定出最优值。

7.3.2　直流串联风电场新型拓扑结构子模块电容平均电压分析

平均占空比由平均电压值决定，因此，问题就转化为如何确定最优平均电压值。在一个时间段内，设每台风电机组所处区域的风速是恒定的，忽略风电机组内部损耗，由式（7-3）可知，风电机组的机械功率等于馈入直流侧的电磁功率，即 $P_{mn} = P_{en}$，则

$$k_{mi} = \frac{1}{2}\rho\pi R^2 C_p(\beta,\lambda) \tag{7-36}$$

$$P_{mi} = k_{mi}v_i^3 \tag{7-37}$$

可知，串联系统平均电磁功率为

$$\overline{P}_{en} = \frac{\sum_{i=1}^{n} k_{mi}v_i^3}{i} \tag{7-38}$$

式中　k_{mi}——第 i 台风电机组的性能参数；

　　　ρ——空气密度；

　　　R——风电机组叶片长度；

　　　C_p——风电机组风能利用系数；

　　　β——桨距角；

　　　λ——叶尖速比；

　　P_{mi}——第 i 台风电机组输出的功率；

　　　v_i——第 i 台风电机组的迎面风速。

只要确定风速最大的风电机组连接的串联子模块输出功率不饱和，则可维持整个串联系统

的稳定。设所处风速最大区域的风电机组为第 i 台，将式（7-38）代入式（7-35）中，可得

$$d_i = \frac{k_{mi}v_i^3 U_{dc}}{\sum\limits_{i=1}^{n} k_{mi}v_i^3 U_{dcavr}} \tag{7-39}$$

式中　d_i——第 i 台风电机组的调制占空比。

平均电压值越高，相当于每台风电机组的电压损耗也就越大，因此在每台风电机组输出不饱和的情况下尽量降低平均电压值。总直流母线电压不变，当已知每台风电机组的实时风速时，只要确定 U_{dcavr} 使得 $d_n=1$，则子模块输出达到极限状态，即直流风电机组馈入子模块电容的能量刚好可全部传输至网侧换流站。最小平均电压为

$$U_{dcavr\ i} = \frac{k_{mi}v_i^3 U_{dc}}{\sum\limits_{i=1}^{n} k_{mi}v_i^3} \tag{7-40}$$

式中　$U_{dcavr\ i}$——第 i 台风电机组的平均直流电压。

在实际工程中，从系统的稳定性出发，当风速在一定范围内小幅波动时，平均电压的取值需适应风速的小幅波动，因此平均电压的取值需在式（7-40）的基础上再乘以一个放大系数。只有当风速变化过大，系统检测到子模块输出已达饱和时，此时需计算得出新的最小平均值，然后根据相关的控制策略，最终实现直流串联风电场新型拓扑的稳定运行。

7.4 仿 真 分 析

在 Matlab/simulink 中，根据图 7-1 所示的基于 VSC-HVDC 的直流串联直驱永磁风电场新型拓扑结构，将四台直驱永磁同步发电机搭建成直流汇集方式的串联拓扑结构风电场仿真模型。发电机级串联拓扑风电场相关参数见表 7-1。

表 7-1　新型直流串联拓扑风电场仿真参数

参 数 名 称	参 数 值	参 数 名 称	参 数 值
发电机额定功率 P_e/kW	10	转子磁链 Ψ_f/Wb	0.05
发电机额定电压 U_s/V	380	发电机转动惯量 J/（kg·m²）	0.05
发电机额定转速 ω/（r/min）	80	总直流母线额定电压 U_{dc}/V	2400
发电机极对数 p	2	风电机组直流侧额定电压 U_n/V	600
直轴电感 L_d/mH	2.5	子模块电容 C_n/μF	1000
交轴电感 L_q/mH	3.5	直流电感 L_{dc}/mH	50

设四台风电机组分别为 A、B、C、D，其所处区域的风速分别为 10m/s、9m/s、8m/s、7m/s，设子模块平均电压值为 1000V，在 1s 时，A 风电机组所处区域风速突变至 11m/s，B 风电机组所处区域风速突变至 10m/s，C 风电机组和 D 风电机组所处区域风速不变。

图 7-8 所示为四台直流风电机组直流侧子模块电压仿真结果，在系统启动时，子模块电容电压有小幅波动，但很快稳定在了设定的子模块平均电压值 1000V 处。1s 时，由于 A、B 两台风电机组所处区域风速突变，但没达到串联子模块输出饱和的情况，通过前文给出的控制策略，平均电压给定值不变，A、B 子模块占空比增加，输出更多的能量以保持子模块

电容电压稳定,四个子模块电容电压小幅波动后稳定在设定的平均电压值处。图 7 - 9 所示为四台直流风电机组馈入子模块电容滤波后电流仿真波形,1s 内,四台风电机组的馈入电流平稳输入至子模块。1s 时,A、B 两台风电机组所处区域风速突变后,A、B 两台风电机组馈入子模块电容的直流电流迅速抬升,最终上升至新的稳定值。图 7 - 10 所示为总直流母线滤波后电流,在 1s 后电流抬升至新的稳定值。从图 7 - 9 和图 7 - 10 可以看出,总直流母线电流与 A 风电机组馈入子模块电流的幅值已相近,说明此时 A 风电机组连接的子模块输出已接近饱和状态。图 7 - 11 所示为总直流母线电压,由于总直流母线电压由网侧换流站控制,在 1s 风速突变时,电压依然趋于稳定。

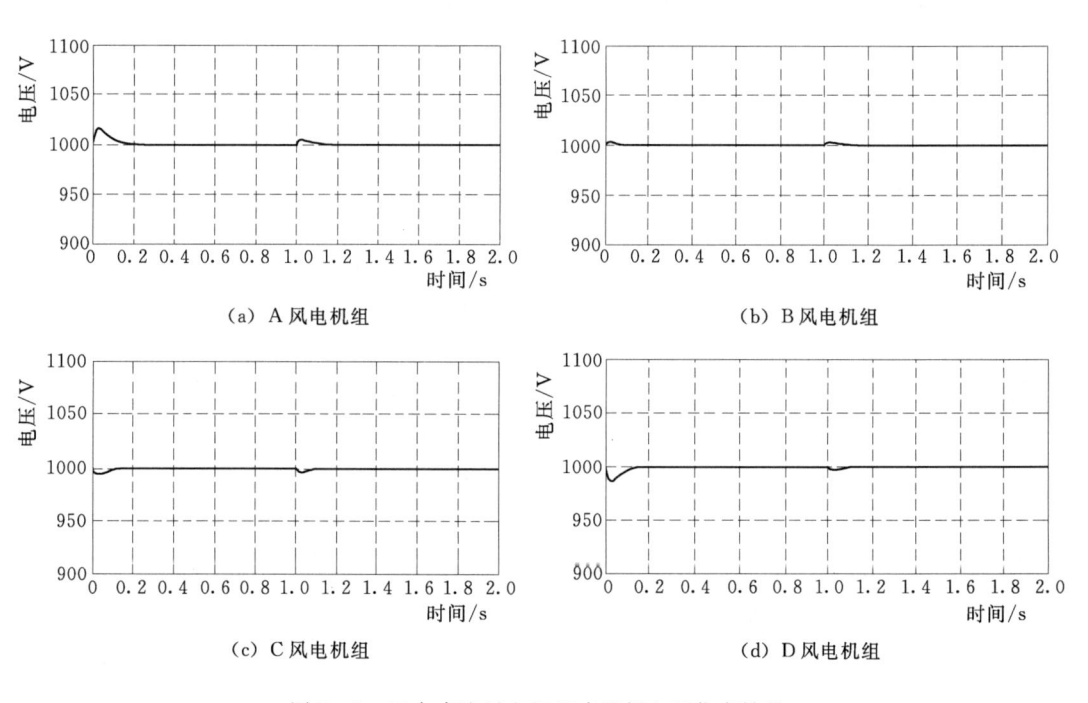

（a）A 风电机组　　　　　　　　　　　　　（b）B 风电机组

（c）C 风电机组　　　　　　　　　　　　　（d）D 风电机组

图 7 - 8　四台直流风电机组直流侧电压仿真结果

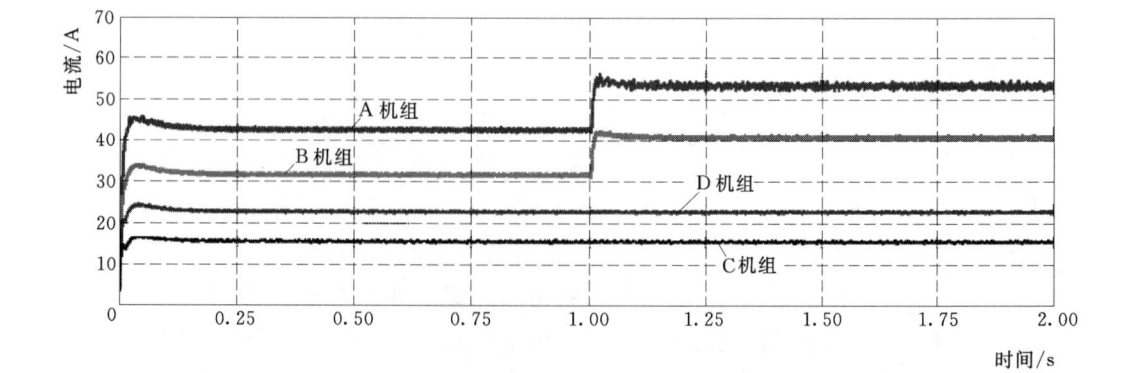

图 7 - 9　四台直流风电机组馈入子模块电容滤波后电流仿真波形

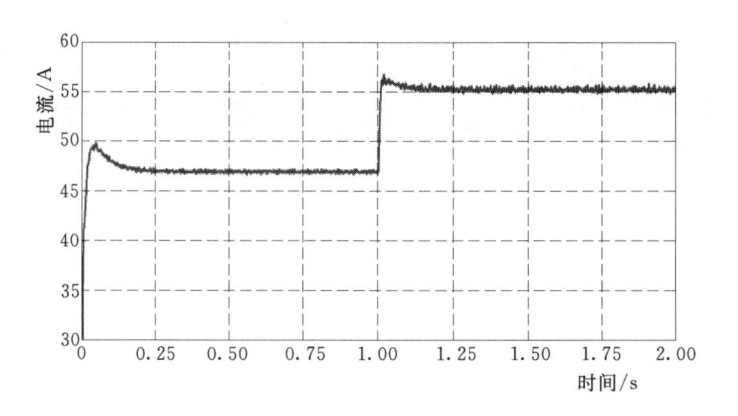

图 7-10　总直流母线滤波后电流

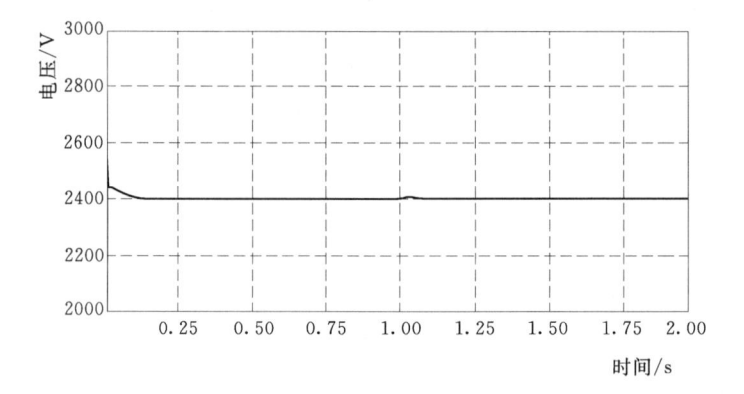

图 7-11　总直流母线电压

对风速上升使串联子模块输出饱和的情况进行仿真实验，设 A、B、C、D 四台风电机组所处区域的风速分别为 10m/s、9m/s、8m/s、7m/s，初始子模块平均电压值为 1000V。1s 时，A 风电机组所处区域风速突变至 12.5m/s，B、C、D 三台风电机组所处区域风速不变。使与 A 风电机组相连的子模块输出饱和，系统根据实时风速设定新的平均电压值为 1200V。图 7-12 所示为与四台直流风电机组直流侧相连的子模块电容电容电压仿真波形，风速不变时，四个串联子模块电容电压幅值稳定在 1000V，1s 时风速突变，四台风电机组子模块电容电压均沿斜坡上升至新的平均电压值。图 7-13 所示为四台直流风电机组馈入子模块电容滤波后电流仿真波形。1s 内，四台风电机组的馈入电流平稳输入至子模块电容中。1s 时，A 风电机组所处区域风速突变后，A 风电机组由于风速增加，馈入子模块电容的电磁功率增加，电流也逐渐抬升，B、C、D 三台风电机组由于所处区域风速没变化，则馈入电磁功率不变，但子模块电容电压也会上升，造成馈入电流逐渐下降至新的稳定值。图 7-14 所示为总直流母线滤波后电流，1s 时，由于所有的子模块电容的电压均抬升，子模块电容中需储存更多的能量，此时向网侧换流站输送的能量也就相应减少。当子模块电容电压稳定在了新的平均值时，总直流母线电流则迅速恢复至新的稳定值。图 7-15 所示为总直流母线电压，1s 时风速突变，由于电压平均值的突然变化，电压小幅波动后趋于稳定。

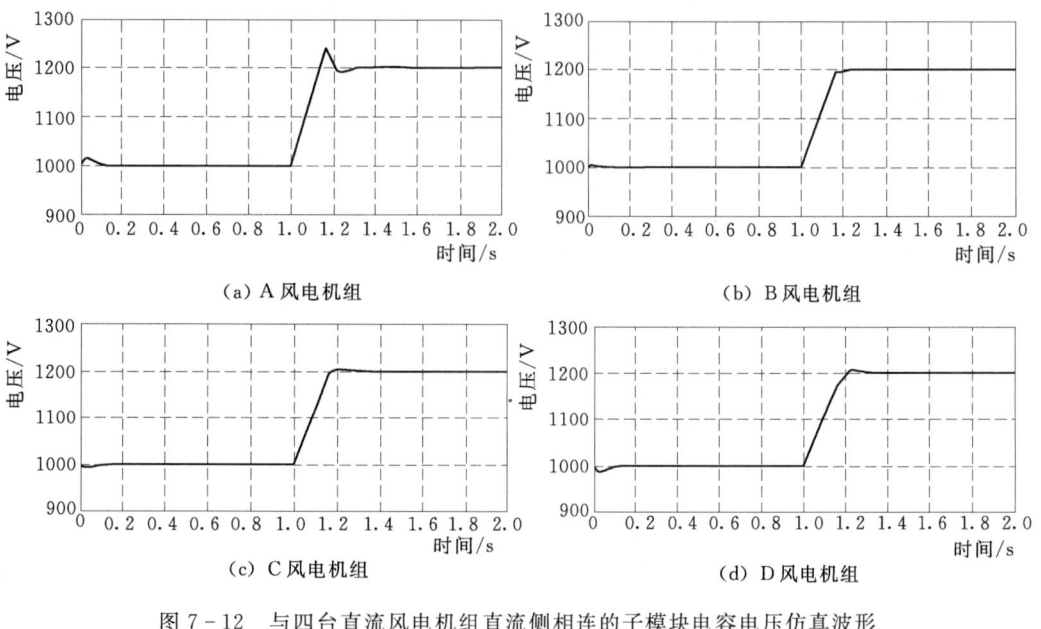

（a）A 风电机组　　　　　　　　　　　　　（b）B 风电机组

（c）C 风电机组　　　　　　　　　　　　　（d）D 风电机组

图 7 - 12　与四台直流风电机组直流侧相连的子模块电容电压仿真波形

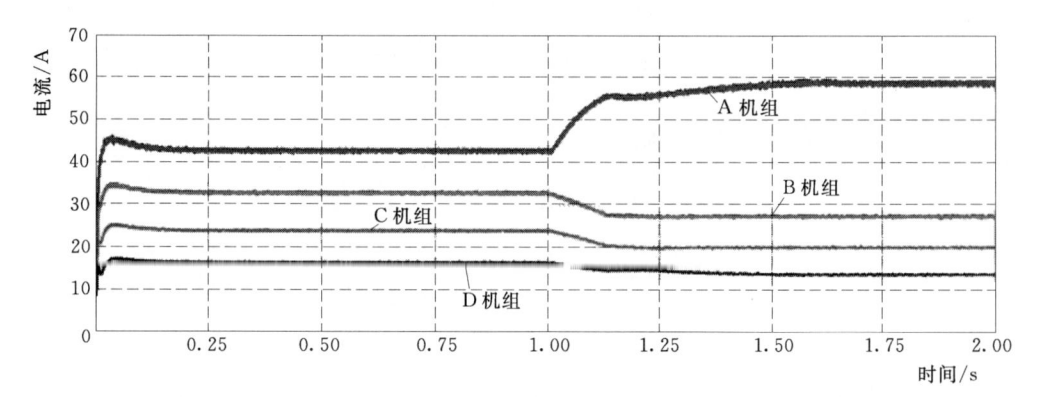

图 7 - 13　四台直流风电机组馈入子模块电容滤波后电流仿真波形

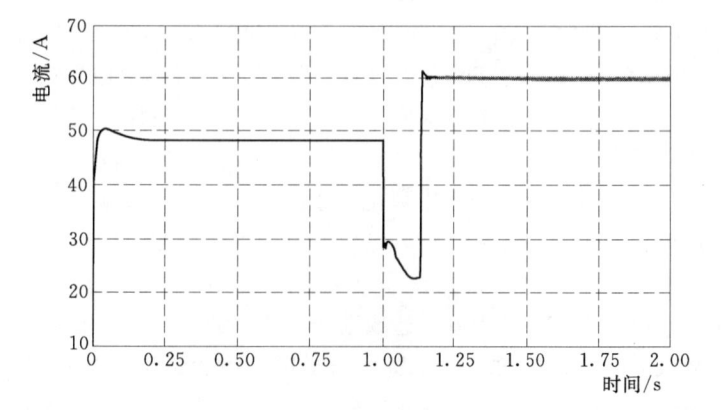

图 7 - 14　总直流母线滤波后电流

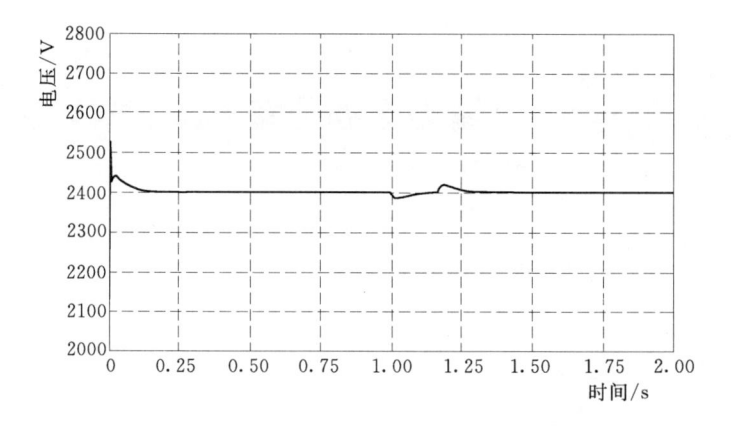

图 7-15 总直流母线电压

参 考 文 献

［1］ 黄晟，王辉，廖武，等．基于 VSC-HVDC 海上串联拓扑风电场低电压穿越控制策略研究 ［J］.
电工技术学报，2015，14：362-369.

［2］ 胡敬伟．模块化多电平换流器型高压直流输电的启动控制策略研究 ［D］. 长沙：湖南大
学，2014.

［3］ 任亚钊．永磁直驱风力发电系统低电压穿越控制技术研究 ［D］. 北京：华北电力大学，2012.

［4］ 吕超贤．多类型储能系统平抑风电场功率波动的协调控制策略研究 ［D］. 长沙：湖南大
学，2014.

［5］ 卢季宁．新型爬山算法在永磁直驱式风力发电系统中的运用 ［D］. 长沙：湖南大学，2010.

［6］ 黄守道，彭也伦，廖武．模块化多电平型变流器电容电压波动及其抑制策略研究 ［J］.电工技术
学报，2015，07：62-71.

［7］ 李勇．典型 I 型系统开环增益的选择 ［J］.内江师范学院学报，2004，02：19-22.

［8］ 荣飞，刘诚，黄守道．一种新型模块化多电平光伏并网系统 ［J］.中国电机工程学报，2015，23：
5976-5984.

［9］ 陈本孝．对交流大电流测量装置中惯性环节的误差分析 ［J］.华中工学院学报，1980，04：129
-136.

［10］ 朱思国．级联型逆变器控制方法及其在高压变频领域应用研究 ［D］. 长沙：湖南大学，2011.

编委会办公室

主　任　胡昌支　陈东明

副主任　王春学　李　莉

成　员　殷海军　丁　琪　高丽霄　王　梅　邹　昱

　　　　张秀娟　汤何美子　王　惠

本书编辑出版人员名单

封面设计　卢　博　李　菲

版式设计　黄云燕

责任排版　吴建军　郭会东　孙　静　丁英玲　聂彦环

责任校对　张　莉　梁晓静　张伟娜　黄　梅　曹　敏

　　　　　吴翠翠　杨文佳

责任印制　刘志明　崔志强　帅　丹　孙长福　王　凌